"十四五"职业教育国家规划教材

建筑工程安全技术与管理

(第三版)

主　编　张贵良
副主编　刘大鹏　王　军
参　编　潘泱波　夏　研　韦　伟

南京大学出版社

图书在版编目(CIP)数据

建筑工程安全技术与管理 / 张贵良主编. —— 3 版.
南京：南京大学出版社，2024.8(2024.12 重印). —— ISBN 978
-7-305-28186-0

Ⅰ. TU714

中国国家版本馆 CIP 数据核字第 2024KN5504 号

出版发行	南京大学出版社
社　　址	南京市汉口路 22 号　　邮　编　210093
书　　名	建筑工程安全技术与管理 JIANZHU GONGCHENG ANQUAN JISHU YU GUANLI
主　　编	张贵良
责任编辑	朱彦霖　　　　　　　编辑热线　025-83597482
照　　排	南京开卷文化传媒有限公司
印　　刷	南京新世纪联盟印务有限公司
开　　本	787 mm×1092 mm　1/16　印张 16.75　字数 428 千
版　　次	2018 年 8 月第 1 版　　2021 年 6 月第 2 版 2024 年 8 月第 3 版　　2024 年 12 月第 2 次印刷
ISBN	978-7-305-28186-0
定　　价	49.80 元

网　　址：http://www.njupco.com
官方微博：http://weibo.com/njupco
微信服务号：NJUyuexue
销售咨询热线：(025)83594756

＊版权所有，侵权必究
＊凡购买南大版图书，如有印装质量问题，请与所购
　图书销售部门联系调换

前言 Preface

党的十八大提出要全面建成小康社会,首先要保障人的生命安全;党的二十大指出要坚持以人民安全为宗旨,坚持安全第一、预防为主,建立大安全大应急框架。实现我国安全生产状况的根本好转,必须致力于提高全民的安全文化素质。

安全培训工作作为安全生产的"三件大事"之一,既是保障人生命安全的重要基础工作,又可增强全民安全意识,提升公众安全素质,促进安全生产水平提升。作为安全教育培训的参考教材,需遵循理论与实践相结合的原则,突出"实用"和"适用",将法律法规融入安全管理制度建设中,不断汲取安全事故的分析与经验总结,从而对安全技术知识进行完善,以实现安全知识和技能的预教、预防、培养和练习。

本书上一版教材印刷使用后,大家肯定了原教材编写的思路和结构内容,在此对提出反馈意见和建议的同仁们表示衷心的感谢。再版时,调整和补充了以下几项内容:

(1) 将原第三章的事故案例修改为二维码拓展内容,采用立体化模式改为线上阅读浏览;

(2) 精简了"项目参与其他单位安全职责"的编写内容;

(3) 结合《刑法》修正案(十一)、实名制和全民社保统筹等政策出台,对教材中相应内容进行了删减与调整;

(4) 依据《安全生产法》自2021年调整后提出的构建安全风险分级管控和隐患排查治理双重预防机制,将原第四章拆分为两个学习情境,"施工前的危险预控"和"施工过程中的隐患排查与治理";

(5) 拆解原第十三章,将"安全检查日志填写内容和要求"归并到任务"安全检查"中;

(6) 删除原教材中的4.8节,将"模板支撑与结构支撑"整合为"临时支撑结构"任务，在学习情境7中予以增加；

（7）结合装配式建筑施工的推广实施状况，在学习情境10中增加了"PC构件吊装"和"钢结构安装"的安全技术部分；

（8）对学习情境9中任务9.7"施工现场用火管理"的内容进行了修改，强化了动火、监火与隔绝燃烧途径等安全技术措施；

（9）将"施工现场安全资料归档整理"调整为学习情境13的一项任务，这也是安全生产标准化的具体要求；

（10）所有学习情境中普遍增加了图片引用，也适当将部分文字叙述转化为表格，这样更加直观和易于理解。

再版时，邀请江苏八方钢构集团有限公司董事长王军、南京港港务工程有限公司韦伟参与编写，其具有丰富的现场施工安全管理经验，对教材修订提出了宝贵意见，并提供了很多资源与实践案例，用于学习情境6~12最后一项任务的编写。

改版时将课程思政内容充分融入安全思想的教育中，并结合职业技术教育课程改革的要求，以任务驱动设计教学情境。同时，随着依法治国理念不断深入细化，根据最新的行政规章和部门管理规定，在每次印刷前均对教材相关内容进行局部微调。

编 者
2024年5月

目录 Contents

学习情境 1　正确的安全思想和理念 ····· 001
- 任务 1.1　安全生产相关概念 ····· 002
- 任务 1.2　安全生产管理 ····· 006
- 任务 1.3　建筑行业管理人员职业道德建设 ····· 015
- 思考与拓展 ····· 019

学习情境 2　建筑施工企业安全生产管理与企业安全文化建设 ····· 020
- 任务 2.1　建筑施工安全管理的特殊性 ····· 021
- 任务 2.2　企业安全生产管理体系 ····· 022
- 任务 2.3　国家现行施工安全生产管理制度介绍 ····· 036
- 任务 2.4　企业建筑安全文化建设 ····· 055
- 思考与拓展 ····· 059

学习情境 3　施工前的危险预控 ····· 060
- 任务 3.1　危险源的辨识 ····· 060
- 任务 3.2　危险源的评价 ····· 063
- 任务 3.3　风险（危险源）控制的基本原理 ····· 067
- 任务 3.4　重大危险源的管理 ····· 069
- 思考与拓展 ····· 076

学习情境 4　施工过程中的隐患排查与治理 ····· 077
- 任务 4.1　安全技术交底 ····· 077
- 任务 4.2　安全生产检查 ····· 079
- 任务 4.3　隐患排查与治理 ····· 084
- 思考与拓展 ····· 091

学习情境 5　事故后的处理与应急管理 …… 092

　　任务 5.1　生产安全事故等级划分 …… 092

　　任务 5.2　施工生产安全事故报告与应急响应 …… 095

　　任务 5.3　施工生产安全事故的调查与处理 …… 098

　　任务 5.4　承担的行政责任 …… 100

　　任务 5.5　生产安全事故刑事责任及量刑 …… 102

　　任务 5.6　施工生产安全事故应急救援 …… 105

　　思考与拓展 …… 109

学习情境 6　高处作业 …… 110

　　任务 6.1　高处作业安全管理 …… 110

　　任务 6.2　临边、洞口作业防坠落措施 …… 114

　　任务 6.3　防护栏杆的构造 …… 116

　　任务 6.4　攀登与悬空作业安全防护 …… 117

　　任务 6.5　操作平台与交叉作业安全防护 …… 119

　　任务 6.6　防坠落特种劳动防护用品 …… 124

　　思考与拓展 …… 128

学习情境 7　脚手架与临时支撑结构 …… 129

　　任务 7.1　脚手架的类别及其技术要求 …… 130

　　任务 7.2　脚手架安全搭设要求 …… 135

　　任务 7.3　临时支撑结构设计与构造要求 …… 141

　　任务 7.4　临时支撑结构的搭设与检查验收 …… 144

　　任务 7.5　架体拆除 …… 145

　　思考与拓展 …… 146

学习情境 8　临时用电安全技术 …… 147

　　任务 8.1　电伤害与施工现场用电 …… 148

　　任务 8.2　施工现场供用电 …… 152

　　任务 8.3　施工现场配送电方案与配电装置 …… 154

　　任务 8.4　配电线路 …… 160

任务 8.5　临时用电保护、防火与防雷 ································· 163
　　任务 8.6　临时用电管理与外电防护 ··································· 167
　　思考与拓展 ·· 169

学习情境 9　施工现场消防安全技术 ································· 170
　　任务 9.1　施工企业的消防管理 ··· 170
　　任务 9.2　施工现场消防平面布置 ····································· 174
　　任务 9.3　临时用房防火 ··· 176
　　任务 9.4　在建工程防火 ··· 177
　　任务 9.5　现场用料防火 ··· 178
　　任务 9.6　临时消防设施 ··· 179
　　任务 9.7　施工现场用火管理 ·· 183
　　思考与拓展 ·· 187

学习情境 10　建筑起重机械与起重吊装安全技术 ················ 188
　　任务 10.1　建筑施工起重机械的监督管理规定 ···················· 189
　　任务 10.2　建筑起重机械的安装与拆卸 ······························ 191
　　任务 10.3　建筑起重机械使用安全管理 ······························ 193
　　任务 10.4　起重吊装作业 ·· 197
　　思考与拓展 ·· 202

学习情境 11　基坑工程安全技术 ·· 203
　　任务 11.1　基础工程安全隐患防范 ····································· 203
　　任务 11.2　基坑工程安全管理 ··· 214
　　任务 11.3　基坑工程专项施工方案 ····································· 217
　　任务 11.4　基坑工程施工监测 ··· 222
　　思考与拓展 ·· 224

学习情境 12　拆除、爆破及季节性施工安全技术 ················· 225
　　任务 12.1　建筑拆除工程安全技术 ····································· 225
　　任务 12.2　爆破作业的安全管理 ·· 229

任务 12.3	建筑施工有毒有害气体预防	231
任务 12.4	季节性施工安全技术	232
思考与拓展		234

学习情境 13　安全生产标准化管理　235

任务 13.1	国家推行企业安全生产标准化管理	235
任务 13.2	企业安全生产标准化的创建	240
任务 13.3	建筑施工安全检查定量评价	241
任务 13.4	文明施工管理	243
任务 13.5	施工现场环境保护	247
任务 13.6	安全标志	251
任务 13.7	建筑施工现场安全资料管理	253
思考与拓展		256

参考文献　257

立体化资源目录 Contents

序号		资源标题	页码
学习情境 1	1.2	智慧工地如何解决现场管理和安全问题	12
学习情境 2	2.2	职业健康安全管理体系和环境管理体系的建立与运行	26
		三类人员报考条件	30
	2.3	员工安全生产职责	39
		某高校实习安全教育内容	44
		培训不到位获刑 3 年	46
学习情境 3	3.4	三环路高架桥连续梁高支模方案、计算书及论证审批	74
学习情境 4	4.2	建筑施工安全检查评分汇总表	81
	4.3	建筑职业病及其危害因素的关键控制点	89
学习情境 5	5.2	生产安全事故应急条例	97
	5.4	《关于加强全省建筑安全生产责任追究若干意见的通知》（苏建质安〔2011〕847 号）	101
		安全责任（建设单位，勘察、设计单位，监理单位）	102
	5.5	关于办理危害生产安全刑事案件适用法律若干问题的解释	103
		江西某电厂事故调查报告	104
学习情境 6	6.2	"五临边"防护	114
		"四口"防护	115
	6.6	个体防护装备选用与正确使用	128
学习情境 7	7.2	脚手架构造与搭设要求	135

(续表)

序号		资源标题	页码
学习情境 8	8.6	临时用电常见安全隐患	169
学习情境 9	9.1	刑法中与消防违法行为有关的罪责	171
		火灾致因、灭火与逃生常识	173
	9.6	常用消防设备、器材及标志	180
学习情境 10	10.3	建筑起重机械使用管理	193
	10.4	垂直运输机械安全规程	197
		塔式起重机	198
		起重机械作业的"十不吊"	201
学习情境 11	11.1	地下降水井点与基坑降水方法选择	210
	11.4	某大厦基坑坍塌录像	222
学习情境 12	12.4	某工程季节性施工方案	234
学习情境 13	13.2	企业安全生产标准化基本规范	241
	13.4	文明施工示范引领工地技术标准	243
	13.6	安全标志设置与选用	252

学习情境 1　正确的安全思想和理念

知识目标

了解与安全生产相关的术语和概念；
了解国内外安全生产管理的经验；
熟悉安全的目的；
熟悉安全生产管理的八大原则；
掌握安全生产的方针。

职业技能目标

了解建筑行业安全生产法律体系；
熟悉建筑行业职业道德建设的途径。

素质教育目标

结合工程建设实施，充分理解党的"以人为本"执政理念，树立"生命第一"安全管理思想。

情境引入

思想意识决定人的行为，从认识"要我安全"到"我要安全"安全思想意识的提高；对比国内外安全生产管理的经验，构建起对安全生产管理的信心和动力，培养从业人员良好的职业道德修养。

任务 1.1　安全生产相关概念

1.1.1　安全

1. 安全含义

安全具有十分广阔的含义,从国家安全、社会公众安全,到交通安全、网络安全等,都属于安全问题。安全既包括实体安全,例如国家安全、社会公众安全、人身安全等,也包括虚拟形态安全,例如网络安全等。

无危则安、无缺则全。从工程技术角度出发,安全的基本含义包括两个方面:一是预知危险,二是消除危险,两者缺一不可。从广义上讲,安全就是预知人类活动各个领域里存在的固有的或潜在的危险,并且为了消除这些危险所采取的各种方法、手段和行动的总称。从狭义上说,安全是指在社会生产活动中,在科学和技术的应用过程中可能的危险所产生的人身伤害和财产损失问题,是伴随着人类社会生产而产生和发展的普遍问题。

为更好理解安全,有人用图 1-1 来形象阐述一个人的事业与生活之间的辩证关系。当把人的生命比作是"1"时,生活就是在"1"后面加"0",后面加的"0"越多,说明事业越成功、家庭越幸福。倘若人的生命不存在了,后面加再多的"0"还有什么意义呢?

图 1-1　安全是事业和家庭的守护神

2. 安全状态

安全,可以表示为一种存在状态。因此,安全可以理解为一种没有受到威胁、没有危险、没有危害和损失的状态,即安全的特有属性就是"没有危险"。绝对安全是不存在的,《职业健康安全管理体系要求及使用指南》(GB/T 45001—2020)对"安全"给出的定义是:免除了不可接受的损害风险的状态。

安全可以表述为在人类生产过程中,将系统的运行状态对人类的生命、财产、环境可能产生的损害,控制在人类能够接受水平以下的状态。没有危险的绝对安全几乎不存在,如果一味地追求没有危险,大家试想一下我们的工作和生活将如何进行?

3. 安全的目的

安全为了谁?在社会生活上,图 1-2 从安全为大家、为小家两个层面进行了说明。在国家总体发展观上,党的十八大指出:要全面建成小康社会,首先就要保障人的生命安全,实现我国安全生产状况的根本好转,必须致力于提高全民的安全文化素质。党的十九大指出:树立安全发展理念,弘扬生命至上、安全第一的思想,健全公共安全体系,完善安全生产责任制,坚决遏制重特大安全事故,提升防灾减灾救灾能力;党的二十大报告指出:坚持以人民安全为宗旨,坚持安全第一、预防为主,建立大安全大应急框架;推进安全生产风险专项整治,加强重点行业、重点领域安全监管;建设人人有责、人人尽责、人人享有的社会治理共同体。

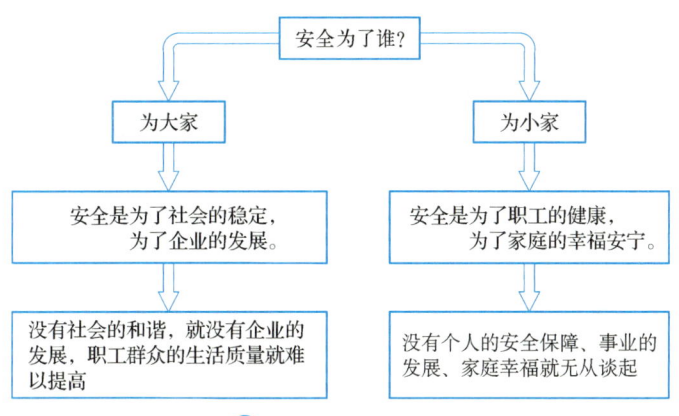

图 1-2 安全的目的

1.1.2 安全生产

一般意义上讲,安全生产是指在社会生产活动中,通过人、机、物料、环境、方法的和谐运作,使生产过程中潜在的各种事故风险和伤害因素始终处于有效控制状态,切实保护劳动者的身体健康和生命安全、财产不受损失、环境不受损坏。建筑施工安全,就是在施工生产中消除或控制危险有害因素,保障劳动者的安全健康和设备设施、环境免受破坏。

安全生产是安全与生产的统一,其宗旨是安全促进生产,生产必须安全。搞好安全工作,改善劳动条件,可以调动职工的生产积极性;减少职工伤亡,可以减少劳动力的损失;减少财产损失,可以增加企业效益,促进企业的发展。所谓生产必须安全,是因为安全是生产的前提条件,没有安全就无法生产。安全与生产就如图 1-3 所示的平衡关系。

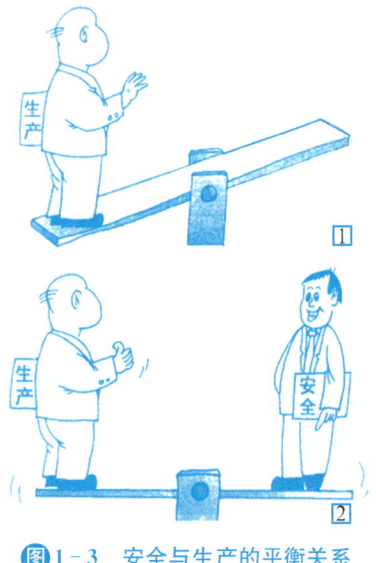

图 1-3 安全与生产的平衡关系

1.1.3 安全管理

法约尔认为:"管理是由计划、组织、指挥、协调及控制等职能为要素组成的活动过程。"他的论点经过许多人多年的研究和实践,逐渐成为后来管理定义的基础。因此,常用的管理定义是:通过计划、组织、指挥、协调和控制等手段,结合人力、物力、财力、信息、技术等资源,高效达到组织目标的过程。

安全管理的目标是特定的,是指管理者在生产活动中进行有计划的控制,以保护员工在生产过程中的安全与健康。从管理的范围和层次上看,安全管理包括宏观安全管理和微观安全管理两部分。宏观安全管理是指国家从思想指导、机构建设、综合手段(包括法律、经济、文化、科学等)各方面采取的措施以保障社会安定团结、和谐共同发展的活动,实施宏观安全管理的主体是各级政府及其授权机构;微观安全管理是指企业围绕综合效益目标在生产过程中尽量避免因事故造成的人身伤害、财产损失、环境污染以及其他损失。实施微观安全管理的主体。主要是企业及其相关部门,管理的基本对象是企业员工或施工从业人员,还涉及设备设施、物料、环境等各个方面。

劳动保护是国家和单位为保护劳动者在劳动生产过程中的安全和健康所采取的立法、组织和技术措施的总称。劳动保护的目的是为劳动者创造安全、卫生、舒适的劳动工作条件,消除和预防劳动生产过程中可能发生的伤亡、职业病和急性职业中毒,保障劳动者以健康的劳动力参加社会生产,促进劳动生产率的提高,保证社会主义现代化建设顺利进行。

安全管理和劳动保护管理的含义大体相同,在我国两者是通用的,但在欧美各国,一般将安全管理或劳动保护称为职业安全与健康,这主要是我国和欧美各国的安全管理内容的差异所致。目前我国是将生产安全和卫生健康分开管理,而欧美各国大多数是将生产安全与卫生健康综合在一起管理。为了更好地对生产过程的安全与健康进行有效管理,实现与国际接轨,对职业安全与健康进行综合管理将是我国未来努力的目标,同时也是必然的趋势,因此安全管理也应该包括职业卫生健康。

1.1.4 生命健康

健康是指人体各器官系统发育良好、功能正常、体质健壮、精力充沛、具有良好劳动效能的状态。健康是尽可能长的维持生命的前提,是生命的保障。公民的健康,既包括各器官系统生理机能的健康,也包括精神上的健康;既包括身体外部的完整,也包括身体内部各器官和劳动能力的完整。生命权是以生命安全为内容的、他人不得非法干涉的权利,侵害生命权是指不法地剥夺他人生命的侵权行为,其表现是伤害他人身体致人死亡。《宪法》赋予公民生命健康权;《中华人民共和国民法典》(以下简称《民法典》)规定,自然人的身心健康、生命安全和生命尊严、身体完整和行动自由受法律保护。任何组织或者个人不得侵害他人的健康权、身体权、生命权。

"生命至上"和"平等"作为生命权刑法保护的基本原则,生命和健康是不能进行交易的,也是无价的。

1.1.5 事故

事故是发生于预期之外的造成人身伤害、财产或经济损失的事件。伯克霍夫认为,事故是人(个人或集体)在为实现某种意图而进行的活动过程中,突然发生的、违反人的意志的、迫使活动暂时或永久停止,或迫使之前存续的状态发生暂时或永久性改变的事件。

1.1.6 危险

危险是指某一系统、产品(或设备)或操作的内部和外部的一种潜在的状态,其发生即可能造成人员伤害、职业病、财产损失、作业环境破坏等状态。危险的特征在于危险可能性的大小与安全条件和概率,危险并不代表不安全,只要"危险、威胁、隐患"等在人们的可控范围内,就可以认为其是安全的。

工程中的危险,是指材料、物品、系统、工艺过程、设施或场所对人发生的不期望的后果超过了人们的心理承受能力。危险源是指可能导致人身伤害和(或)健康损坏的根源、状态或行为,或其组合。危险概率则是指危险发生(转变)事故的可能性,即频度或单位时间危险发生的次数;危险的严重度,或伤害、损失、或危害的程度则是指每次危险发生导致的伤害程度或损失大小。具体危险源的分析、规避与防治,在本书学习情境 3 中有详述。

预知并防范危险,是保持与维护安全状态的途径之一,工作和生活中常常通过 KYT 活动来持续保持。KYT(Kiken Yochi Traiung)活动,是指在短时间内举行的一种危险预知活动的训练。KYT 活动的具体过程和方法如图 1-4 所示。

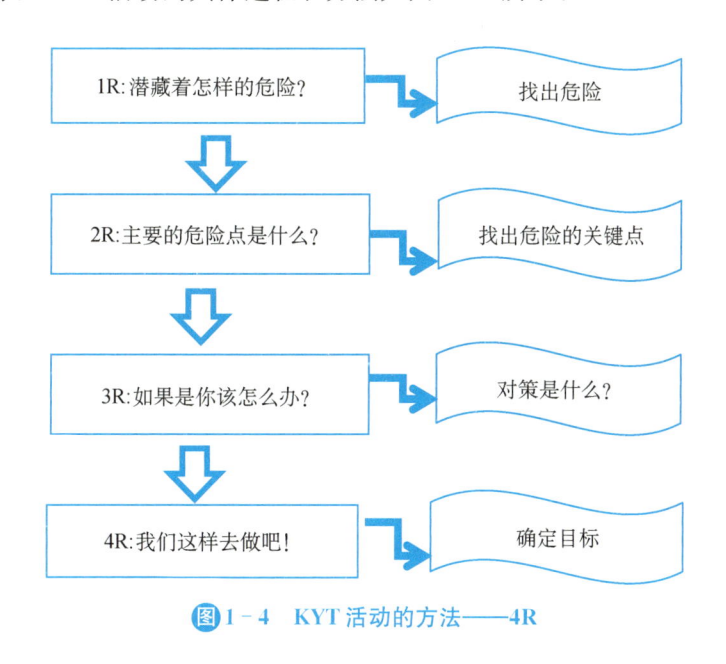

图 1-4 KYT 活动的方法——4R

1.1.7 风险

风险,就是生产目的与劳动成果之间的不确定性。大致有两层含义:一表现为收益或损失的不确定性;二表现为成本或代价的不确定性。若风险表现为收益或者代价的不确定性,说明风险产生的结果可能带来损失、获利或是无损失也无获利,这属于广义风险。而风险表现为损失的不确定性,说明风险只能表现出损失,没有从风险中获利的可能性,属于狭义风险。风险和收益成正比,所以一般激进型的投资者偏向于高风险,是为了获得更高的利润,而稳健型的投资者则着重于对安全性的考虑。

企业在实现其目标的经营活动中,会遇到各种不确定性事件,这些事件发生的概率及其影响程度是无法事先预知的,这些事件将对经营活动产生影响,从而影响企业目标实现的程度。这种在一定环境下和一定限期内客观存在的、影响企业目标实现的各种不确定性事件就是风险。

任务 1.2　安全生产管理

安全生产管理就是针对人们在生产过程中的安全问题,运用有效的资源,发挥人们的智慧,通过努力,进行有关决策、计划、组织和控制等活动,实现生产过程中人与机器设备、物料环境的和谐,达到安全生产的目标。

安全生产管理是企业管理的重要组成部分,是安全科学的一个重要分支。安全生产管理的对象是企业员工(涉及企业的所有人员)、设备设施、物料、环境、财务、信息等各个方面;安全生产管理的目标是减少和控制危害与事故,尽量避免生产过程中由于事故造成的人身伤害、财产损失、环境污染以及其他损失;安全生产管理的内容主要包括安全生产管理机构和安全生产管理人员、安全生产责任制、安全生产管理规章制度和操作规程、安全生产教育培训、安全生产档案资料等。

《中华人民共和国安全生产法》(以下简称《安全生产法》)第三条规定,"安全生产工作应当以人为本,树牢安全发展理念,坚持安全第一、预防为主、综合治理的方针,强化和落实生产经营单位的主体责任与政府监管责任,建立生产经营单位负责、职工参与、政府监管、行业自律和社会监督的机制。"这一条成为开展安全生产管理的法理依据和指导思想。

1.2.1　安全生产管理的方针

自 1949 年中华人民共和国成立以来,我国安全生产方针经历了三个阶段的变化:

(1)"生产必须安全、安全为了生产"。这是第一阶段,期间为 1949～1983 年。

1952 年,时任劳动部部长的李立三根据毛泽东主席提出的"在实施增产节约的同时,必须注意职工的安全、健康和必不可少的福利事业;如果只注意前一方面,忘记或稍加忽视后一方面,那是错误的"指示精神,提出了"安全生产方针"这六个字。不过当时仅限这六个字,没有确定其内涵。后来,时任国家计委主任的贾拓夫把安全生产方针丰富为"生产必须安全、安全为了生产"。

(2)"安全第一、预防为主"。这是第二阶段,期间为 1984～2004 年。

1984 年,主管安全生产的劳动人事部在成立全国安全生产委员会的报告中把"安全第一、预防为主"作为安全生产方针写进了报告,并得到了国务院的正式认可。1987 年 1 月 26 日,劳动人事部在杭州召开会议,把"安全第一、预防为主"作为劳动保护工作方针写进我国第一部《中华人民共和国劳动法(草案)》中,从此"安全第一、预防为主"便正式作为安全生产的基本方针而确立下来。

"安全第一、预防为主"被列入 2002 年 11 月 1 日起施行的《安全生产法》,说明执行"安全第一、预防为主"的方针是一项法定责任和义务,是在法律面前必须严肃对待的大事,是要依法坚持的基本方针。

(3)"安全第一、预防为主、综合治理"。这是第三阶段,期间为 2005 年至今。

将"综合治理"充实到安全生产方针当中,始于中国共产党第十六次中央委员会第五次全体会议通过的《中共中央关于制定"十一五"规划的建议》，并在时任总书记胡锦涛同志、时任总理温家宝同志的讲话中进一步明确。

① 安全第一，就是生命第一，生命第一是以人为本的建筑安全理念的最高准则。首先，"生命第一"是每个个人和家庭的需要，也是国家的需要、国家事业发展的需要，应该成为政府有关安全生产监督管理部门工作的最高原则；其次，"生命第一"突出了人的生命和健康的价值，强调对人的生命和健康的保护在安全生产中具有至高无上的地位。

② 预防为主，就是要把建设工程施工安全生产工作的关口前移，建立预教、预警、预防的施工事故隐患预防体系，改善施工安全生产状况，预防施工安全事故。

事后的责任追究和赔偿在一定程度上能够抑制潜在威胁的发生，对违法者有威慑力量，如果没有事故发生不是更好吗？全面的事前预防才是最主要的解决安全问题的手段。

③ 综合治理，则是要自觉遵循施工安全生产规律，把握施工安全生产工作中的主要矛盾和关键环节，综合运用经济、法律、行政等手段，人管、法治、技防多管齐下，并充分发挥社会、职工、舆论的监督作用，有效解决建设工程施工安全生产的问题。

将"综合治理"纳入安全生产方针，标志着对安全生产的认识上升到一个新的高度，是贯彻落实科学发展观的具体体现，秉承"安全发展"的理念，从责任、制度、培训等多方面着力，形成标本兼治、齐抓共管的格局。

如果没有安全第一的指导思想，预防为主就失去了思想支撑，综合治理将失去法理依据；预防为主是实现安全第一的根本途径，只有把施工安全生产的重点放在建立和落实事故隐患预防体系上，才能有效减少施工伤亡事故的发生；综合治理则是落实安全第一、预防为主的手段和方法。

1.2.2 安全生产管理体制

随着工业化、城镇化建设进入一个新阶段，市场法治化开创了市场竞争良性化发展的新格局，企业的社会担当责任成为其竞争力的重要体现。在一切以经济建设为中心，经济发展指标为第一政绩的大背景下，企业负责人很可能会以"缴纳税收，为推动地方经济发展做贡献"而套取地方"重点保护企业"的帽子，从而逃避或减轻安全生产行政处罚，企业安全主体责任难以落实。为此，《安全生产法》突出的"落实生产经营单位主体责任是根本，强化政府监管是关键，严格责任追究是保障"这一机制，很好地夯实了安全生产的基础。即：落实生产经营单位主体责任是根本，职工参与是基础，政府监管是关键，行业自律是发展方向，社会监督是预防和减少生产安全事故的保障。

(1) 生产经营单位负责。 就是要求贯彻落实生产经营单位的安全生产主体责任，生产经营单位必须遵守《安全生产法》和其他有关安全生产的法律、法规，加强安全生产管理，建立、健全安全生产责任制和安全生产规章制度，改善安全生产条件，推进安全生产标准化建设，提高安全生产水平，确保安全生产。

建筑企业建立安全生产自我约束的管理机制，首先是要满足现行安全生产法律法规和标准规范的要求，这是自我约束管理机制的基本要求，也是最低层次；其次是企业采取比现行安全生产法律法规和规范要求更高的安全标准，同时可以根据安全生产形势发展的需要，灵活多变地采取应对措施，这是更高层次的自我约束管理机制；再次是在企业建立自我约束管理机制的过程中,实现员工行为的自我约束,实现安全生产自我约束机制与施工生产管理体系的融合,也就是企业行为自我约束与员工行为自我约束的统一,安全生产自我约束机制与施工生产管理体系的统一。

(2) 职工参与。职工是企业生产经营的参与者。首先应当通过安全生产教育和培训,使职工掌握本职工作所需的安全生产知识,提高安全生产技能,增强事故预防和应急处置能力;其次要充分发挥广大职工对安全生产的参与权与监督权,对本单位的安全生产工作提出建议,对本单位安全生产工作中存在的问题提出批评、检举、控告,也有权拒绝违章指挥和强令冒险作业,从而真正做到职工在生产过程中的安全。

完善工会组织对安全生产工作监督规定。一是完善工会组织对安全生产的监督职责,组织职工参加民主管理和民主监督;二是明确职工对企业规章制度制定的参与权。

(3) 政府监管。要贯彻落实监督管理部门安全生产管理和监督的职责,建立健全安全生产综合监管与行业监管相结合的工作机制,各监管部门形成监管合力,在各级政府的统一领导下,严厉打击违法生产经营行为,对拒不整改的企业,依法依规从重处理。《安全生产法》进一步完善政府监管措施,加大监管力度,减少行政审批,加强监管监察执法。乡镇政府以及街道办事处、开发区、经济技术开发区、工业园区、产业园区等,是安全生产监督管理的最基层。安全监管任务十分繁重,赋予其安全监督检查和依法履行监督管理职责非常必要。

(4) 行业自律。主要是指各行业组织应当自我约束,自觉履行安全职责。协会组织的工作定位:一是提供安全生产信息和培训服务;二是发挥自律作用,作为行业的代表,组织制定行业规范,实施行业自律;三是促进生产经营单位加强安全生产管理。

(5) 社会监督。要充分发挥社会监督和新闻媒体的舆论监督作用,各级政府和安全监管部门应当畅通安全生产的社会监督渠道,设立举报电话或网址,接受人民群众的公开监督。

为落实党的十八届三中全会决定关于要建立健全社会征信体系,褒扬诚信,惩戒失信的要求,加强安全生产诚信建设。《安全生产法》第七十八条规定:负有安全生产监督管理职责的部门应当建立安全生产违法行为信息库,如实记录生产经营单位及其有关从业人员的安全生产违法行为信息;对违法行为情节严重的生产经营单位及其有关从业人员,应当及时向社会公告,并通报行业、投资、自然资源、生态环境等主管部门、证券管理以及有关金融机构。

① 建立诚信信息库,记录生产经营单位违法行为,对促进生产经营单位诚信守法,防范安全事故具有重要意义。

② 针对实践中一些生产经营单位特别是上市公司"不怕罚款怕曝光"的情况,建立诚信联动机制,发挥社会监督作用,防范事故。

例如,央视 2018 年 4 月 17 日曝光山西三维集团(简称*ST 三维)违规倾倒工业废渣、偷排工业废水事件。2018 年 4 月 18 日其股票开盘即跌停。原因很简单,三维肆意排污,威胁村民生命财产安全,已经不是缺乏社会责任感,更是违法违规,民众对肆意排污等违法问题是深恶痛绝的。

1.2.3 安全生产管理的原则

搞好安全生产,在强调坚持安全生产管理方针的同时,还必须强调坚持安全生产的一系列原则。

(1) 安全生产基本原则。《中华人民共和国宪法》(以下简称《宪法》)规定:"加强劳动保护,改善劳动条件。"这是国家和企业安全生产所必须遵循的基本原则。

(2) "管生产必须管安全"原则。《安全生产法》第三条规定,安全生产工作实行管行业必须管安全、管业务必须管安全、管生产经营必须管安全。

管行业必须管安全,明确了负有安全监管职责的各个部门,要在各自的职责范围内,对所负责行业、领域的安全生产工作实施监督管理。

管业务必须管安全,主要负责人是安全生产的第一责任人,其他负责人都要根据分管的业务,对安全生产工作承担一定职责,负担一定的责任。

管生产经营必须管安全,遵照安全生产方针开展生产经营,企业信誉、经营利润和生产进程都必须以安全为前提。

(3) 安全设施建设"三同时"原则。"三同时"是指生产性基本建设项目中的劳动安全卫生设施必须符合国家规定的标准,必须与主体工程同时设计、同时施工、同时投入生产和使用,以确保建设项目竣工投产后,符合国家规定的劳动安全卫生标准,保障劳动者在生产过程中的安全与健康。

(4) "全员安全生产教育培训"原则。"全员安全生产教育培训"是指对企业全体员工(包括农民工、临时工)进行安全生产法律、法规和安全专业知识以及安全生产技能等方面的教育和培训。安全生产教育培训的形式可多种多样,但有关规范性文件所强调的安全生产教育培训必须执行,如每年至少一次的教育培训以及有关人员的继续教育等。

(5) "三同步"原则。"三同步"是指企业在考虑经济发展,进行机构改革、技术改造时,安全生产要与之同步规划、同步组织实施、同步运作投产。改制的企业要防止弱化、淡化安全管理的规章制度、管理机构和人员,或者取消安全生产管理机构。这些行为违反了安全生产的基本要求和《安全生产法》的规定,不符合安全生产许可的基本条件。

(6) "三不伤害"原则。"三不伤害"是指在生产活动中做到不伤害自己、不伤害他人、不被他人伤害。企业在开展安全生产教育时,应将"三不伤害"原则告诉企业全体职工,使企业职工人人牢记"三不伤害"原则,使"三不伤害"原则深入人心。由于建筑业为"五大高危行业"之一,所以在教育广大职工做到"三不伤害"时,首先要强调不伤害自己。《安全生产法》赋予从业人员保护他人不受伤害的义务,这就构成"四不伤害"。

(7) "四不放过"原则。"四不放过"是指发生安全事故后,在查处各类事故时,要做到事故原因未查清不放过、责任人员未追究责任不放过、整改措施未落实不放过、有关人员未受到教育不放过,不仅要追究事故直接责任人的责任,同时要追究有关负责人的领导责任。这是处理生产安全事故的重要原则。

(8) "五同时"原则。"五同时"是指企业生产组织及领导者在计划、布置、检查、总结、评比生产经营工作的时候,同时计划、布置、检查、总结、评比安全工作,把安全生产工作落实到每一个生产组织管理环节中去。"五同时"原则要求企业在管理生产的同时必须认真贯彻执行国家安全生产方针、法律法规,建立健全各种安全生产规章制度,包括安全生产责任制,安全生产管理的有关制度,安全卫生技术规范、标准、技术措施,各工种安全操作规程等,配置安全管理机构和人员。专职安全生产管理人员必须自始至终参加这五个工作环节,且有发言权和否定权。

1.2.4 国内安全生产管理经验

1. 以人为本的建筑安全管理理念

以人为本是指满足人的需求,主要是指满足人们日益增长的物质生活和文化生活的需求。建筑安全管理理念的"以人为本"是指建筑安全管理是为了满足人对安全的需求。这里的人指建筑企业的员工,即满足建筑企业员工对安全和健康的需求,保护其生命不受威胁。

《安全生产法》制定的目标是:加强安全生产监督管理,防止和减少生产安全事故,保障人民群众生命和财产安全,促进经济发展。

如果各地方政府、企业把促进经济发展和提高效益作为首要的任务来抓,有些企业可能会以牺牲人的生命为代价,以保护"更高价值"的财产或获取"更高价值"的利润,致使人的生命与健康得不到应有的保护,人的生命权与健康权受到了人为的践踏,人的价值就得不到基本的认识和尊重。

2013年6月,习近平总书记就做好安全生产工作作出重要指示,他指出,接连发生的重特大安全生产事故,造成重大人员伤亡和财产损失,必须引起高度重视。人命关天,发展决不能以牺牲人的生命为代价。这必须作为一条不可逾越的红线。

他强调,要始终把人民生命安全放在首位,以对党和人民高度负责的精神,完善制度、强化责任、加强管理、严格监管,把安全生产责任制落到实处,切实防范重特大安全生产事故的发生。

2020年4月,习近平总书记对安全生产再次作出重要指示,他强调生命重于泰山。各级党委和政府务必把安全生产摆到重要位置,树牢安全发展理念,绝不能只重发展不顾安全,更不能将其视作无关痛痒的事,搞形式主义、官僚主义。

建筑安全管理的最终目标应是保护每个工人的安全和健康,即一切为了人。这个目标应反映在我国所有与建筑安全相关的法律制度中,各地方、各级政府及有关管理机构也应该把保护工人作为自己的终极职责,所有的建筑企业同样应该承担起保护企业员工的重要责任。

2. 安全生产标准化

2006年6月,全国安全生产标准化技术委员会成立大会暨第一次工作会议在北京召开。

2011年5月,国务院安委会下发了《国务院安委会关于深入开展企业安全生产标准化建设的指导意见》(安委〔2011〕4号),要求全面推进企业安全生产标准化建设,进一步规范企业安全生产行为,改善安全生产条件,强化安全基础管理,有效防范和坚决遏制重特大事故发生。

2011年5月,国务院安委会办公室下发了《关于深入开展全国冶金等工贸企业安全生产标准化建设的实施意见》(安委办〔2011〕18号),提出工贸企业全面开展安全生产标准化建设工作,实现企业安全管理标准化、作业现场标准化和操作过程标准化。2013年底前,规模以上工贸企业实现安全达标;2015年底前,所有工贸企业实现安全达标。

2011年6月,国家安全监管总局下发《关于印发全国冶金等工贸企业安全生产标准化考评办法的通知》(安监总管四〔2011〕84号),制定了考评发证、考评机构管理及考评员管理等实施办法,进一步规范工贸行业企业安全生产标准化建设工作。

2011年8月,国家安全监管总局下发《关于印发冶金等工贸企业安全生产标准化基本规范评分细则的通知》(安监总管四〔2011〕128号),发布《冶金等工贸企业安全生产标准化基本规范评分细则》,进一步规范了冶金等工贸企业的安全生产。

2013年1月,国家安全监管总局等部门下发《关于全面推进全国工贸行业企业安全生产标准化建设的意见》(安监总管四〔2013〕8号)。提出要进一步建立健全工贸行业企业安全生产标准化建设政策法规体系,加强企业安全生产规范化管理,推进全员、全方位、全过程安全管理。力求通过努力,实现企业安全管理标准化、作业现场标准化和操作过程标准化,2015年底前所有工贸行业企业实现安全生产标准化达标,企业安全生产基础得到明显强化。

2013年3月,住房和城乡建设部办公厅下发了《住房城乡建设部办公厅关于开展建筑施工安全生产标准化考评工作的指导意见》(建办质〔2013〕11号),明确了考评目的、考评主体及整体的实施方法,并提出各地住房城乡建设主管部门要根据本地区实际情况,制定切实可行的考评办法,有序推进建筑施工安全生产标准化考评工作。

安全生产标准化,是指通过建立安全生产责任制,制定安全管理制度和操作规程,排查治理隐患和监控重大危险源,建立预防机制,规范生产行为,使各生产环节符合有关安全生产法律法规和标准规范的要求,人、机、物、环处于良好的生产状态,并持续改进,不断加强企业安全生产规范化建设。

建筑施工企业的建筑施工活动流动性较强,施工现场分布地域较广,加之不同管理者管理水平存在差异,导致同一企业的不同项目、同一地区的不同项目管理水平参差不齐。开展安全生产标准化工作,就是对管理者的职责、管理流程、现场防护设施等制定统一的标准,并以管理文件、图集等形式反映,通过项目实施、检查、整改等环节的标准化操作,最终达到每个项目的安全管理工作同质化,实现提高企业安全生产管理水平的目的。

3. 人才强安、科技兴安

党的十八大报告明确要求:"强化公共安全体系和企业安全生产基础建设,遏制重特大安全事故,实施'人才强安'战略。"

《国务院安委会关于进一步加强安全培训工作的决定》(安委〔2012〕10号)要求强化安全培训责任追究,明确提出实行更加严格的"三个一律"。一是对应持证未持证或者未经培训就上岗的人员,一律先离岗,培训持证后再上岗,并依法对企业按规定上限处罚,直至停产整顿和关闭;二是对存在不按大纲教学、不按题库考试、教考不分、乱办班等行为的安全培训和考试机构,一律依法严肃处罚;三是对各类生产安全责任事故,一律倒查培训、考试、发证不到位的责任。因未培训、假培训或者未持证上岗人员的直接责任引发重特大事故的,所在企业主要负责人依法终身不得担任本行业企业矿长(厂长、经理),实际控制人依法承担相应责任。

消除人的不安全行为是降低或减少安全生产事故频率的最根本方法,而消除人的不安全行为必须依靠健全的安全健康管理机制。也就是说,只要建筑企业建立安全生产自我约束的管理机制,就可以最大限度地避免事故的发生。基于这种理念,国外一些安全管理业绩良好的国家基本上都把"零事故"作为企业追逐的目标,并且执行得很好。

通过在施工现场推行实施新的技术、工艺、方法,运用新型设备、工具等,提高施工现场生产安全事故防范能力,如采用新型模架体系代替传统扣件式钢管支架体系,在施工现场设置安全教育培训体验馆给工人以身临其境的安全体验,使用新型整体提升脚手架代替传统整体提升脚手架,解决架体防护不严及防护材料易燃等问题,推广绿色施工新技术,解决施工现场扬尘治理难题等。

智慧工地如何解决现场管理和安全问题

1.2.5 国外安全生产管理经验

建筑施工危险作业多,死亡、伤害比例高。相比较,经济发达国家在安全管理体系、管理制度等方面起步较早,建立了比较完善的职业健康安全管理体系,凭借上百年的工作场所安全卫生管理经验,各项安全评价指标相对比较科学,在世界上处于领先地位。下面对德国、美国和新加坡的安全管理模式进行简要介绍。

1. 德国的法制化管理

为了确保职工的生命安全,德国制定了劳动保护法规,由政府部门对各行各业的安全生产、劳动保护、职工伤亡依法行使监察的职能。

(1) **实行行业管理**。德国"精密机械与电力行业协会"制定的电力行业的技术标准、规范,各电力企业都要认真贯彻执行。同时,这些标准、规范也是法院判定企业是否遵守行业行为准则的法定依据。各电力企业依据这些标准、规范制定各生产单位的规程、制度、工作条例,建立正常的企业生产秩序。

(2) **强制推行职工保险**。按照德国法律规定,职工必须参加社会保险,包括健康保险、退休保险、转业保险以及伤残保险。前三种保险费用由企业与个人各承担一半,职工伤残保险由企业全部承担。企业若发生了职工伤亡事故,由当地政府有关部门组织调查,由警察局、法院、劳动局、技术监督公司、保险公司、企业有关人员参加。

(3) **强化法制化管理**。企业的各级负责人、各个岗位上的工作人员直接对自己所从事的工作负责,并承担相应的法律责任。为此,企业在培训工作中突出了法制教育,明晰了什么能做、什么不能做,有什么责任、负什么责任。企业还请咨询公司对企业的各种规程、制度进行评估。评估结论要指出存在什么问题,会出什么事,这些事与公司有无关系,出了事公司会负什么法律责任。

此外，企业发生事故后，调查和处理事故的依据是国家的法律和行业的标准、规定，从"法"的角度来看责任，而不是用行政的办法来分析和处理事故。可见，德国的职工安全管理是建立在法制基础上的。

(4) 重对策、轻处罚。德国重大设备事故的调查分析以资产所有者为主，调查组由保险公司、行业协会、技术监督部门、企业负责人及政府有关部门组成。在一般设备事故的调查处理上，采取了重对策、轻处罚的原则，原因在于希望职工自己提出所犯错误，重点不是处罚，而是制定防止今后再次发生的措施。如果属于不称职、思维不行者，则调离岗位。通常认为，如果处罚太重，职工则不敢承担此类工作。因此，对一般事故责任者的处理是比较"温和的"。

3. 美国政府的建筑安全管理

美国的建筑安全管理按建设工程项目投资渠道分别由中央政府和地方政府的机构管理。美国职业安全与健康管理局是美国安全管理部门，隶属于美国联邦劳工部，是基于1970年美国《职业安全与健康法》颁布实施而成立的全国性机构，负责监督该法在工业、建筑、海运、农业等行业的执行。该局职责包括：促进安全健康避险机制的建立；编制与监督执行安全健康强制标准规范；进行工作现场的安全检查，提供安全健康资料、安全培训和有关帮助；推动有关安全与健康的合作项目等。该局共拥有员工2 000多人，主要负责联邦项目的安全管理。地方项目的安全管理由地方安全管理机构负责。地方安全管理机构在行政上隶属地方州政府，与该局没有从属关系，管理范围没有交叉，但管理程序和方法与该局相似。

美国的安全管理有以下特点：

(1) 美国职业安全与健康管理局与建设部门通力配合。该局安全管理的重点在于保障操作人员的人身安全。建筑施工中涉及危害操作人员安全的问题，建筑主管部门及时通报该局，由该局去处理。停工处理意见由建设主管部门开具。

(2) 安全检查突出重点。安全检查的重点为高危工作现场和有不良行为的雇主。

(3) 安全检查以排除事故隐患为目标。安全检查以现场的实际安全状态检查为主，对发现隐患的工地进行批评并限期整改。

(4) 事故责任主体为雇主而非其他人员。

(5) 经济杠杆在事故理赔等安全管理中起到重要作用。

(6) 利用各种宣传手段保障从业人员的权利。该局拥有自己的网站，供企业和工人查询相关安全信息、培训信息、技术信息和服务信息，免费提供且允许复制各种与安全相关的标准规范。

3. 新加坡的建筑安全法律制度

新加坡在吸收西方先进经验的同时，融入了自身特色，形成了法律规范、理念先进、政府监督管理到位的建筑安全系统，为保障新加坡的社会文明建设等起到了重要作用。

(1) 建筑安全法律体系

新加坡在2008年对《新加坡工作场所安全与卫生法令》进行修订，进一步明确了四项基本原则：

① 明确全体人员安全职责,构建全员管理架构。
② 强化工作场所安全与卫生体系的建立及实施效果,而不仅仅强调对法规的遵守。
③ 通过整改措施以强化执行的效果。
④ 强调处罚的力度。

同时,制定了建筑工程专项管理规定——《工作场所安全卫生(建筑工地)条例 2008》。

(2) 建筑安全管理机制

新加坡在构建建设工程项目安全责任体系时特别强调雇主的安全职责:
① 实施风险评估,消除或控制工作场所可能存在的风险。
② 确保工作设施的安全,合理安排作业。
③ 确保工作场所设备、设施、各类物资及工作过程安全。
④ 制定并采取控制措施处理紧急事件。
⑤ 提供充足的安全教育、监督、指示、信息等。

针对建设项目,责任主体包括总承包商、承包商、供应商、员工等。作为总包单位,对雇用的承包商、分包商等,承担相当于雇主的安全职责。同时,新加坡强调场地主的概念,总包单位一旦进行场地注册,对在此范围内施工的各单位负安全管理责任。

(3) 建筑安全实施措施

工作场所安全与健康理事会在检察官及其他授权人员的协助下,通过现场检查,事件调查,暂停场地证书、人员证书、设备证书的使用、整改、停工、处罚、起诉等途径确保安全与卫生法规的贯彻执行。

(4) 建筑安全知识培训

新加坡政府规定,工人上岗前必须经过建筑工程安全课程培训,时长 1 天,内容包括如何避免事故及法律规定的安全职责。该课程是获得工作准入的基本前提,针对集团经营层,新加坡还设置了不同内容的安全课程。课程设置都经过精心安排,安全专项培训实效性强。

4. 严格执行法律制度是美国、德国、新加坡等国的共同特点

美国、德国和新加坡在工作中严格执行各种技术规范、规程和安全措施,这是最适用、最有效的管理办法。

(1) 德国重视生产现场的安全标志和设施。在发电厂房门口备有担架、急救箱(一般装有绑带、剪刀、创可贴等);厂房内到处挂有安全警示图、安全标志、安全警示线,设置醒目的安全栏杆;在存放酸、碱及化学药品的工作场所,挂有意外溅了酸、碱后及时冲洗的提示图标;在各岗位电话亭挂有与安全相关的主要电话号码卡,突出了生产现场的安全氛围。

(2) 在美国,变电站内值班员操作刀闸的地面上有 1.5 m 见方的花纹钢板,降低可能的跨步电压对操作人员的伤害。在高压配电室内操作时,操作员要戴透明面罩,穿防电弧灼伤的银色防护服。电气实验室的人员在做大电流或高压试验时要戴护目镜。

(3) 新加坡通过严格的执法,大大减少了事故的发生。据新华社报道,2012 年 7 月 18 日上午,新加坡市区的一处地铁连接通道工地上,工人正在浇筑混凝土时脚手架突然

坍塌，2名中国工人被埋不幸死亡，另有8名外来工人受伤。该项目立即被勒令停止施工，并吊销施工许可证。

安全管理的模式是多样化的，各国安全管理的模式与国情和体制分不开。我们学习国外安全管理经验，要结合中国的国情，切实提高企业的安全生产管理水平。

任务1.3　建筑行业管理人员职业道德建设

1.3.1　职业道德准则

在自然界中，人与自然之间需要维持平衡；在社会生活中，人与人之间、人与社会之间，不可避免地要发生各种矛盾；在工作活动中，从业人员的意识、觉悟、信念、意志、良心在职业交流活动中均需自我约束与控制，自觉地选择有利于社会、集体的行为。这说明人在自然、生活、工作环境中不可能孤独于自己的王国中，往往会受制于制度、守则、公约、承诺、誓言等，需要承担起应有的责任，履行应尽的义务。

《礼记·中庸》曰："道也者，不可须臾离也，可离非道也。是故君子戒慎乎其所不睹，恐惧乎其所不闻。莫见乎隐，莫显乎微，故君子慎其独也。"道德存在于人心，片刻不离，不因外界环境变化而不同，即使无人监督，也要以道德准绳约束自己的言行。

道德是一种社会意识形态，是人们共同生活及行为的准则与规范。在中华传统文化中，形成了以仁义为基础，以善恶为标准，以文明为方向，以礼义廉耻、忠孝节悌为核心内容的社会主流价值观下的非强制性约束准则与规范。社会主义核心价值观从国家、社会、公民三个层面概括为12个词、24个字，是当代中国精神的集中体现，凝结着全体人民共同的价值追求。

在一定的社会经济关系中，从事各种不同职业的人，在其特定职业活动中，应遵循的具有自身职业特征的道德要求和行为规范，就是职业道德。这说明不同行业、不同职业岗位均有各自不同的职业道德标准。从业者通过专业学习和实践，继承传统经验逐渐养成较为稳固的职业道德品质。

战国哲学家荀况曾说："积土成山，风雨兴焉；积水成渊，蛟龙生焉；积善成德，而神明自得，圣心备焉。故不积跬步，无以至千里；不积小流，无以成江海。"高尚的道德人格和道德品质不是一夜之间能够养成的，需要一个长期的积善过程。

道德没有实质约束力和强制力，一般依靠舆论、信念、习惯、传统和教育等力量来维持；职业道德则是依靠文化、内心信念和惯例，通过自律来实现；职业道德同时还承载着企业文化和凝聚力，不同企业具有不同的价值观。发展社会主义市场经济不仅要重视经济效益，更要强调社会效益。多数企业不是因经营不善和技术原因，而是因为不能始终坚持质量品质和道德信誉而破败。《公民道德建设实施纲要》提出的"爱岗敬业、诚实守信、办事公道、服务群众、奉献社会"，应成为从业人员职业道德规范的主要内容。

概括起来，企业生产管理人员的职业道德准则应包括以下几个方面：

(1)保护人民群众生命和财产安全,维护环境安全。
(2)遵章守法,服从安全生产指令。
(3)参加安全生产教育和培训,提高安全素质。
(4)分享安全知识与经验,提高安全生产技能。
(5)安全至上,不默许、不纵容安全违法违规行为。
(6)发现危险,及时报告和处理。
(7)配合安全监督或事故调查,提供准确、完整的安全信息与资料。
(8)不伪造、不冒用、不出借专职安全生产管理人员资格证书。

1.3.2 建筑行业职业道德建设的途径

职业道德建设是塑造建筑行业从业人员行业风貌的一个窗口,也是提高行业竞争力的重要保证。职业道德建设涉及政府部门、行业企业、职工队伍等多个方面,需要齐抓共管,各司其职,各负其责。

1. 发挥政府职能部门的监督、引导作用

(1)建立健全建筑行业职业道德标准。建筑行业专业多,分工细,尽管各岗位、各工种的职业要求不尽相同,但维护社会公共利益是共同的责任。因此,建立健全全行业共同遵守的建筑行业职业道德标准、职业道德规范和制度是必需的,这是政府主管部门责无旁贷的职责。

(2)通过政府监管平台建立建筑行业职业道德的诚信监督机制。对诚实守信的行为给予褒奖,对失信的行为给予惩戒,甚至辅以法律的手段,通过行政立法约束员工行为。

(3)加强职业道德教育。教育是基础,政府主管部门应组织编制相关教材,开展骨干培训,采用广播、电视、网络等各种手段普及建筑行业职业道德知识,宣传职业道德典范,培养全行业共同遵守职业道德的氛围。

2. 突出企业在建筑行业职业道德建设中的主体作用

在建筑行业职业道德建设中,企业是主体,职业道德建设是企业文化建设中的一项重要工作。

(1)生产管理人员的职业道德建设要形成制度,要明确相应的责任部门和责任人。

(2)企业应根据自身的特点,制订适合企业要求的各工种、各岗位的职业道德标准或准则,尤其是安全生产管理人员的职业道德标准或准则。

(3)企业职业道德建设重在落实。要加强宣传教育,强化监督考核,建立企业内部的奖惩机制,安全生产管理人员的职业道德表现应纳入安全生产管理业绩考核范围。

(4)改进教学手段,创新方式方法。要根据建筑行业自身的特点,做好职业道德教育工作,尤其要改进教学手段,创新方式方法,采用诸如报纸、讲演、座谈、黑板报、企业报、网络新闻、电视传媒等多种有效的宣传教育形式,充分发挥企业教育阵地或工地民工学校作用,努力营造良好的教育氛围,激发生产管理人员对职业道德学习的兴趣。

(5)开展典型性教育,发挥典型的导向作用。在职业道德教育中,应当大力宣传身边的先进典型,用先进人物的精神、品质和风格去激发职工的工作热情。对于企业生产管理中忠于职守、高度负责、诚实守信的生产管理人员,有关部门不但要给予物质或精神方面的鼓励,进一步激发他们的积极性和创造性,而且还应当通过树立典型,发挥典型的导向作用,提高整个生产管理人员队伍的职业道德整体水平。

3. 重视生产管理人员的职业道德修养

职业道德修养是指从事各种职业活动的人员,按照职业道德基本原则和规范,在职业活动中进行的自我教育、自我改造、自我完善,使自己具有良好的职业道德品质,达到一定的职业道德境界,是一种自律行为。建筑行业从业人员应该充分发挥思想道德的正能量,用"为他"的职业道德观念去战胜"为己"的职业道德陋习,认真检查自己的言行,不断提高自身的职业道德水平。提高生产管理人员职业道德修养的方法可以归纳为:

(1) 学习职业道德规范,掌握职业道德知识。
(2) 努力学习现代科学文化知识和专业技能,提高文化素养。
(3) 经常进行自我反思,增强自律性。

4. 自觉遵守法律法规,遵守安全操作规程和劳动纪律

法律通常是指由社会认可国家确认的立法机关制定规范的行为规则,并由国家强制力保证实施的,以规定当事人权利和义务为内容的,对全体社会成员具有普遍约束力的一种特殊行为规范。法律规范区别于职业道德,具有强制性的约束力。

法律规范由行为模式和法律后果两个部分构成。法律后果是指一旦触犯法律,便会受到相应的惩罚,对其教育、改良;行为模式是指法律为人们的行为所提供的标准和方向,其中行为模式一般有三种情况:可以这样行为(授权性规范)、必须这样行为(命令性规范)、不许这样行为(禁止性规范)。

建设工程安全生产法律体系就是把已经制定的在建设工程方面有关保护人的生命健康、财产安全及环境保护方面的法律、行政法规、部门规章和地方法规、地方规章有机地结合起来,形成一个相互联系、相互补充、相互协调的完整统一的体系。

建设工程安全生产法律体系的构成见表1-1。

表1-1 建设工程安全生产法律体系的构成

序号	类别	法律规范	专门法律范畴
1	法律	《中华人民共和国安全生产法》	社会法
2		《中华人民共和国劳动法》	
3		《中华人民共和国劳动合同法》	
4		《中华人民共和国职业病防治法》	
5		《中华人民共和国特种设备安全法》	
6		《中华人民共和国社会保险法》	
7		《中华人民共和国固体废物环境污染防治法》	
8		《中华人民共和国大气污染防治法》	
9		《中华人民共和国环境噪声污染防治法》	

(续表)

序号	类别	法律规范	专门法律范畴
10		《中华人民共和国水污染防治法》	
11		《中华人民共和国建筑法》	行政法
12		《中华人民共和国行政处罚法》	
13		《中华人民共和国消防法》	
14		《中华人民共和国突发事件应对法》	
15		《中华人民共和国民法典》	民法商法
16		《中华人民共和国刑法》	刑法
17	行政法规	《建设工程安全生产管理条例》	
18		《特种设备安全监察条例》	
19		《工伤保险条例》	
20		《安全生产许可证条例》	
21		《生产安全事故报告和调查处理条例》	
22	部门规章	《生产安全事故隐患排查治理暂行规定》	
23		《建设项目安全设施"三同时"监督管理暂行办法》	
24		《建筑起重机械安全监督管理规定》	
25		《关于审理工伤保险行政案件若干问题的规定》	
26		《建筑施工企业安全生产许可证管理规定》	
27		《建筑施工企业主要负责人、项目负责人和专职安全生产管理人员安全生产管理规定》	
28		《国务院关于特大安全事故行政责任追究的规定》	
29		《安全生产违法行为行政处罚办法》	
30		《危险性较大的分部分项工程安全管理规定》	
31	地方法规	《江苏省工程建设管理条例》等	
32	地方规定	《江苏省实施〈工伤保险条例〉办法》	
33		《关于加强全省建筑安全生产责任追究若干意见的通知》等	

　　国家及行业规范和标准中的强制性标准,是对工程建设实施过程中的企业和从业人员行为的最低要求。安全操作规程和劳动纪律,则多数是以企业生产与管理标准的形式对企业职工行为的一种管束,目的在于实现企业生产标准化和保持企业文化,确保其在市场竞争中的优势地位。

【典故】 预则立不预则废

《礼记·中庸》:"凡事豫则立,不豫则废。言前定则不跲,事前定则不困,行前定则不疚,道前定则不穷。"凡事豫(预)则立,不豫(预)则废,意指:不论做什么事,事先有准备,就能得到成功,不然就会失败。

要想成就任何一件事,必须要有明确的目标,认真的准备和周密的安排。有了精心的准备,艰苦的努力,不懈的奋斗,才能达到成功的彼岸。没有准备的盲目行动,只能是忙忙碌碌且一事无成。所以说,"预"是成功的基础,"不预"则是失败的根源。

▶ 思考与拓展 ◀

1. 危险与风险有何区别?在企业生产管理中如何正确对待所遇到的风险?
2. 安全生产方针增加"综合治理"带来了哪些新时代的指导思想?
3. 如何有效运用项目管理知识去加强安全管理?
4. 施工中加强安全管理与生产中的劳动保护在贯彻执行国家安全生产方针上有何区别?
5. 解释"三不伤害"与"三违",分析两者之间的联系。
6. 与发达国家相比,国内安全生产还需要在哪些方面进行健全与完善?
7. 建立健全安全生产法律法规对安全生产管理具有哪些作用和社会意义?

学习情境 2　建筑施工企业安全生产管理与企业安全文化建设

知识目标

了解建筑施工项目作业环境和组织管理的特殊性；
了解施工企业安全生产管理的机制；
了解企业安全文化的内涵和安全文化的结构层次；
熟悉施工企业构建的职业健康安全管理、组织、制度、技术、投入和信息保证体系；
熟悉安全生产资金保障、安全生产许可、特种作业人员、施工作业人员实名制及政府加强安全监管等管理制度；
掌握安全生产责任制度；
掌握安全生产教育培训制度。

职业技能目标

建立施工项目全员安全生产责任制，签订安全责任书；
组织开展项目的安全教育，建立全员安全教育档案；
遵照安全教育培训制度，监督落实项目开展的各类安全教育培训。

情境引入

为落实建筑施工安全生产的主体责任，施工承包企业和劳务企业必须具备安全生产所需的必要条件方可从事工程建设的承包业务；企业构建的安全生产管理制度是企业开展安全生产的管理标准，也是对企业在岗人员进行安全行为约束和考评的标准；每个从业人员须参与岗前和继续安全教育，学习安全生产知识和提高安全技能，全面提升安全素养，加强企业安全文化建设，切实保证生产安全。

任务 2.1　建筑施工安全管理的特殊性

2.1.1　建筑施工项目的特殊性

（1）一次性。考虑项目的规模、结构以及实施的时间、地点、参加者、自然条件和社会条件，世界上没有绝对相同的一栋建筑，设计的单一性，工程的单件性，使得建筑施工不同于工业、制造业的重复生产。生产的一次性使得项目的知识、经验和技能积累困难，并很难将其重复地运用到以后的项目管理中，不确定因素多，如政治、经济、自然条件和技术，它们存在于项目决策、设计、计划、实施、维修的各个阶段。这决定了在建设的过程中，建筑施工安全管理所要面对的环境十分复杂，并且需要不断地面对新的问题，不断地发挥创造性。

（2）流动性。首先，建筑工程项目具有流动性，这决定了施工建造的生产资料需要不断地从一个项目换到另一个项目。其次，人员的流动，由于建筑企业超过80%的工人是农民工，劳务作业活动性很大。再次，施工过程的流动，建筑工程从基础、主体到装修各阶段，因分部、分项工程、工序的不同，施工方法的不同，现场作业环境、状况和不安全因素都在变化中，作业人员经常更换工作环境。建筑项目的流动性特点使得危险存在很大不确定性，要求项目的管理者和各方面参与者对安全施工、事故预防具有预见性、适应性和灵活性。

（3）密集性。目前，我国地域发展不均衡，建筑工业化程度较低，需要大量人力资源的投入，是典型的劳动密集型行业。其次是资金密集。建筑项目的建设是以大量资金投入为前提的，如三峡工程一天的投资就高达三千多万元，资金投入大决定了项目受制约的因素多：一是受施工资源的约束；二是受社会经济波动的影响；三是受社会政治的影响。

（4）协作性。首先是多个建设主体的协作。建设工程项目的参与主体涉及业主、勘察、设计、工程监理以及施工等多个单位，只有各建设主体之间共同努力，精诚合作，才能按预定目标顺利完成建设工程项目。其次是多个专业的协作。建设工程项目需要经过策划、设计、计划、实施和维修等各个阶段，涉及工程项目管理、法律、经济、建筑、结构、电气、给水、暖通和电子等相关专业。在各个专业的工作过程中经常需要交叉作业，这就对安全管理提出了更高的要求，需要各个专业工作队伍之间精诚协作、合理协调，以及完善的施工组织作为保障。

2.1.2　施工作业环境的特殊性

（1）高处作业、交叉作业多。建筑施工中的许多作业都是在高处进行的，如脚手架、滑模及模板施工；基坑、管道施工以及建筑物内外装修施工作业等，2 m以上即属高处作业，通常建筑物的高度从十几米到几百米，地下工程深度也从几米到几十米，并且存在多工种、多班组在一处或一个部位施工作业，施工的危险性较高。

（2）作业强度高。施工中，大多数工种仍是手工操作或借助于工具进行手工作业、现场安装等，湿作业多，如浇筑混凝土、抹灰作业等，劳动强度高，体力消耗大，容易发生疏忽造成事故。

(3) 作业环境条件差。建筑施工作业大部分在室外进行，受天气、温度影响较大，工作条件相对较差。特别是在雨雪天气导致工作面湿滑，容易导致事故发生。

(4) 作业环境变化快、标准化程度低。工程项目的类型、施工现场的作业、工作环境千变万化。工人散布在工地上从事多个岗位和任务的工作，作业环境和条件随工程的进展不断变化，难以及时的一一规范所有操作行为，也难以做出统一的标准作业技术规定。这样一来既增加了安全生产的难度，也增加了安全监督检查的难度。

2.1.3 项目施工组织结构和管理方式的特殊性

(1) 项目管理与企业管理离散。施工企业安全生产管理水平往往通过工程项目管理水平加以体现和落实，由于一个企业可能同时有多个项目，且项目往往远离公司总部，这种远离使得现场安全管理的责任，或者说能够有效进行安全管理的角色，更多地由项目来承担。由于项目的临时性、特定环境和条件以及项目盈利能力的压力等，企业的安全管理制度和措施往往难以在项目得到充分的落实。

(2) 多层次分包制度。专业化发展促使建设工程建立了专业（或分包）承包的体制，总承包企业与各分包或专业承包企业责任制度的建立和落实，总包与分包之间、各分包单位之间存在大量的现场管理和协调工作，大大增加了对工程质量、安全管理复杂程度和工作难度。

(3) 施工管理的目标（结果）导向。当前，建设单位对工程项目通常确定的目标（质和量）和资源限制（时间、成本），无形地约束着施工单位的行为，往往对施工单位形成很大的压力。建筑施工中的管理主要是一种目标导向的管理，只要结果（产量）不求过程（安全），而安全管理恰恰是在过程中的管理。

改革开放以来，国家经济的高速发展，促使建筑工业被动性地快速跟进。以经济建设为中心的趋利主义、功利主义在一定的时间内成为建设工程管理的指导思想，建筑从业人员的生命健康被用来讨价还价，发生人员伤亡事故被看作是利润损失，冒险蛮干而侥幸没发生事故被当成是高风险回报，建设行业一段时间内成为冒险家的经营场所。施工过程中的安全管理没有得到足够重视，简单、粗放而不系统、不科学，安全技术与管理的投入也远远不能满足现代施工管理的要求，造成建设行业施工安全事故成为仅次于煤炭矿山、交通的第三个高危行业。建设行业实施过程中的安全管理，已经成为近几年国家重点急需予以加强解决的问题。

任务 2.2 企业安全生产管理体系

2.2.1 施工企业安全生产管理机制

施工企业的安全管理一般分为两个层次，即施工企业安全生产管理系统和施工项目安全生产管理机构。要强化和落实生产经营单位的主体责任，需要建立企业内部自我约束管理机制。

（1）施工企业安全生产管理系统由企业主要负责人、企业安全管理机构、企业生产经营机构、企业职工代表大会或工会以及职工组成。其中，企业主要负责人在企业安全生产管理中起着决定性的作用，其对安全生产的重视程度与企业安全生产工作好坏有着直接的关系。

（2）完善的企业安全生产管理体系应是包括施工现场在内的安全生产管理体系。施工现场不仅应建立完善的安全生产管理体系，还应成为企业安全生产管理体系是否完善的重要评价依据。建筑施工企业的主要业务是承包项目的施工生产，企业安全生产管理主要在施工现场开展。所以，检验企业安全生产管理体系是否有效的重要标志是施工现场安全生产管理体系的正常运转，包括对分包单位和劳务分包企业有效开展施工现场安全生产管理，并将其纳入总承包安全管理体制中。

（3）组建以项目经理为第一安全责任人的施工现场项目工程安全管理组织机构，设立项目安全生产委员会、环境保护管理委员会和三级安全监督保证体系，全面负责整个项目安全管理和文明施工的领导工作，并对公司安全生产管理委员会负责。为落实安全生产责任制，项目经理部分工负责，构建项目部的安全组织管理网络，具体实施项目的安全工作。

① 成立以项目经理、分公司经理、班组长组成的安全生产指挥体系；
② 成立以项目总工程师、各专业工程师和技术人员组成的技术保证体系；
③ 成立以党、团支部组成的政治思想保证体系；
④ 成立以工会主席、基层工会小组负责人、劳动保护监督员组成的劳动保护监督体系。

（4）项目部设立安全监察科，安全管理人员的配备不少于四人（具体人数一般根据项目规模确定），负责开展项目工程安全监督工作，保证安全监察体系的有效运行和安全生产的实现。

（5）专业分公司设专职安全员，班组设兼职安全员，实行全方位、全过程的安全监督管理。

（6）建立紧急联络机构，由项目部经理、工程、安全、保卫人员组成，负责自然灾害的应急救护，制订应急响应措施，做好自然灾害、突发事件预防措施和调查处理。

2.2.2 企业安全生产的方针和管理目标

任何一个单位或机构要想成功地进行安全管理，必须有明确的安全政策。企业的安全政策主要是通过明确的安全生产方针和安全生产管理的目标来表达的，不仅要满足法律上的规定和道义上的责任，而且要最大限度地满足业主、雇员和全社会的要求，取得他人的信任、拥有足够的公信力。安全政策是安全生产管理制度制定的前提和依据，加强制度建设是确保安全政策顺利实施的前提；安全政策能够影响施工单位很多决定和行为，包括资源和信息的选择、产品的设计和施工以及绿色施工战略决策等。

（1）确立企业安全生产方针

例如，一个企业将"安全第一、预防为主、综合治理、以人为本、科学管理、持续改进"作为公司的安全生产方针，这是企业安全生产管理工作的指导方针。安全生产方针是对企业生产经营的目的和社会使命的进一步阐明和界定,决定了安全生产管理的目标。

(2) 安全生产管理目标

施工单位的安全政策必须有明确的目标并要注重实效,这也决定了企业经营发展目标;政策的目标要切实可行,应保证现有的人力、物力资源的有效利用,减少因安全事故而发生经济损失、承担安全责任的风险。结合当前国家政策导向和企业经济发展战略方针,一般施工企业需制定建设工程职业健康安全与环境管理目标。下面是一个施工企业确定的安全生产管理目标,主要包括以下内容:

① 控制和杜绝因公负伤、死亡事故的发生(负伤频率在 6‰ 以下,死亡率为零);
② 一般事故频率控制目标(通常在 6‰ 以内);
③ 无重大设备、火灾、中毒事故及扰民事件;
④ 环境污染物控制目标;
⑤ 能源资源节约目标;
⑥ 及时消除重大事故隐患,一般隐患整改率达到目标(不应低于 95%);
⑦ 扬尘、噪声、职业危害作业点合格率(应为 100%);
⑧ 施工现场创建安全文明工地目标;
⑨ 其他需满足的总体目标。

(3) 确定安全生产管理目标需要考虑的因素

目标可以是一个,也可能是一组。将目标分解、细化后就是计划,就是给自己、部门或整个组织确定一个具体、可行、可分阶段实施操作的计划,而这个计划达到的结果就是目标。确定一个安全管理目标应考虑的因素如图 2-1 所示。

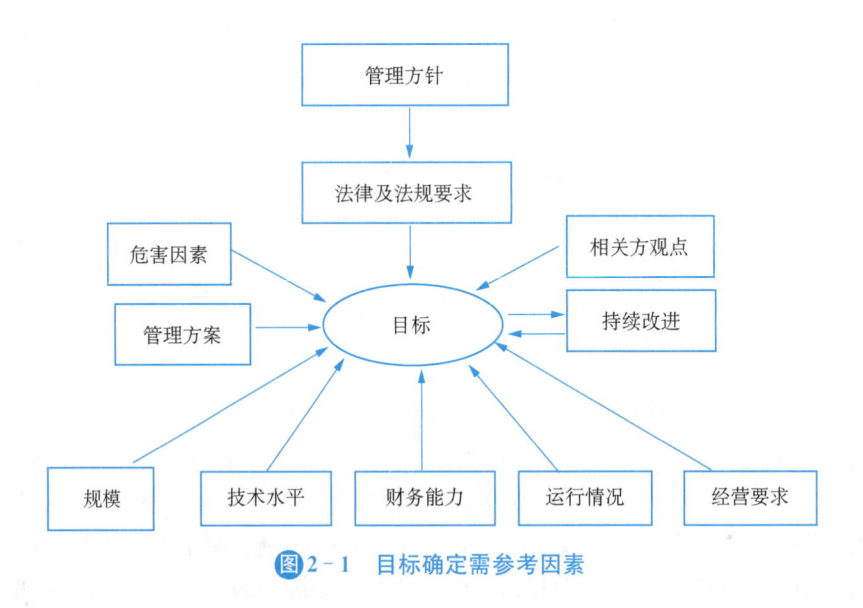

图 2-1 目标确定需参考因素

2.2.3 施工安全管理体系

安全管理是建设工程项目管理的有效组成部分,项目管理的基本理论自然也适用于施工安全管理。

1. 项目管理过程

一般由启动过程、计划过程、执行过程、控制过程和结束过程构成,如图2-2所示。可以看出,项目管理过程是一个PDCA的开环控制过程。

图2-2 项目管理的子过程及其流程图

P(计划 PLAN):明确问题并对可能的原因及解决方案进行假设;
D(实施 DO):实施行动计划;
C(检查 CHECK):评估结果;
A(处理 ACT):如果对结果不满意就返回到计划阶段,或者如果结果满意就对解决方案进行标准化。

结合安全管理活动的特点,在PDCA概念基础上建立一个动态循环的管理过程,以持续改进的思想,指导生产经营单位系统地实现安全生产管理的既定目标,构建起安全管理体系的运行模式。

工程项目应根据工程特点制定各项安全生产管理制度、建立健全安全生产管理体系。

2. 职业健康安全管理体系

目前国际上比较流行的安全管理体系有:国际劳工组织制定的《职业安全健康管理体系指南》(ILO-OSH 2001)、英国标准协会(BSI)、挪威船级社(DNV)等13个国家标准化组织和国际认证机构联合制定的《职业健康安全管理体系要求》(OHSAS 18001:2007)以及我国《职业健康安全管理体系要求及使用指南》(GB/T 45001—2020)。这些规范提出了基本相似的安全管理体系运行模式,其核心都是建立一个动态循环的管理过程,以持续改进的思想指导生产经营单位系统地实现其既定的目标。

《职业健康安全管理体系要求》(OHSAS 18001:2007)或《职业健康安全管理体系要求及使用指南》(GB/T 45001—2020)标准,要求一个组织主要应做到以下几个方面:

(1) 对遵守法律、法规和其他要求作出承诺,即符合与组织有关的法律、法规和强制性标准是遵照标准的基本要求。

(2) 对职业健康安全管理体系的持续改进作出承诺,要求一个组织建立的职业健康安全管理体系是一个动态的、自我调整和自我完善的管理模式,通过周而复始地进行"计划、实施、监督、评审"活动,使体系功能不断加强和完善,从而达到一个组织的职业健康安全管理体系的持续改进。

(3) 将企业职业安全卫生管理中的计划、组织、实施和检查、监控等活动集中、归纳、分解和转化为一套文件化的目标、程序和作业文件,通过执行相关文件及控制程序,最终实施预防和控制伤亡事故和职业病的目标。

3. 职业健康安全管理体系的组成要素

《职业健康安全管理体系要求》(OHSAS 18001:2007)或《职业健康安全管理体系要

求及使用指南》(GB/T 45001—2020)标准提出的职业健康安全管理体系有 5 个一级要素,即职业安全卫生方针、计划、实施与运行、检查与纠正措施及管理评审,每个一级要素又分解成若干小要素,再对每个小要素均进行了具体描述,参见图 2-3。

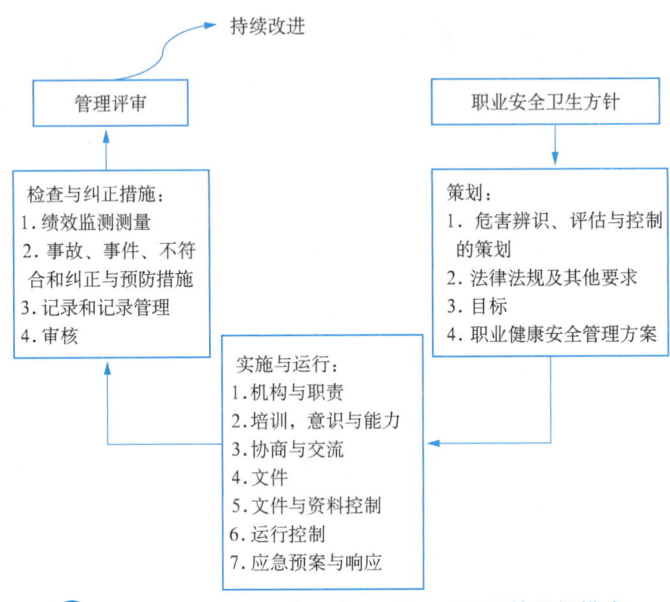

```
                        持续改进
           ┌─────────┐         ┌─────────────┐
           │ 管理评审 │         │ 职业安全卫生方针 │
           └─────────┘         └─────────────┘
                ↑                     ↓
    ┌──────────────────┐       ┌──────────────────────┐
    │ 检查与纠正措施:    │       │ 策划:                 │
    │ 1. 绩效监测测量    │       │ 1. 危害辨识、评估与控制 │
    │ 2. 事故、事件、不符 │       │    的策划             │
    │    合和纠正与预防措施│      │ 2. 法律法规及其他要求  │
    │ 3. 记录和记录管理  │       │ 3. 目标               │
    │ 4. 审核           │       │ 4. 职业健康安全管理方案 │
    └──────────────────┘       └──────────────────────┘
                ↑                     ↓
              ┌──────────────────────┐
              │ 实施与运行:           │
              │ 1. 机构与职责         │
              │ 2. 培训、意识与能力    │
              │ 3. 协商与交流         │
              │ 4. 文件              │
              │ 5. 文件与资料控制      │
              │ 6. 运行控制          │
              │ 7. 应急预案与响应     │
              └──────────────────────┘
```

图 2-3　OHSAS 18001(GB/T 45001—2020)的运行模式

通过管理体系认证,可以全面提高组织的管理水平,提高企业的信誉和知名度,以获得组织外他认得信任,这是市场经济环境下组织最宝贵的财富,无价之宝。

职业健康安全管理体系和环境管理体系的建立与运行

OHSAS 18001、GB/T 45001、ISO 9000 质量管理体系及 ISO14000 环境管理体系都是一个组织全面管理的重要组成部分,三者侧重点有所不同。职业健康安全管理体系针对组织的职业健康安全的管理,质量管理体系侧重对组织的产品质量的管理,环境管理体系强调对组织的环境因素的管理,但三者具有以下共同点:

(1) 遵循相同的管理模式(即 PDCA 模式)。
(2) 承诺、方针和目标的兼容性。
(3) 框架结构和要素内容相似。
(4) 通过 PDCA 模式实现可持续改进。
(5) 都要求建立文件,依靠文件实施管理。
(6) 强调过程控制和生产现场,强调预防为主的思想。

4. HSE 管理体系

HSE 指健康(Health)、安全(Safety)和环境(Environment)三位一体的管理体系。HSE 管理体系的基本要素分为三大块:核心和条件部分、循环链部分、辅助方法和工具部分,进一步分解见表 2-1。

学习情境 2 建筑施工企业安全生产管理与企业安全文化建设

表 2-1 HSE 管理体系的基本要素表

核心和条件	(1) 领导和承诺：是 HSE 管理体系的核心，承诺是 HSE 管理的基本要求和动力，自上而下的承诺和企业 HSE 文化的培育是体系成功实施的基础。 (2) 组织机构、资源和文件：良好的 HSE 表现所需的人员组织、资源和文件是体系实施和不断改进的支持条件。它有 7 个二级要素。这一部分虽然也参与循环，但通常具有相对的稳定性，是做好 HSE 工作必不可少的重要条件，通常由高层管理者或相关管理人员制定和决定。
循环链	(1) 方针和目标：对 HSE 管理的意向和原则的公开声明，体现了组织对 HSE 的共同意图、行动原则和追求。 (2) 规划：具体的 HSE 行动计划，包括了计划变更和应急反应计划。该要素有 5 个二级要素。 (3) 评价和风险管理：对 HSE 关键活动、过程和设施的风险的确定和评价，以及风险控制措施的制定。该要素有 6 个二级要素。 (4) 实施和监测：对 HSE 责任和活动的实施和监测，以及必要时所采取的纠正措施。该要素有 6 个二级要素。 (5) 评审和审核：对体系、过程、程序的表现、效果及适应性的定期评价。该要素有 2 个二级要素。 (6) 纠正与改进：不作为单独要素列出，而是贯穿于循环过程的各要素中。 循环链是戴明循环模式的体现，企业的安全、健康和环境方针、目标通过这一过程来实现。除 HSE 方针和战略目标由高层领导制定外，其他内容通常由企业的作业单位或生产单位为主体来制定和运行。
辅助方法和工具	为有效实施管理体系而设计的一些分析、统计方法。

由上表可以看出：

(1) 各要素有一定的相对独立性，分别构成了核心、基础条件、循环链的各个环节；

(2) 各要素又是密切相关的，任何一个要素的改变必须考虑到对其他要素的影响，以保证体系的一致性；

(3) 各要素都有深刻的内涵，大部分有多个二级要素。

2.2.4 施工安全的组织保证体系

系统目标决定了系统的组织，组织是目标能否实现的决定性因素。安全生产管理体系目标明确后，最主要的工作就是建立强有力的组织以满足目标实现的要求。负责施工安全工作的组织系统包括机构设置、人员配备和工作机制（系统）。图 2-4 是建设项目施工主体单位的组织机构图，不同结构层的人员配备规定如下：

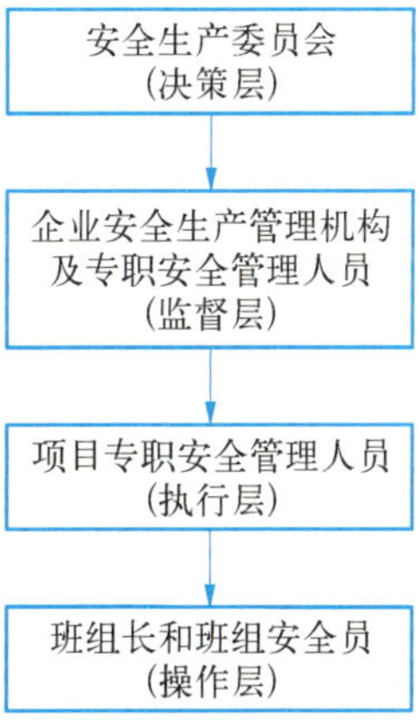

1. 安全生产委员会（决策层）

2015 年 4 月《国务院办公厅关于加强安全生产监管执法的通知》发布，其规定，国有大中型企业和规模以上企业要建立安全生产委员会，主任由董事长或总经理担任，董事长、党委书记、总经理对安全生产工作均负有领导责任，企业领导班子成员和管理人员实行安全生产"一岗双责"。所有企业都要建立生产安全风险警示和预防应急公告制度，完善风险排查、评估、预警和防控机制，加强风险预控管理，按规定将本单位重大危险源及相关安全措施、应急措施报有关地方人民政府安全生产监督管理部门和有关部门备案。

图 2-4 企业安全组织结构

安全生产委员会（决策层）→ 企业安全生产管理机构及专职安全管理人员（监督层）→ 项目专职安全管理人员（执行层）→ 班组长和班组安全员（操作层）

2. 企业安全生产管理机构及专职安全管理人员(监督层)

《安全生产法》第二十四条规定,从业人员超过一百人的生产经营单位,应当设置安全生产管理机构或者配备专职安全生产管理人员;从业人员在一百人以下的,应当配备专职或者兼职的安全生产管理人员。

施工单位应当设立安全生产管理机构,配备专职安全管理人员,并按照住房和城乡建设部《建筑施工企业安全生产管理机构设置及专职安全生产管理人员配备管理办法》向项目部委派足够的专职安全管理人员。安全生产管理机构是负责安全生产监督、指导、协调工作的综合部门,专职安全管理人员负责对安全生产进行现场监督检查。项目部的安全总监和其他专职安全管理人员应由施工单位任命。

建筑施工企业安全生产管理机构专职安全生产管理人员的配备应满足下列要求,并应根据企业经营规模、设备管理和生产需要予以增加:

(1) 建筑施工总承包资质序列企业:特级资质不少于6人;一级资质不少于4人;二级和二级以下资质企业不少于3人。

(2) 建筑施工专业承包资质序列企业:一级资质不少于3人;二级和二级以下资质企业不少于2人。

(3) 建筑施工劳务分包资质序列企业:不少于2人。

(4) 建筑施工企业的分公司、区域公司等较大的分支机构应依据实际生产情况配备不少于2人的专职安全生产管理人员。

3. 项目专职安全生产管理人员配备(执行层)

总承包单位配备项目专职安全生产管理人员应当满足下列要求:

(1) 建筑工程、装修工程按照建筑面积配备:① 1万平方米以下的工程不少于1人;② 1万~5万平方米的工程不少于2人;③ 5万平方米及以上的工程不少于3人,且按专业配备专职安全生产管理人员。

(2) 土木工程、线路管道、设备安装工程按照工程合同价配备:① 5 000万元以下的工程不少于1人;② 5 000万~1亿元的工程不少于2人;③ 1亿元及以上的工程不少于3人,且按专业配备专职安全生产管理人员。

分包单位配备项目专职安全生产管理人员应当满足下列要求:

(1) 专业承包单位应当配置至少1人,并根据所承担的分部分项工程的工程量和施工危险程度增加。

(2) 劳务分包单位施工人员在50人以下的,应当配备1名专职安全生产管理人员;50~200人的,应当配备2名专职安全生产管理人员;200人及以上的,应当配备3名及以上专职安全生产管理人员,并根据所承担的分部分项工程施工危险实际情况增加,不得少于工程施工人员总人数的5‰。

4. 班组长和班组安全员(操作层)

班组安全建设是搞好项目安全生产的基础和关键。各施工班组应设兼职安全员,协助班组长搞好班组安全管理。

与施工企业安全生产管理机制的两个层次相结合,可以构建起如图2-5的安全生产

学习情境 2　建筑施工企业安全生产管理与企业安全文化建设

管理组织保障体系。

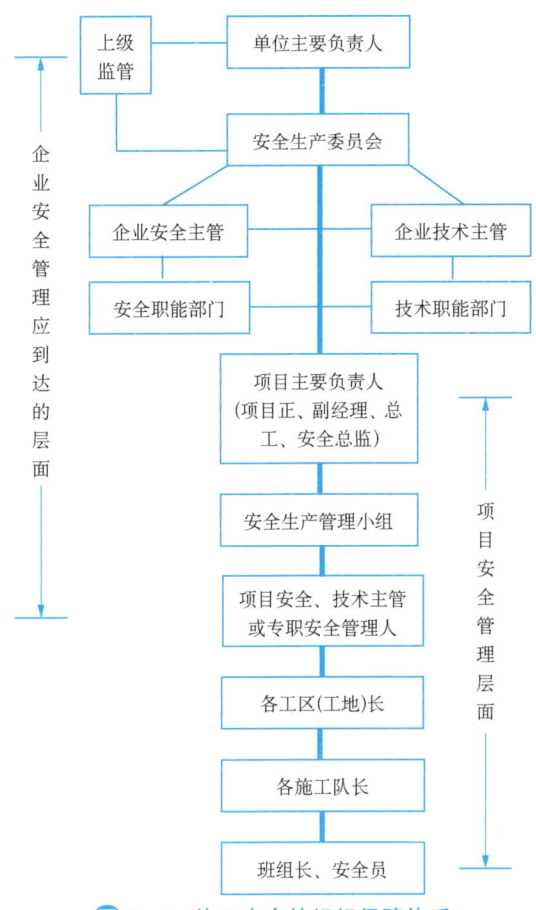

```
                    上级          单位主要负责人
                    监管
                              │
                              │
                        安全生产委员会
                              │
        ┌─────────────────────┴─────────────────────┐
   企业安全主管                                企业技术主管
        │                                          │
   安全职能部门                                技术职能部门
        └─────────────────────┬─────────────────────┘
                              │
                        项目主要负责人
                       (项目正、副经理、总
                        工、安全总监)
                              │
                        安全生产管理小组
                              │
                      项目安全、技术主管
                      或专职安全管理人
                              │
                         各工区(工地)长
                              │
                          各施工队长
                              │
                        班组长、安全员
```

左侧括注：企业安全管理应到达的层面
右侧括注：项目安全管理层面

图 2-5　施工安全的组织保障体系

5. 安全生产三类人员持证上岗

安全生产三类人员是指企业负责人、项目负责人、专职安全员。安全人员合格证是指企业负责人的安全生产考核合格证（A证）、项目负责人的安全生产考核合格证（B证）、专职安全员的安全生产考核合格证（C证）。安全生产考核合格证一般是由省级建设主管部门组织的统一考试取得，报考时必须是通过企业统一报名，个人报考不予受理。

申请参加安全生产考核的"三类人员"，应当具备相应文化程度、专业技术职称和一定安全生产工作经历，与企业确立劳动关系，并经企业年度安全生产教育培训合格。

安全生产考核包括安全生产知识考核和管理能力考核。

安全生产知识考核内容包括：建筑施工安全的法律法规、规章制度、标准规范，建筑施工安全管理基本理论等。

安全生产管理能力考核内容包括：建立和落实安全生产管理制度、辨识和监控危险性较大的分部分项工程、发现和消除安全事故隐患、报告和处置生产安全事故等方面的能力。

安全生产考核合格证书有效期为 3 年，证书在全国范围内有效。

对证书有效期内未因生产安全事故或者违反本规定受到行政处罚,信用档案中无不良行为记录,且已按规定参加企业和县级以上人民政府住房城乡建设主管部门组织的安全生产教育培训的,考核机关应当在受理延续申请之日起20个工作日内,准予证书延续。

"三类人员"遗失安全生产考核合格证书的,应当在公共媒体上声明作废,通过其受聘企业向原考核机关申请补办。考核机关应当在受理申请之日起5个工作日内办理完毕。

2.2.5 施工安全的制度保证体系

施工安全的制度保证体系是为贯彻执行国家安全生产法律、法规、强制性标准,依据企业标准体系结构要求,为确保施工安全需要提供制度的支持与保证。

1. 企业安全生产管理必须建立的常用制度

企业安全生产管理制度保证体系的制度项目组成见表2-2,表中部分重要制度的介绍详见第2.3节。

表2-2 制度保证体系的制度项目组成

序次	类 别	制度名称
1	岗位管理	安全生产组织制度(即组织保证体系的人员设置构成)
2		安全生产责任制度
3		安全生产教育培训制度
4		安全生产岗位认证制度
5	岗位管理	安全生产值班制度
6		特种作业人员管理制度
7		外协单位和外协人员安全管理制度
8		专、兼职安全管理人员管理制度
9		安全生产奖惩制度
10	措施管理	安全作业环境和条件管理制度
11		安全施工技术措施的编制和审批制度
12		安全技术措施实施的管理制度
13		安全技术措施的总结和评价制度
14	投入和物资管理	安全作业环境和安全施工措施费用编制、审核、办理及使用管理制度
15		劳动保护用品的购入、发放与管理制度
16		特种劳动防护用品使用管理制度
17		应急救援设备和物资管理制度
18		机械、设备、工具和设施的供应、维修、报废管理制度

学习情境 2　建筑施工企业安全生产管理与企业安全文化建设

(续表)

序次	类别	制度名称
19	日常管理	安全生产检查制度
20		安全生产验收制度
21		安全生产交接班制度
22		安全隐患处理和安全整改工作的备案制度
23		异常情况、事故征兆、突然事态报告、处置和备案管理制度
24		安全生产事故报告、处置、分析和备案制度
25		安全生产信息资料收集和归档管理制度

2. 安全管理制度制定流程

制度不是给人看的,也不能因人设立,需要切实制定一项可执行的标准制度,科学地达到能够指导与考核安全管理的目标要求,能够对公司安全管理起到引导、约束、提高的作用。建立一项安全生产规章制度,一般需要经过调查、专题研究、撰写文件、组织实施和效果评价等环节,遵守严密的流程,图 2-6 介绍了安全管理规章制度制定的基本流程。

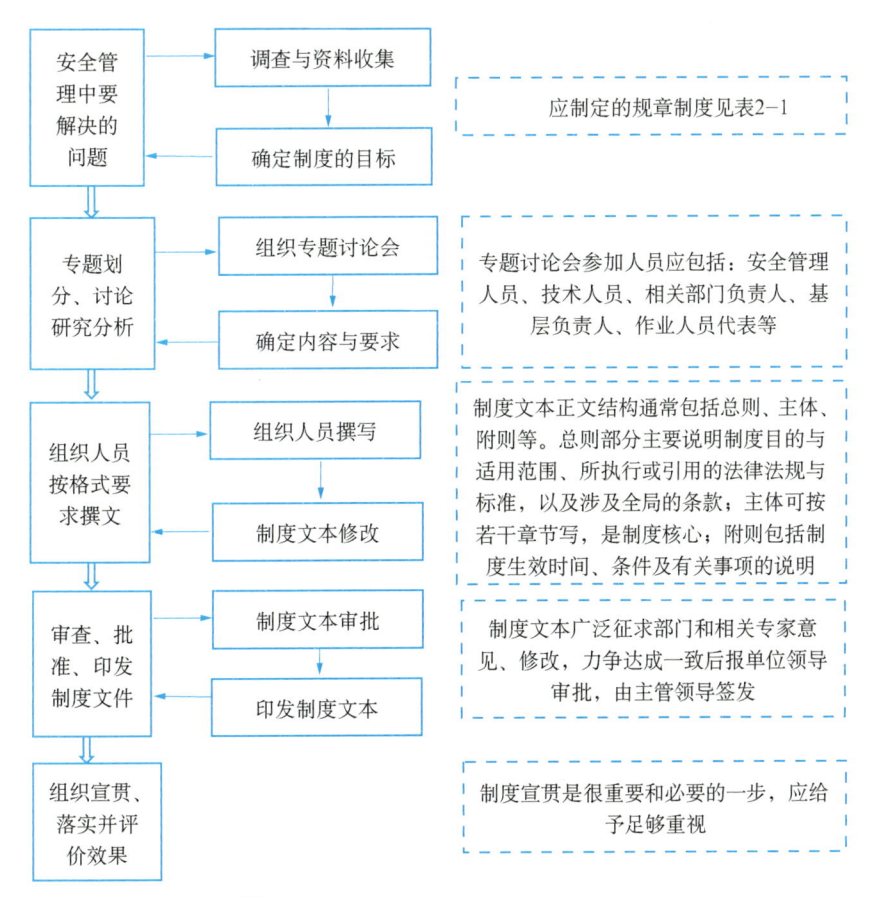

```
安全管理中要解决的问题 → 调查与资料收集          应制定的规章制度见表2-1
                     → 确定制度的目标

专题划分、讨论研究分析 → 组织专题讨论会          专题讨论会参加人员应包括:安全管理
                     → 确定内容与要求          人员、技术人员、相关部门负责人、基
                                              层负责人、作业人员代表等

组织人员按格式要求撰文 → 组织人员撰写            制度文本正文结构通常包括总则、主体、
                     → 制度文本修改            附则等。总则部分主要说明制度目的与
                                              适用范围、所执行或引用的法律法规与
                                              标准,以及涉及全局的条款;主体可按
                                              若干章节写,是制度核心;附则包括制
                                              度生效时间、条件及有关事项的说明

审查、批准、印发制度文件 → 制度文本审批          制度文本广泛征求部门和相关专家意
                      → 印发制度文本           见、修改,力争达成一致后报单位领导
                                              审批,由主管领导签发

组织宣贯、落实并评价效果                        制度宣贯是很重要和必要的一步,应给
                                              予足够重视
```

图 2-6　安全管理规章制度的基本流程

2.2.6 施工安全的技术保证体系

施工安全的目标是为了达到工程施工的作业环境和条件安全、施工技术安全、施工状态安全、施工行为安全以及安全生产管理到位。施工安全的技术保证,就是为上述五个方面的安全要求提供安全技术的保证,确保在施工中准确判断其安全的可靠性,对避免出现危险状况、事态做出限制和控制性规定,对施工安全保险与排险措施给予规范以及对一切施工生产给予安全保证。

施工安全技术保证由专项工程、专项技术、专项管理、专项治理四种类别构成,每种类别又有若干项目,每个项目都包括安全可靠性技术、安全限控技术、安全保险与排险技术和安全保护技术等四种技术,建立并形成如图2-7所示的安全技术保证体系。

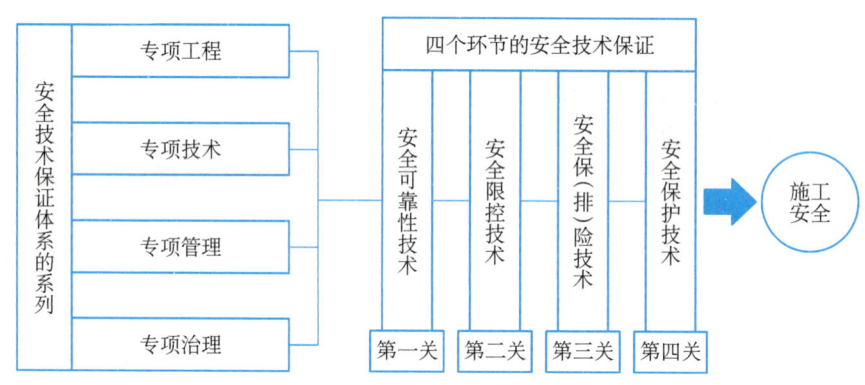

图2-7 施工安全技术保证体系的系列

例如,《危险性较大的分部分项工程安全管理规定》定义的"危大工程"均作为建筑工程施工中的专项工程,施工前必须编制"专项施工方案",开展危大工程的安全监督管理,建立重大隐患挂牌督办制度,指派专职安全生产管理人员进行旁站监督。

(1)安全可靠性,是指无故障工作,也是判断、评价系统性能的一个重要指标。例如建筑工程施工脚手架专项施工方案中,计算书中通过结构计算验证脚手架杆件构造的安全可靠性。

(2)安全限控是事前设置安全指标,以约束行为或机械作业在安全范围内,使生产能正常运转。例如,施工现场设置安全警戒线,未经允许不得进入危险区域,施工塔吊安装的四限位:力矩、超高、变幅、行走限位装置。

(3)安全保险,是指针对无法承受的风险进行完全转移至具备承担能力的物或法人。例如,为所有从事危险性作业人员购买意外伤害保险;塔吊上装设的吊钩和卷筒保险;吊篮在工作绳之外设置防断安全绳,将危险性很大的分项工程分包给专业承包商等等。

(4)安全保护,作为最终对人体保护性预防手段,进入施工现场必须佩戴安全帽,悬空作业必须佩戴安全带,高处作业面四周和下方必须设置安全网,高处作业的洞口和临边应该设置防护栏杆等。

2.2.7 施工安全投入保证体系

施工安全投入保证体系是确保施工安全应有与其要求相适应的人力、物力和财力投入,并发挥其投入效果的保证体系。其中,人力投入可在施工安全组织保证体系中解决,而物力和财力的投入则需要解决相应的资金问题。资金费用的来源主要是建安工程费用中的机械装备费、措施费(如脚手架费、环境保护费、安全文明施工费、临时设施费等)、管理费和劳动保险支出等。

1. 安全费用的提取标准

财政部、应急部于 2022 年印发《企业安全生产费用提取和使用管理办法》(财资〔2022〕136 号),对原 2012 年版本进行了修订,更新了安全费用的提取标准。

建设工程施工企业以建筑安装工程造价为依据,于月末按工程进度计算提取企业安全生产费用,提取标准见表 2-3:

表 2-3 建设工程安全生产费用提取标准

序号	工程类别	取费比例
1	矿山工程	3.5%
2	铁路工程、房屋建筑工程、城市轨道交通工程	3.0%
3	水利水电工程、电力工程	2.5%
4	冶炼工程、机电安装工程、化工石油工程、通信工程	2.0%
5	市政公用工程、港口与航道工程、公路工程	1.5%

注:建设工程施工企业编制投标报价应当包含并单列企业安全生产费用,竞标时不得删减。国家对基本建设投资概算另有规定的,从其规定。本办法实施前建设工程项目已经完成招投标并签订合同的,企业安全生产费用按照原规定提取标准执行。

《危险性较大的分部分项工程安全管理规定》规定,施工招标文件中应列出危大工程清单,建设系统应按合同约定及时支付危大工程施工技术措施费以及相应的安全防护文明施工费,保障危大工程施工安全。

总包单位应当将安全费用按比例直接支付给分包单位,并监督其使用,分包单位不再重复提取。

2. 安全生产费用的管理要求

(1)企业应当建立健全内部企业安全生产费用管理制度,明确企业安全生产费用提取和使用的程序、职责及权限,落实责任,确保按规定提取和使用企业安全生产费用。

(2)企业应当加强安全生产费用管理,编制年度企业安全生产费用提取和使用计划,纳入企业财务预算,确保资金投入。

(3)企业提取的安全生产费用从成本(费用)中列支并专项核算。符合财资〔2022〕136 号办法规定的企业安全生产费用支出应当取得发票、收据、转账凭证等真实凭证。

本企业职工薪酬、福利不得从企业安全生产费用中支出。企业从业人员发现报告事故隐患的奖励支出从企业安全生产费用中列支。

企业安全生产费用年度结余资金结转下年度使用。企业安全生产费用出现赤字(即当年计提企业安全生产费用加上年初结余小于年度实际支出)的,应当于年末补提企业安全生产费用。

（4）以上一年度营业收入为依据提取安全生产费用的企业，新建和投产不足一年的，当年企业安全生产费用据实列支，年末以当年营业收入为依据，按照规定标准计算提取企业安全生产费用。

（5）企业按财资〔2022〕136号办法规定标准连续两年补提安全生产费用的，可以按照最近一年补提数提高提取标准。

财资〔2022〕136号办法公布前，地方各级人民政府已制定下发企业安全生产费用提取使用办法且其提取标准低于财资〔2022〕136号办法规定标准的，应当按照财资〔2022〕136号办法进行调整。

（6）企业安全生产费用月初结余达到上一年应计提金额三倍及以上的，自当月开始暂停提取企业安全生产费用，直至企业安全生产费用结余低于上一年应计提金额三倍时恢复提取。

（7）企业当年实际使用的安全生产费用不足年度应计提金额60%的，除按规定进行信息披露外，还应当于下一年度4月底前，按照属地监管权限向县级以上人民政府负有安全生产监督管理职责的部门提交经企业董事会、股东会等机构审议的书面说明。

（8）企业同时开展两项及两项以上以营业收入为安全生产费用计提依据的业务，能够按业务类别分别核算的，按各项业务计提标准分别提取企业安全生产费用；不能分别核算的，按营业收入占比最高业务对应的提取标准对各项合计营业收入计提企业安全生产费用。

（9）企业作为承揽人或承运人向客户提供纳入财资〔2022〕136号办法规定范围的服务，且外购材料和服务成本高于自客户取得营业收入85%以上的，可以将营业收入扣除相关外购材料和服务成本的净额，作为企业安全生产费用计提依据。

（10）企业内部有两个及两个以上独立核算的非法人主体，主体之间生产和转移产品和服务按本办法规定需提取企业安全生产费用的，各主体可以以本主体营业收入扣除自其它主体采购产品和服务的成本（即剔除内部互供收入）的净额，作为企业安全生产费用计提依据。

（11）承担集团安全生产责任的企业集团母公司（一级，以下简称集团总部），可以对全资及控股子公司提取的企业安全生产费用按照一定比例集中管理，统筹使用。子公司转出资金作为企业安全生产费用支出处理，集团总部收到资金作为专项储备管理，不计入集团总部收入。

集团总部统筹的企业安全生产费用应当用于财资〔2022〕136号办法规定的应急救援队伍建设、应急预案制修订与应急演练，安全生产检查、咨询和标准化建设，安全生产宣传、教育、培训，安全生产适用的新技术、新标准、新工艺、新装备的推广应用等安全生产直接相关支出。

（12）在财资〔2022〕136号办法规定的使用范围内，企业安全生产费用应当优先用于达到法定安全生产标准所需支出和按各级应急管理部门、矿山安全监察机构及其他负有安全生产监督管理职责的部门要求开展的安全生产整改支出。

（13）企业由于产权转让、公司制改建等变更股权结构或者组织形式的，其结余的企业安全生产费用应当继续按照财资〔2022〕136号办法管理使用。

(14) 企业调整业务、终止经营或者依法清算的,其结余的企业安全生产费用应当结转本期收益或者清算收益。

(15) 企业提取的安全生产费用属于企业自提自用资金,除集团总部按规定统筹使用外,任何单位和个人不得采取收取、代管等形式对其进行集中管理和使用。法律、行政法规另有规定的,从其规定。

(16) 各级应急管理部门、矿山安全监察机构及其他负有安全生产监督管理职责的部门和财政部门依法对企业安全生产费用提取、使用和管理进行监督检查。

(17) 企业未按财资〔2022〕136号办法提取和使用安全生产费用的,由县级以上应急管理部门、矿山安全监察机构及其他负有安全生产监督管理职责的部门和财政部门按照职责分工,责令限期改正,并依照《中华人民共和国安全生产法》《中华人民共和国会计法》和相关法律法规进行处理、处罚。情节严重、性质恶劣的,依照有关规定实施联合惩戒。

(18) 建设单位未按规定及时向施工单位支付企业安全生产费用、建设工程施工总承包单位未向分包单位支付必要的企业安全生产费用以及承包单位挪用企业安全生产费用的,由建设、交通运输、铁路、水利、应急管理、矿山安全监察等部门按职责分工依法进行处理、处罚。

(19) 各级应急管理部门、矿山安全监察机构及其他负有安全生产监督管理职责的部门和财政部门及其工作人员,在企业安全生产费用监督管理中存在滥用职权、玩忽职守、徇私舞弊等违法违纪行为的,按照《中华人民共和国安全生产法》《中华人民共和国监察法》等有关规定追究相应责任。构成犯罪的,依法追究刑事责任。

3. 建设工程施工企业安全费用的使用

财资〔2022〕136号规定建设工程施工企业安全费用的应当用于以下支出:

(1) 完善、改造和维护安全防护设施设备支出(不含"三同时"要求初期投入的安全设施),包括施工现场临时用电系统、洞口或临边防护、高处作业或交叉作业防护、临时安全防护、支护及防治边坡滑坡、工程有害气体监测和通风、保障安全的机械设备、防火、防爆、防触电、防尘、防毒、防雷、防台风、防地质灾害等设施设备支出;

(2) 应急救援技术装备、设施配置及维护保养支出,事故逃生和紧急避难设施设备的配置和应急救援队伍建设、应急预案制修订与应急演练支出;

(3) 开展施工现场重大危险源检测、评估、监控支出,安全风险分级管控和事故隐患排查整改支出,工程项目安全生产信息化建设、运维和网络安全支出;

(4) 安全生产检查、评估评价(不含新建、改建、扩建项目安全评价)、咨询和标准化建设支出;

(5) 配备和更新现场作业人员安全防护用品支出;

(6) 安全生产宣传、教育、培训和从业人员发现并报告事故隐患的奖励支出;

(7) 安全生产适用的新技术、新标准、新工艺、新装备的推广应用支出;

(8) 安全设施及特种设备检测检验、检定校准支出;

(9) 安全生产责任保险支出;

(10) 与安全生产直接相关的其他支出。

2.2.8 施工安全信息保证体系

施工安全工作中的信息主要有文件信息、标准信息、管理信息、技术信息、安全施工状况信息及事故信息等,这些信息对于企业搞好安全施工工作具有重要的指导和参考作用。因此,企业应把这些信息作为安全施工的基础资料保存,建立起施工安全的信息保证体系,以便为施工安全工作提供有力的安全信息支持。

施工安全信息保证体系由信息工作条件、信息收集、信息处理和信息服务等四部分工作内容组成,如图 2-8 所示。

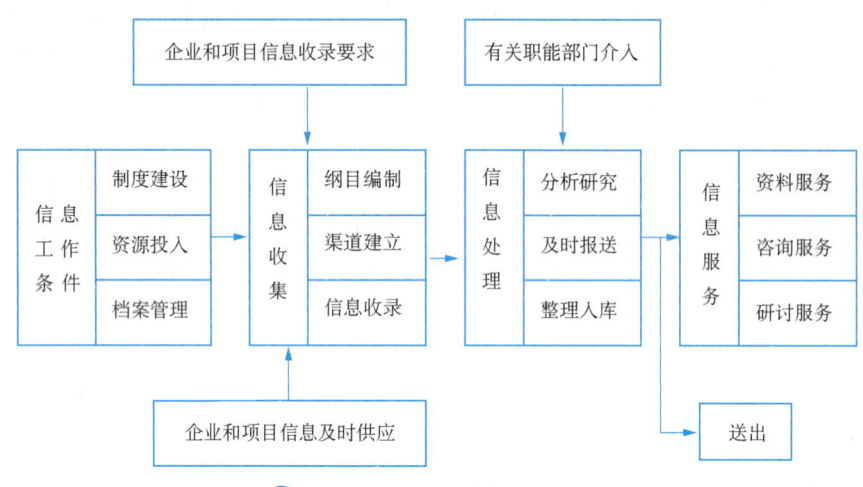

图 2-8 施工安全信息保证体系

任务 2.3 国家现行施工安全生产管理制度介绍

"制"有节制、限制的意思,"度"有尺度、标准的意思。"制度"是节制人们行为的尺度。企业应当依据国家有关法律法规、国家和行业标准,结合安全生产实际,以企业名义颁发有关安全生产的规范性文件,即安全生产管理规章制度。企业安全生产规章制度等企业标准是企业贯彻执行法律法规的具体体现,也是落实法律、法规及国家及行业安全生产标准的重要保证,一般包括规程、标准、规定、措施、办法、制度、指导意见等。

安全生产规章制度应包括安全管理和安全技术两个方面的内容。按照安全系统工程和人机工程原理建立的安全生产规章制度体系,一般把安全生产规章制度分为四类,即综合管理、人员管理、设备设施管理、环境管理;按照标准化工作体系建立的安全生产规章制度体系,一般把安全生产规章制度分为技术标准、工作标准和管理标准,通常称为"三大标准体系";按职业安全健康管理体系建立的安全生产规章制度,一般包括手册、程序文件、作业指导书。

为落实生产经营单位安全主体责任,建筑施工企业应以安全生产责任制为核心,建立健全安全生产管理制度。下面重点介绍以下几项重要制度。

2.3.1 安全生产责任制度

安全生产责任制是安全生产管理最重要、最基础、最核心的管理制度，主要明确各岗位的责任人员、责任范围和考核标准等内容。

安全生产责任制的核心是明晰安全管理的责任界面，解决"谁来管，管什么，怎么管，承担什么责任"的问题，而其他的安全生产规章制度，解决"干什么，怎么干"的问题，因此，安全生产责任制是安全生产规章制度建立的基础。

《安全生产法》第二十二条规定，生产经营单位应当建立相应的机制，加强对全员安全生产责任制落实情况的监督考核，保证全员安全生产责任制的落实。

为了全面贯彻落实《安全生产法》，进一步健全安全生产责任体系，强化企业安全生产主体责任落实，2015 年 3 月 16 日，原国家安全生产监管管理总局制定了《企业安全生产责任体系五落实五到位规定》（安监总办〔2015〕27 号），见表 2-4。

表 2-4 企业安全生产责任体系五落实五到位

序号	责任	内　　容
1	落实	"党政同责"要求，董事长、党组织书记、总经理对本企业安全生产工作共同承担领导责任
2		安全生产"一岗双责"，所有领导班子成员对分管范围内安全生产工作承担相应职责
3		安全生产组织领导机构，成立安全生产委员会，由董事长或总经理担任主任
4		安全管理力量，依法设置安全生产管理机构，配齐配强注册安全工程师等专业安全管理人员
5		安全生产报告制度，定期向董事会、业绩考核部门报告安全生产情况，并向社会公示
6	到位	安全责任到位
7		安全投入到位
8		安全培训到位
9		安全管理到位
10		应急救援到位

1. 安全生产责任体系

建筑施工企业的安全生产责任体系应符合下列要求：

（1）应设立由企业主要负责人及各部门负责人组成的安全生产决策机构，负责领导企业安全生产。

（2）各管理层应明确安全生产的第一责任人，对本管理层的安全生产工作全面负责。

（3）各管理层主要负责人应明确并组织落实本管理层各职能部门和岗位的安全生产职责，且以文件形式确立；责任书的内容应包括安全生产职责、目标、考核奖惩规定等。

（4）安全生产管理的各项工作要具体落实到有关部门和责任人，无遗漏。

（5）企业各部门负责人和各岗位人员的安全生产责任必须进行责任交底，并在相应的安全生产责任书上签字确认。

（6）企业应建立安全生产责任考核的管理机制，明确考核的责任部门和责任人，并做到措施落实。

在建筑施工领域，对本企业或本单位日常生产经营活动和安全生产工作全面负责、有生产经营决策权的人员，包括企业法定代表人、经理、企业分管生产和安全工作的副经理、安全总监及技术负责人等，他们在安全生产管理中起决策和指挥作用，是企业决策层安全生产管理的主要负责人，其职责如图 2-9 所示。

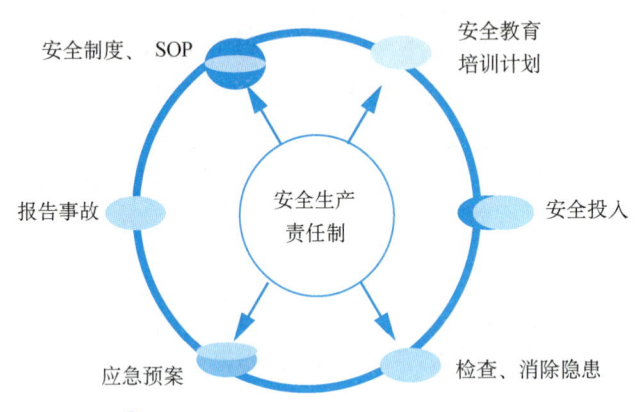

图 2-9　生产经营单位的主要负责人职责

项目经理是企业安全生产管理层的重要角色是施工现场安全生产管理的决策人物，更是施工现场承担安全生产的第一责任人，对施工现场安全生产管理负总责。

在建筑施工企业，专职从事安全生产管理工作的人员，包括企业安全生产管理机构的负责人及其工作人员、施工现场专职安全生产管理人员，是企业操作层的安全生产管理负责人，其职责如图 2-10 所示。施工操作层是安全生产的基础环节，主要是指一线班组作业人员及辅助工作人员。其主要安全责任就是遵守各自岗位安全操作规程进行有序作业。

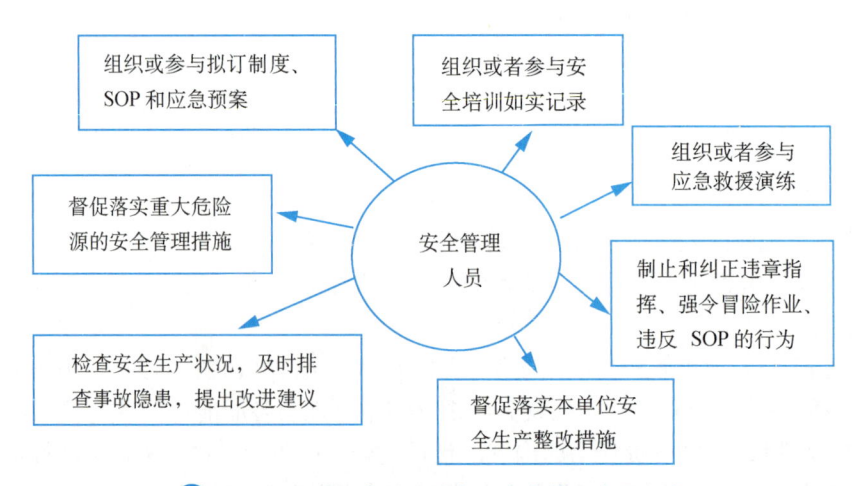

图 2-10　生产经营单位的专职安全管理人员职责

2. 承担具体责任

《安全生产法》第二十五条规定，生产经营单位的安全生产管理机构以及安全生产管理人员履行下列职责：

(1) 组织或者参与拟定本单位安全生产规章制度、操作规程和生产安全事故应急救援预案。

(2) 组织或者参与本单位安全生产教育和培训，如实记录安全生产教育和培训情况。

(3) 组织开展危险源辨识和评估，督促落实本单位重大危险源的安全管理措施。

(4) 组织或者参与本单位应急救援演练。

(5) 检查本单位的安全生产状况，及时排查生产安全事故隐患，提出改进安全生产管理的建议。

(6) 制止和纠正违章指挥、强令冒险作业、违反操作规程的行为。

(7) 督促落实本单位安全生产整改措施。

除上述职责外，《江苏省安全生产条例》第十六条又增加 3 项专职安全生产管理人员的职责：

(1) 组织安全生产日常检查、岗位检查和专业性检查，并每月至少组织一次安全生产全面检查。

(2) 督促各部门、各岗位履行安全生产职责，并组织考核、提出奖惩意见。

(3) 参与所在单位事故的应急救援和调查处理。

3. 安全生产管理人员其他工作职责

(1) 企业安全生产管理机构专职安全生产管理人员应当检查在建项目安全生产管理情况，重点检查项目负责人、项目专职安全生产管理人员履责情况，处理在建项目工作中或作业过程中违规违章行为，并记入企业安全生产管理档案。

(2) 项目专职安全生产管理人员应当每天在施工现场开展安全检查，现场监督危险性较大的分部分项工程安全专项施工方案实施。对检查中发现的安全事故隐患，应当立即处理；不能处理的，应当及时报告项目负责人和企业安全生产管理机构。

员工安全生产职责

4. 违反安管人员管理的规定

建筑施工企业主要负责人、项目负责人和专职安全生产管理人员，以下简称"安管人员"。

(1) 安管人员隐瞒有关情况或者提供虚假材料申请安全生产考核的，考核机关不予考核，并给予警告；安管人员 1 年内不得再次申请考核。

安管人员以欺骗、贿赂等不正当手段取得安全生产考核合格证书的，由原考核机关撤销安全生产考核合格证书；安管人员 3 年内不得再次申请考核。（《建筑施工企业主要负责人、项目负责人和专职安全生产管理人员安全生产管理规定》第二十七条）

(2) 安管人员涂改、倒卖、出租、出借或者以其他形式非法转让安全生产考核合格证书的，由县级以上地方人民政府住房城乡建设主管部门给予警告，并处 1 000 元以上 5 000

元以下的罚款。(《建筑施工企业主要负责人、项目负责人和专职安全生产管理人员安全生产管理规定》第二十八条)

(3) 安管人员未按规定办理证书变更的,由县级以上地方人民政府住房城乡建设主管部门责令限期改正,并处 1 000 元以上 5 000 元以下的罚款。(《建筑施工企业主要负责人、项目负责人和专职安全生产管理人员安全生产管理规定》第三十一条)

<u>5. 专职安全生产管理人员未按规定履行安全生产管理职责的</u>

由县级以上地方人民政府住房城乡建设主管部门责令限期改正,并处 1 000 元以上 5 000 元以下的罚款;造成生产安全事故或者其他严重后果的,按照《生产安全事故报告和调查处理条例》的有关规定,依法暂扣或者吊销安全生产考核合格证书;构成犯罪的,依法追究刑事责任。

▶ 2.3.2 安全生产资金保障制度

《建设工程安全生产管理条例》第二十二条规定:施工单位应当保证本单位安全生产条件所需资金的投入,对列入建设工程概算的安全作业环境及安全施工措施所需费用,应当用于施工安全防护用具及设施的采购和更新、安全施工措施的落实、安全生产条件的改善,不得挪作他用。

安全生产资金的有效落实是安全生产各项管理活动顺利进行的基础,必须从制度上给予保证,所以建立企业和施工现场安全生产资金保障制度非常重要。

<u>1. 企业安全生产资金保障制度管理要求</u>

(1) 安全生产资金保障制度应以文件形式确立。

(2) 企业主要负责人(即履行本单位安全生产第一责任人)和项目负责人应确保安全生产所需资金能够有效投入。

(3) 应对安全劳动防护用品资金、安全教育培训宣传专项资金、安全生产技术措施资金和安全生产先进奖励资金等费用提出管理要求。

(4) 有对公司所有项目建设所属分公司安全生产资金的有效投入进行监控的管理措施。

(5) 其他管理要求。

<u>2. 违反安全生产费用管理规定</u>

(1) 建设单位应当提供建设工程安全作业环境及安全施工所需费用。未按规定提供所需费用的,责令限期改正;逾期未改正的,责令该建设工程停止施工。(《建设工程安全生产管理条例》第五十四条)

(2) 施工单位对列入建设工程概算的安全作业环境及安全施工措施所需费用,应当用于施工安全防护用具及设施的采购和更新、安全施工措施的落实、安全生产条件的改善,不得挪作他用。施工单位挪作他用的,责令限期改正,处挪用费用 20% 以上 50% 以下的罚款;造成损失的,依法承担赔偿责任。(《建设工程安全生产管理条例》第二十二、六十三条)

2.3.3 安全生产教育培训制度

安全生产教育培训制度是企业和施工现场安全管理中一项重要的管理制度,企业安全生产管理机构应侧重于安全生产教育培训管理机制的建立,施工现场应落实企业安全生产教育培训制度,应在企业安全生产教育培训制度基础上提出施工现场的管理要求。

1. 安全生产教育培训的具体要求

安全生产教育培训应体现全员参与,重在落实,强调绩效管理,防止形式主义。

建筑施工企业安全生产教育培训制度应符合以下要求:

(1)安全生产教育培训制度,应以文件形式确立,其内容应包括计划编制、组织实施和人员资格审定等工作内容。

(2)安全生产教育培训计划应依据类型、对象、内容、时间安排、形式等需求进行编制。

(3)企业安全生产教育培训应贯穿于生产经营的全过程,覆盖全体员工。

(4)安全教育和培训的类型应包括三级教育、岗前教育、日常教育、年度继续教育,以及各类证书的初审、复审培训等。

(5)安全生产教育培训应由专门部门及责任人负责组织实施。

(6)安全生产教育培训制度应能够有效督促和检查施工现场等所属单位开展安全生产教育培训。

2. 农民工的教育培训

《国务院关于解决农民工问题的若干意见》指出,要加强建筑业农民工的组织管理和教育培训,提高农民工政治和业务素质,促进社会和谐稳定。2007年3月住房和城乡建设部等五部门联合发出了《关于在建筑工地创建民工业余学校的通知》,要求达到一定规模的工程项目,施工总承包单位在开工后要依托施工现场设立农民工业余学校,负责组织开展农民工的培训工作。工程所在地的建设行政主管部门,并将农民工业余学校的创建情况作为企业安全质量标准化工作、优质工程评选的重要指标。

3. 新职工、新岗位、新工地的三级安全教育

《建设工程安全生产管理条例》规定,作业人员进入新的岗位或者新的施工现场前,应当接受安全生产教育培训。未经教育培训或者教育培训考核不合格的人员,不得上岗作业。2012年11月颁布的《国务院安委会关于进一步加强安全培训工作的决定》(安委〔2012〕10号)中指出,严格落实企业职工先培训后上岗制度。建筑企业要对新职工进行至少32学时的三级安全培训,并填写三级安全教育登记卡(见表2-5~表2-9),以后每年进行至少20学时的再培训。

A 面

表 2-5 职工三级安全教育卡

姓名：	性别：	家庭住址：	文化程度：	籍贯：	
进企业日期：		班组及工种：	身份证号：		

公司安全培训教育内容： 　　1. 国家和地方有关安全生产的法规、标准、规范、规程等教育。 　　2. 国家和地方有关安全生产的方针、政策及文件等教育。 　　3. 企业的规章制度和安全纪律教育。 　　4. 本企业的安全形势和事故案例教育。 　　5. 发生事故后的抢险、保护现场和及时报告的程序。 　　教育人：　　　　受教育人：　　　　　　年　月　日	考核成绩

项目部安全培训教育内容： 　　1. 工地安全基本知识和安全生产制度、规定及安全注意事项。 　　2. 本工种安全技术操作规程；高处作业、机械设备、电气安全基本知识。 　　3. 防火、防毒、防尘、防爆及紧急情况安全防范自救。 　　4. 防护用品、用具发放标准及使用的基本知识。 　　5. 本工程施工特点及环境情况 　　教育人：　　　　受教育人：　　　　　　年　月　日

班组安全培训教育内容： 　　1. 班组作业特点及安全操作规程；班组安全活动制度及纪律。 　　2. 爱护和正确使用安全防护装置(设施)及个人劳动防护用品。 　　3. 岗位易发生事故的不安全因素及防范对策。 　　4. 岗位的作业环境及使用的机械设备、工具的安全要求。 　　教育人：　　　　受教育人：　　　　　　年　月　日

由于新岗位、新工地往往各有特殊性，施工单位须对新录用或转场的职工进行安全教育培训，包括施工安全生产法律法规、施工工地危险源识别、安全技术操作规程、机械设备电气及高处作业安全知识、防火防毒防尘防爆知识、紧急情况安全处置与安全疏散知识、安全防护用品使用知识以及发生事故时自救排险、抢救伤员、保护现场和及时报告等。

(1) 企业级岗前安全培训内容应当包括：
① 本单位安全生产情况及安全生产基本知识；
② 本单位安全生产规章制度和劳动纪律；
③ 从业人员安全生产权利和义务；
④ 事故应急救援、事故应急预案演练及防范措施；
⑤ 有关事故案例等。

B 面

表 2-6 安全生产奖惩记录

日期	主要事由	奖惩内容	签发人

表 2-7 变换工种安全教育

原工种	现工种	教育日期	

变换工种安全教育内容：

教育人：　　　　　　　　受教育人：　　　　　　　　　　　年　月　日

表 2-8 复工安全教育

歇工原因与天数：

复工安全教育内容：

教育人：　　　　　　　　受教育人：　　　　　　　　　　　年　月　日

表 2-9 事故和违章教育记录

日期	事故类别	事故主要原因	伤害部位	证人

违章、肇事经过：

教育记录：

教育人：　　　　　　　　受教育人：　　　　　　　　　　　年　月　日

(2) 项目级岗前安全培训内容应当包括：
① 工作环境及危险因素；
② 所从事工种可能遭受的职业伤害和伤亡事故；
③ 所从事工种的安全职责、操作技能及强制性标准；
④ 自救互救、急救方法、疏散和现场紧急情况的处理；
⑤ 安全设备设施、个人防护用品的使用和维护；
⑥ 本车间(工段、区、队)安全生产状况及规章制度；
⑦ 预防事故和职业危害的措施及应注意的安全事项；
⑧ 有关事故案例；
⑨ 其他需要培训的内容。

(3) 班组级岗前安全培训内容应当包括：
① 岗位安全操作规程；

② 岗位之间工作衔接配合的安全与职业卫生事项；
③ 有关事故案例；
④ 其他需要培训的内容。

特别注意：

(1) 从业人员在本生产经营单位内调整工作岗位或离岗一年以上重新上岗时，应当重新接受项目和班组级的安全培训。

(2) 生产经营单位使用被派遣劳动者的，应当将被派遣劳动者纳入本单位从业人员统一管理，对被派遣劳动者进行岗位安全操作规程和安全操作技能的教育和培训。劳务派遣单位应当对被派遣劳动者进行必要的安全生产教育和培训。

(3) 生产经营单位接收中等职业学校、高等学校学生实习的，应当对实习学生进行相应的安全生产教育和培训，提供必要的劳动防护用品。学校应当协助生产经营单位对实习学生进行安全生产教育和培训。

(4) 强化现场安全培训。高危企业要严格班前安全培训制度，有针对性地讲述岗位安全生产与应急救援知识、安全隐患和注意事项等，使班前安全培训成为安全生产第一道防线。要大力推广"手指口述"等安全确认法，帮助员工通过心想、眼看、手指、口述，确保按规程作业。要加强班组长培训，提高班组长现场安全管理水平和现场安全风险管控能力。

4. 施工单位全员的安全生产培训计划与建档

(1) 项目部安全培训计划，见表 2-10。

表 2-10 项目部安全培训计划表

编制日期：　　　　　　　　　　　　编制人：

序号	培训内容	培训对象	培训方式	培训时间	计划学时	主办部门	备注
审批意见	项目经理（签字） 　　年　月　日			审批意见		企业安全管理　部门（盖章） 　　年　月　日	

(2) 教育培训档案

生产经营单位应当建立安全生产教育和培训档案，如实记录安全生产教育和培训的时间、内容、参加人员以及考核结果等情况。

《建设工程安全生产管理条例》进一步规定，施工单位应当对管理人员和作业人员每年至少进行一次安全生产教育培训，其教育培训情况记入个人工作档案。项目施工作业实行实名制管理，花名册详见表 2-11、表 2-12，项目部作业人员培训记录和培训情况调查见表 2-13、表 2-14，日常安全教育见表 2-15。安全生产教育培训考核不合格的人员，不得上岗。

表 2-11 项目部作业人员花名册

序号	姓名	性别	出生年月	家庭住址（身份证号）	进场时间	工种	工作卡号	退场时间

表 2-12 项目部施工机具操作人员花名册

序号	姓名	证照名称	证件号码	初培日期	复审情况

表 2-13 项目部职工安全培训记录汇总表

年	月	日	教育对象	人数	教育地点	教育内容	教育人

表 2-14 项目部职工安全培训情况登记表

序号	姓名	年龄	培训时间	培训内容	主办部门

表 2-15 日常安全教育记录

时间		地点		讲授人	
参加对象				人数	

教育内容：

参加人员（签名）：

5. 安全教育培训方式

《国务院关于坚持科学发展安全发展促进安全生产形势持续稳定好转的意见》（国发〔2011〕40号）规定，施工单位应当根据实际需要，对不同岗位、不同工种的人员进行因人施教。安全教育培训可采取多种形式，包括安全形势报告会、事故案例分析会、安全法制教育、安全技术交流、安全竞赛、师傅带徒弟等。安全教育培训的方法多种多样，各有特点。在实际应用中，要根据建筑施工企业的特点、培训内容和培训对象灵活选择，常用的方法可分为讲授法、实际操作演练法、案例研讨法、读书指导法、宣传娱乐法等。日常安全教育培训的形式有每日班前会、安全技术交底、安全活动日、安全生产会议、各类安全生产业务培训班、张贴安全生产招贴画、宣传标语和标志以及安全文化知识竞赛等。

（1）师傅带徒弟制度

《国务院安委会关于进一步加强安全培训工作的决定》（安委〔2012〕10号）指出，完善和落实师傅带徒弟制度。高危企业新职工安全培训合格后，要在经验丰富的工人师傅带领下，实习至少2个月后方可独立上岗。工人师傅一般应当具备中级工以上技能等级，3年以上相应工作经历，成绩突出，善于"传、帮、带"，没有发生过"三违"行为等条件。要组织签订师徒协议，建立师傅带徒弟激励约束机制。

（2）专门安全培训机构

支持大中型企业和欠发达地区建立安全培训机构，重点建设一批具有仿真、体感、实操特色的示范培训机构。加强远程安全培训，开发国家安全培训网和有关行业网络学习平台，实现优质资源共享。实行网络培训学时学分制，将学时和学分结果与继续教育、再培训挂钩。利用视频、电视、手机等拓展远程培训形式。

具备安全培训条件的生产经营单位，应当以自主培训为主；可以委托具有相应资质的安全培训机构，对从业人员进行安全培训。

不具备安全培训条件的生产经营单位，应当委托具有相应资质的安全培训机构，对从业人员进行安全培训。

《安全生产法》第十四条规定，有关协会组织依照法律、行政法规和章程，为生产经营单位提供安全生产方面的信息、培训等服务，发挥自律作用，促进生产经营单位加强安全生产管理。第十五条规定，依法设立的为安全生产提供技术、管理服务的机构，依照法律、行政法规和执业准则，接受生产经营单位的委托为其安全生产工作提供技术、管理服务。

6. 违反安全生产教育培训规定

（1）生产经营单位应当对从业人员进行安全生产教育和培训，保证从业人员具备必要的安全生产知识，熟悉有关的安全生产规章制度和安全操作规程，掌握本岗位的安全操作技能，了解事故应急处理措施，知悉自身在安全生产方面的权利和义务。未经安全生产教育和培训合格的从业人员，不得上岗作业。

生产经营单位未履行《国务院关于近一步加强企业安全生产工作的通知》（国发〔2010〕23号）文件规定的，责令限期改正，可以处10万元以下的罚款；逾期未改正的，责令停产停业整顿，并处10万元以上20万元以下的罚款，对其直接负责的主管人员和其他直接责任人员处2万元以上5万元以下的罚款。（《安全生产法》第九十七条）

（2）施工单位的主要负责人、项目负责人、专职安全生产管理人员、作业人员或者特种作业人员，经安全教育培训或者考核合格后方可从事相关工作。违反本规定的，责令限期改正，可以处10万元以下的罚款；逾期未改正的，责令停产停业整顿，并处10万元以上20万元以下的罚款，对其直接负责的主管人员和其他直接责任人员处2万元以上5万元以下的罚款。（《建设工程安全生产管理条例》第六十二条，《安全生产法》第九十七条）

（3）建筑施工企业未按规定开展安管人员安全生产教育培训并考核，或者未按规定如实记录安全生产教育和培训情况的，责令限期改正，处10万元以下的罚款；逾期未改正的，责令停产停业整顿，并处10万元以上20万元以下的罚款，对其直接负责的主管人员和其他直接责任人员处2万元以上5万元以下的罚款。（《安全生产法》第九十七条）

培训不到位 获刑3年

2.3.4 安全生产许可证制度

《中华人民共和国建筑法》（以下简称《建筑法》）规定，项目施工前，建设单位必须向项目所在地建设行政主管部门申请领取"施工许可证"。施工企业承揽该项目施工，必须具备招标文件所规定的资质证书及相应的施工生产能力。《安全生产法》第二十条规定,生产经营单位应当具备法律、法规和国家标准规定的安全生产条件;不具备安全生产条件的,不得从事生产经营活动。

《安全生产法》第六十三条规定,负有安全生产监督管理职责的部门依照有关法律、法规和国家标准或者行业标准规定的安全生产条件和程序进行审查、验收;不符合有关法律、法规和国家标准或者行业标准规定的安全生产条件的,不得批准或者验收通过。对未依法取得批准或者验收合格的单位擅自从事有关活动的,负责行政审批的部门发现或者接到举报后应当立即予以取缔,并依法予以处理。对已经依法取得批准的单位,负责行政审批的部门发现其不再具备安全生产条件的,应当撤销原批准。

2014年7月经修改后发布的《安全生产许可证条例》规定,国家对矿山企业、建筑施工企业和危险化学品、烟花爆竹、民用爆炸物品生产企业(以下统称企业)实行安全生产许可制度。企业未取得安全生产许可证的,不得从事生产活动。省、自治区、直辖市人民政府建设主管部门负责建筑施工企业安全生产许可证的颁发和管理,并接受国务院建设主管部门的指导和监督。

1. 申请领取安全生产许可证的条件

《安全生产许可证条例》规定,企业取得安全生产许可证,应当具备13项安全生产条件。

(1) 建立、健全安全生产责任制,制定完备的安全生产规章制度和操作规程。

(2) 安全投入符合安全生产要求。

(3) 设置安全生产管理机构,配备专职安全生产管理人员。

(4) 主要负责人和安全生产管理人员经考核合格。

(5) 特种作业人员经有关业务主管部门考核合格,取得特种作业操作资格证书。

(6) 从业人员经安全生产教育和培训合格。

(7) 依法参加工伤保险,为从业人员缴纳保险费。

(8) 厂房、作业场所和安全设施、设备、工艺符合有关安全生产法律、法规、标准和规程的要求。

(9) 有职业危害防治措施,并为从业人员配备符合国家标准或者行业标准的劳动防护用品。

(10) 依法进行安全评价。

(11) 有重大危险源检测、评估、监控措施和应急预案。

(12) 有生产安全事故应急救援预案、应急救援组织或者应急救援人员,配备必要的应急救援器材、设备。

(13) 法律、法规规定的其他条件。

2. 安全生产许可证的有效期

安全生产许可证的有效期为3年。安全生产许可证有效期满需要延期的,企业应当于期满前3个月向原安全生产许可证颁发管理机关办理延期手续。企业在安全生产许可证有效期内,严格遵守有关安全生产的法律法规,未发生死亡事故的,安全生产许可证有效期届满时,经原安全生产许可证颁发管理机关同意,不再审查,安全生产许可证有效期延期3年。

建筑施工企业变更名称、地址、法定代表人等,应当在变更后10日内,到原安全生产许可证颁发管理机关办理安全生产许可证变更手续。建筑施工企业破产、倒闭、撤销的,应当将安全生产许可证交回原安全生产许可证颁发管理机关予以注销。建筑施工企业遗失安全生产许可证,应当立即向原安全生产许可证颁发管理机关报告,并在公众媒体上声明作废后,方可申请补办。

3. 违反安全生产许可证管理规定

(1) 不具备安全生产条件或未取得安全生产许可证

① 国家对矿山企业、建筑施工企业和危险化学品、烟花爆竹、民用爆破器材生产企业实行安全生产许可制度。未取得安全许可证的,不得从事生产活动。

未取得安全生产许可证擅自进行生产的,责令停止生产,没收违法所得,并处10万元以上50万元以下的罚款;造成重大事故或者其他严重后果,构成犯罪的,依法追究刑事责任。(《安全生产许可证条例》第二十九条)

② 建筑施工企业不再具备安全生产条件的,暂扣安全生产许可证并限期整改;情节严重的,吊销安全生产许可证。(《建筑施工企业安全生产许可证管理规定》第二十三条)

(2) 违法取得或转让安全生产许可证

① 建筑施工企业隐瞒有关情况或者提供虚假材料申请安全生产许可证的,不予受理或者不予颁发安全生产许可证,并给予警告,1年内不得申请安全生产许可证。

建筑施工企业以欺骗、贿赂等不正当手段取得安全生产许可证的,撤销安全生产许可证,3年内不得再次申请安全生产许可证;构成犯罪的,依法追究刑事责任。(《建筑施工企业安全生产许可证管理规定》第二十七条)

② 转让安全生产许可证的,没收违法所得,处10万元以上50万元以下的罚款,并吊销其安全生产许可证;构成犯罪的,依法追究刑事责任;接受转让的、冒用安全生产许可证或者使用伪造的安全生产许可证的,责令停止生产,没收违法所得,并处10万元以上50万元以下的罚款;造成重大事故或者其他严重后果,构成犯罪的,依法追究刑事责任。(《安全生产许可证条例》第二十一条)

(3) 降低安全生产条件

① 施工单位取得资质证书后,不得降低安全生产条件。违反上述规定的,责令限期改正;经整改仍未达到与其资质等级相适应的安全生产条件的,责令停业整顿,降低其资质等级直至吊销资质证书。(《建设工程安全生产管理条例》第六十七条)

② 市、县级人民政府建设主管部门或其委托的建筑安全监督机构在日常安全生产监督检查中,应当查验承建工程施工企业的安全生产许可证。发现企业降低施工现场安全生产条件的或存在事故隐患的,应立即提出整改要求;情节严重的,应责令工程项目停止施工并限期整改。如果具有下列情形之一的,县级人民政府建设主管部门可以提出暂扣企业安全生产许可证的建议。

(一) 在12个月内,同一企业同一项目被两次责令停止施工的;

(二) 在12个月内,同一企业在同一市、县内三个项目被责令停止施工的;

（三）施工企业承建工程经责令停止施工后，整改仍达不到要求或拒不停工整改的。（《建筑施工企业安全生产许可证动态监管暂行办法》第十条）

(4) 发生生产安全事故

① 取得安全生产许可证的建筑施工企业，发生重大安全事故的，暂扣安全生产许可证并限期整改。（《建筑施工企业安全生产许可证管理规定》第二十二条）

② 颁发管理机关接到上述"暂扣企业安全许可证"的建议后，对企业安全生产条件进行复核。对企业降低安全生产条件的，应当依法给予企业暂扣安全生产许可证的处罚：

（一）发生一般事故的，暂扣安全生产许可证30至60日；

（二）发生较大事故的，暂扣安全生产许可证60至90日；

（三）发生重大事故的，暂扣安全生产许可证90至120日；

（四）属情节特别严重的或者发生特别重大事故的，依法吊销安全生产许可证。

（《建筑施工企业安全生产许可证动态监管暂行办法》第十四条）

③ 建筑施工企业在12个月内第二次发生生产安全事故的：

（一）发生一般事故的，暂扣时限为在上一次暂扣时限的基础上再增加30日；

（二）发生较大事故的，暂扣时限为在上一次暂扣时限的基础上再增加60日；

（三）发生重大事故的，或按本条（一）、（二）处罚暂扣时限超过120日的，吊销安全生产许可证。

12个月内同一企业连续发生三次生产安全事故的，吊销安全生产许可证。（《建筑施工企业安全生产许可证动态监管暂行办法》第十五条）

④ 建筑施工企业瞒报、谎报、迟报或漏报事故的，在针对事故处罚的基础上，再处延长暂扣期30日至60日的处罚。暂扣时限超过120日的，吊销安全生产许可证。（《建筑施工企业安全生产许可证动态监管暂行办法》第十六条）

(5) 未按规定办理延期

① 安全生产许可证有效期满未办理延期手续，继续进行生产的，责令停止生产，限期补办延期手续，没收违法所得，并处5万元以上10万元以下的罚款；逾期仍不办理延期手续，继续进行生产的，责令停止生产，没收违法所得，并处10万元以上50万元以下的罚款；造成重大事故或者其他严重后果，构成犯罪的，依法追究刑事责任。（《安全生产许可证条例》第二十条）

② 建筑施工企业安全生产许可证被依法暂扣期间，在全国范围内不得承揽新的工程项目。发生问题或事故的工程项目停工整改，经工程所在地有关建设主管部门核查合格后方可继续施工。（《建筑施工企业安全生产许可证动态监管暂行办法》第十八条）

③ 建筑施工企业在安全生产许可证暂扣期内，拒不整改的，吊销其安全生产许可证。（《建筑施工企业安全生产许可证动态监管暂行办法》第十七条）

④ 建筑施工企业安全生产许可证暂扣期满前10个工作日，企业需向颁发管理机关提出发还安全生产许可证申请。颁发管理机关接到申请后，应当对被暂扣企业安全生产条件进行复查，复查合格的，应当在暂扣期满时发还安全生产许可证；复查不合格的，增加暂扣期限直至吊销安全生产许可证。（《建筑施工企业安全生产许可证动态监管暂行办法》第二十条）

⑤ 建筑施工企业安全生产许可证被吊销后,自吊销决定作出之日起1年内不得重新申请安全生产许可证。(《建筑施工企业安全生产许可证动态监管暂行办法》第十九条)

2.3.5 特种作业人员管理制度

《安全生产法》第三十条规定,生产经营单位的特种作业人员必须按照国家有关规定经专门的安全作业培训,取得相应资格,方可上岗作业。特种作业人员的范围由国务院负责安全生产监督管理部门会同国务院有关部门确定。

1. 建筑施工特种作业

建筑施工特种作业人员是指在房屋建筑和市政工程施工活动中,从事可能对本人、他人及周围设备设施的安全造成重大危害作业的人员。建筑施工特种作业包括:

(1) 建筑电工。
(2) 建筑架子工。
(3) 建筑起重信号司索工。
(4) 建筑起重机械司机。
(5) 建筑起重机械安装拆卸工。
(6) 高处作业吊篮安装拆卸工。
(7) 经省级以上人民政府建设主管部门认定的其他特种作业。

2009年1月20日,江苏省建筑工程管理局印发《江苏省建筑施工特种作业人员管理暂行办法》(苏建管质〔2009〕35号),在住房和城乡建设部确定的建筑施工特种作业工种的基础上增加了下列特种作业工种:

(1) 建筑焊工。
(2) 建筑施工机械安装质量检验工。
(3) 桩机操作工。
(4) 建筑混凝土泵操作工。
(5) 建筑施工现场场内机动车司机。

2. 建筑施工特种作业人员的基本资格条件

住房和城乡建设部规定,从事建筑施工特种作业的人员应当具备下列基本资格条件:
(1) 年满18周岁且符合相关工种规定的年龄要求。
(2) 经二级乙等以上医院体检合格且无妨碍从事相应特种作业的疾病和生理缺陷。
(3) 初中及以上学历。
(4) 符合相应特种作业需要的其他条件。

3. 建筑施工特种作业人员考核与发证

根据国家有关行政许可管理要求,建筑施工特种作业人员管理应实行考核与培训相分离的原则。

建筑施工特种作业人员应在上岗前参加安全生产教育培训,了解建筑施工安全生产管理知识和本工种的安全生产操作技能,取得相关的建筑施工特种作业人员操作资格。

住房和城乡建设部对建筑施工特种作业考核与发证工作有如下规定:

（1）建筑施工特种作业人员必须经建设行政主管部门考核合格，取得相应资格，方可上岗从事相应作业。

（2）建筑施工特种作业人员管理的考核发证工作，由省、自治区、直辖市人民政府建设行政主管部门或者其委托的考核发证机构负责组织实施。

（3）建筑施工特种作业人员的执业资格考核应当在省建设行政主管部门认定的考核基地进行。

（4）建筑施工特种作业人员的考核内容应当包括安全技术理论和实际操作技能。安全技术理论考核采用全省统一命题、闭卷笔试方式。安全操作技能考核采用实际操作（或者模拟操作）、口试等方式。

（5）资格证书应当采用国务院建设行政主管部门规定的统一样式，由考核发证机关编号后签发。资格证书在全国（台、港、澳地区除外）通用。

（6）特种作业人员的资格证书有效期为2年。有效期满需要延期的，应当于期满前3个月内向原发证机关申请办理延期复核手续。延期复核合格的，资格证书有效期延期2年。

4. 建筑施工特种作业人员主要职责

（1）持有资格证书的人员，应当受聘于建筑施工企业或者建筑起重机械出租单位，方可从事相应的特种作业。

（2）建筑施工特种作业人员应当严格按照安全技术标准、规范和规程进行作业，服从管理，正确佩戴和使用安全防护用品，并按规定对作业工具和设备进行维护保养。

（3）在施工中发生危及人身安全的紧急情况时，建筑施工特种作业人员有权立即停止作业或者撤离作业场所，并向施工现场专职安全生产管理人员和项目负责人报告。

（4）建筑施工特种作业人员应当参加年度安全教育培训或者继续教育，每年不得少于24学时。

（5）拒绝违章指挥，并制止他人违章作业。

（6）法律法规及有关规定明确的其他职责。

5. 建筑施工企业对特种作业人员的管理职责

《建筑施工特种作业人员管理规定》（建质〔2008〕75号）第十九条规定，建筑施工企业在建筑施工特种作业人员管理中应当履行下列职责：

（1）与持有效资格证书的特种作业人员订立劳动合同。

（2）制定并落实本单位特种作业安全操作规程和有关安全管理制度。

（3）书面告知特种作业人员违章操作的危害。

（4）向特种作业人员提供齐全、合格的安全防护用品和安全的作业条件。

（5）按规定组织特种作业人员参加年度安全教育培训或者继续教育，培训时间不少于24学时。

（6）建立本单位特种作业人员管理档案。

（7）查处特种作业人员违章行为并记录在案。

（8）法律法规及有关规定明确的其他职责。

此外,用人单位对于首次取得资格证书的人员,应当在其正式上岗前安排不少于3个月的实习操作;建筑施工特种作业人员变动工作单位时,任何单位和个人不得以任何理由非法扣押其资格证书。

6. 违反特种作业人员管理的规定

(1) 特种作业人员未按照国家有关规定经专门的安全作业培训取得相应资格、上岗作业的,责令限期改正,处10万元以下的罚款;逾期未改正的,责令停产停业整顿,并处10万元以上20万元以下的罚款,对其直接负责的主管人员和其他直接责任人员处2万元以上5万元以下的罚款。(《安全生产法》第九十七条)

(2) 特种设备生产、经营、使用单位,应配备具有相应资格的特种设备安全管理人员、检测人员和作业人员;不得使用未取得相应资格的人员从事特种设备安全管理、检测和作业;应对特种设备管理人员、检测人员和作业人员进行安全教育和技能培训。违反上述规定的,责令限期改正;逾期未改正的,责令停止使用有关特种设备或者停产停业整顿,处1万元以上5万元以下罚款。(《中华人民共和国特种设备安全法》第八十六条)

2.3.6 建筑工人实名制管理制度

建筑工人实名制是指对建筑企业所招用建筑工人的从业、培训、技能和权益保障等以真实身份信息认证方式进行综合管理的制度。

(1)《国务院办公厅关于促进建筑业持续健康发展的意见》(国办发〔2017〕19号)指出,为加快产业升级,促进建筑业持续健康发展,为新型城镇化提供支撑,提出以下指导意见:促进建筑业农民工向技术工人转型,建立全国建筑工人管理服务信息平台;开展建筑工人实名制管理,记录建筑工人的身份信息、培训情况、职业技能、从业记录等信息;施工单位与招用的建筑工人依法签订劳动合同,到2020年基本实现劳动合同全覆盖;建立健全与建筑业相适应的社会保险参保缴费方式,大力推进建筑施工单位参加工伤保险。

(2)《建筑工人实名制管理办法(试行)》(建市〔2019〕18号)规定,住房和城乡建设部、人力资源社会保障部负责组织实施全国建筑工人管理服务信息平台的规划、建设和管理,制定全国建筑工人管理服务信息平台数据标准。省(自治区、直辖市)级以下住房和城乡建设部门、人力资源社会保障部门负责建立完善本行政区域建筑工人实名制管理平台,确保各项数据的完整、及时、准确,实现与全国建筑工人管理服务信息平台联通、共享。

(3) 依法与建设单位直接签订合同的承包企业对所承接工程项目的建筑工人实名制管理负总责,分包企业对其招用的建筑工人实名制管理负直接责任,配合总承包企业做好相关工作。

(4) 建筑企业应与招用的建筑工人依法签订劳动合同,对其进行基本安全培训,并在相关建筑工人实名制管理平台上登记,方可允许其进入施工现场从事与建筑作业相关的活动。

(5) 建筑工人实名制信息由基本信息、从业信息、诚信信息等内容组成。

基本信息应包括建筑工人和项目管理人员的身份证信息、文化程度、工种(专业)、技能(职称或岗位证书)等级和基本安全培训等信息。

从业信息应包括工作岗位、劳动合同签订、考勤、工资支付和从业记录等信息。

诚信信息应包括诚信评价、举报投诉、良好及不良行为记录等信息。

(6) 建筑企业应配备实现建筑工人实名制管理所必需的硬件设施设备，施工现场原则上实施封闭式管理，设立进出场门禁系统，采用人脸、指纹、虹膜等生物识别技术进行电子打卡；不具备封闭式管理条件的工程项目，应采用移动定位、电子围栏等技术实施考勤管理。相关电子考勤和图像、影像等电子档案保存期限不少于2年。

实施建筑工人实名制管理所需费用可列入安全文明施工费和管理费。

(7) 各级住房和城乡建设部门对在实名制监督检查中发现的企业及个人弄虚作假、漏报瞒报等违规行为，应予以纠正，限期整改，录入建筑工人实名制管理平台并及时上传相关部门。拒不整改或整改不到位的，可通过曝光、核查企业资质等方式进行处理，存在工资拖欠的，可提高农民工工资保证金缴纳比例，并将相关不良行为记入企业或个人信用档案，通过全国建筑市场监管公共服务平台向社会公布。

2.3.7 政府加强施工安全监管的相关制度

为了强化和落实生产经营企业的主体责任，下面介绍三项监管制度。

1. 施工现场带班制度

(1) 企业负责人现场带班

2010年7月颁布的《国务院关于进一步加强企业安全生产工作的通知》（国发〔2010〕23号）规定，强化生产过程管理的领导责任。企业主要负责人和领导班子成员要轮流现场带班。

2011年7月住房和城乡建设部发布的《建筑施工企业负责人及项目负责人施工现场带班暂行办法》进一步规定，企业负责人带班检查是指由建筑施工企业负责人带队实施对工程项目质量安全生产状况及项目负责人带班生产情况的检查。建筑施工企业负责人，是指企业的法定代表人、总经理、主管质量安全和生产工作的副总经理、总工程师和副总工程师。

建筑施工企业负责人要定期带班检查，每月检查时间不少于其工作日的25%；建筑施工企业负责人带班检查时，应认真做好检查记录，并分别在企业和工程项目存档备查；工程项目进行超过一定规模的危险性较大的分部分项工程施工时，建筑施工企业负责人应到施工现场进行带班检查；工程项目出现险情或发现重大隐患时，建筑施工企业负责人应到施工现场带班检查，督促工程项目进行整改，及时消除险情和隐患。

对于有分公司（非独立法人）的企业集团，集团负责人因故不能到现场的，可以书面委托工程所在地的分公司负责人对施工现场进行带班检查。

(2) 项目负责人施工现场带班

《建筑施工企业负责人及项目负责人施工现场带班暂行办法》规定，项目负责人带班生产时，要全面掌握工程项目质量安全生产状况，加强对重点部位、关键环节的控制，及时消除隐患；要认真做好带班生产记录并签字存档备查；项目负责人每月带班生产时间不得少于本月施工时间的80%；项目负责人因其他事务需离开施工现场时，应向工程项目的建设单位请假，经批准后方可离开；离开期间应委托项目相关负责人负责其外出时的日常工作。

2. 重大事故隐患治理督办制度

在施工活动中可能导致事故发生的因素,可以归纳为物的不安全状态、人的不安全行为和管理上的缺陷等,这些都是事故隐患。

《安全生产法》第四十一条规定,生产经营单位应当构建安全风险分级管控和隐患排查治理双重预防机制,健全风险防范化解机制,采取技术、管理措施,及时发现并消除事故隐患。事故隐患排查治理情况应当如实记录,并通过职工大会或职工代表大会、信息公示栏等方式向从业人员通报。县级以上地方各级人民政府负有安全生产监督管理职责的部门应当建立健全重大事故隐患治理督办制度,督促生产经营单位消除重大事故隐患。

生产经营单位的安全生产管理人员应当根据本单位的生产经营特点,对安全生产状况进行经常性检查;对检查中发现的安全问题,应当立即处理;不能处理的,应当及时报告本单位有关负责人,有关负责人应当及时处理。检查及处理情况应当如实记录在案。

生产经营单位的安全生产管理人员在检查中发现重大事故隐患,依照前款规定向本单位有关负责人报告,有关负责人不及时处理的,安全生产管理人员可以向主管的负有安全生产监督管理职责的部门报告,接到报告的部门应当依法及时处理。

重大隐患是指在房屋建筑和市政工程施工过程中,存在的危害程度较大,可能导致群死群伤或造成重大经济损失的生产安全隐患。2011 年 10 月住房和城乡建设部发布的《房屋市政工程生产安全重大隐患排查治理挂牌督办暂行办法》(建质〔2011〕158 号)进一步规定:企业及工程项目的主要负责人对重大隐患排查治理工作全面负责;建筑施工企业应当定期组织安全生产管理人员、工程技术人员和其他相关人员排查每一个工程项目的重大隐患,特别是对深基坑、高支模、地铁隧道等技术难度大、风险大的重要工程应重点定期排查;对排查出的重大隐患,应及时实施治理消除,并将相关情况进行登记存档。

住房城乡建设主管部门接到工程项目重大隐患举报,应立即组织核实。属实的重大隐患,由工程所在地住房城乡建设主管部门及时向承建工程的建筑施工企业下达《房屋市政工程生产安全重大隐患治理挂牌督办通知书》,并公开有关信息,接受社会监督。

《安全生产法》第四十一条规定,县级以上地方各级人民政府负有安全生产监督管理职责的部门应当将重大事故隐患纳入相关信息系统,建立健全重大事故隐患治理督办制度,督促生产经营单位消除重大事故隐患。

3. 建立健全群防群治制度

群防群治制度,是《建筑法》中所规定的建筑工程安全生产管理的一项重要法律制度。它是施工企业进行民主管理的重要内容,也是群众路线在安全生产管理工作中的具体体现。广大职工群众在施工生产活动中既要遵守有关法律、法规和规章制度,不得违章作业,还拥有对于危及生命安全和身体健康的行为提出批评、检举和控告的权利。

任务 2.4　企业建筑安全文化建设

2.4.1　安全文化与企业安全文化

安全文化把"安全"和"文化"两个概念进行扩充，不仅包含观念文化、行为文化、管理文化等人文方面，也包括物态文化、环境文化等硬件方面。中国地质大学罗云教授则认为："安全文化是人类安全活动所创造的安全生产、安全生活的精神、观念、行为与物态的总和。"

英国保健安全委员会核设施安全咨询委员会组织提出："一个单位的安全文化是个人和集体的价值观、态度、能力和行为方式的综合产物，它决定于保健安全管理上的承诺，工作作风和精通程度。"

企业安全文化是企业在长期安全生产和经营活动中逐步形成的，或有意识塑造的为全体员工接受、遵循的，具有企业特色的安全价值观、安全思想和意识、安全作风和态度，是企业安全物质因素和安全精神因素的总和。企业的安全管理机制、安全生产奋斗目标，是为保护员工身心安全与健康而创造安全、舒适的生产生活环境和条件。

企业在安全文化建设过程中，应充分考虑自身内部的和外部的文化特征，引导全体员工的安全态度和安全行为，实现在法律和政府监管要求基础上的安全自我约束，通过全员参与实现企业安全生产水平持续提高。

建筑安全文化是安全文化在建筑业领域中形成的建筑安全物质财富和精神财富的总和。

2.4.2　建筑安全文化的结构层次

文化具有空间性即从横向来剖析文化，其具有较为清晰的结构层次，同样，建筑安全文化也有结构层次，可以分为物质层、行为层、制度层、精神层四个层次，依次对应为建筑安全物质文化、行为文化、制度文化和精神文化。

1. 建筑安全文化物质层——建筑安全物质文化

建筑安全文化物质层即建筑安全物质文化，它包括人们在建筑生产过程中使用的各种材料、工具、设备和器械，建筑从业人员施工作业的环境，为保障建筑安全而采用的各种安全技术和措施等内容。

建筑安全物质文化是建筑安全文化层中的表层文化，它是建筑安全文化的硬件，是建筑安全科学思想和审美意识的物化，是一定社会发展阶段的建筑安全认识能力和改造能力的体现。其中的器物文化层如安全防护工具、设备、器械等则是文化概念中物质文化的重要内容，可以较明显、较全面、较真实地体现一定社会发展阶段的特点。在一般情况下，通过对建筑安全器物层次的考察就能比较直观地反映出它所属时代的建筑安全文化整体的发展水平，当然要想全面考察建筑安全文化水平，还必须结合建筑安全物质文化的其他内容以及其他层次建筑安全文化的情况进行。

2. 建筑安全文化行为层——建筑安全行为文化

建筑安全文化行为层即建筑安全行为文化，指在建筑安全生产管理过程中与建设活动安全相关的各种安全文化活动。具体包括政府部门为保障建筑安全而进行的指导、监管、惩治、培训、教育、宣传、法律法规及规章制度的颁布和修改活动；建设业主、设计、监理单位、行业协会以及中介组织等为保证建筑安全所进行的责任分担、咨询、监督和协调活动；施工企业为实现建筑安全进行的建设项目安全评估、生产场所危险源辨识、重大事故应急预案制定、安全生产发展规划编制、安全检查和整改、安全培训、安全教育和宣传、安全知识学习、人际关系处理、文娱等活动；社会为促进建筑安全而进行的舆论监督、个人举报、家庭成员感化、全员学习和参与等活动。

建筑安全行为文化是建筑安全文化的浅层文化，相对物质文化而言有所深入，它是建筑业安全思想、安全规范、安全作风、安全面貌的动态体现，也是社会、国家和企业建筑安全价值观的折射。

3. 建筑安全文化制度层——建筑安全制度文化

建筑安全文化制度层包括建筑生产过程中的安全组织机构、劳动保护、劳动安全与卫生、消防安全、环保安全等方面的一切制度化的社会组织形式以及人的社会关系网络。

建筑安全制度文化是建筑安全文化的中层文化，它是对建筑安全行为给予一定限制的文化，是建筑安全行为规范在国家、企业和社会层面上的制度化体现，它对建筑安全文化整体的充实、更新和发展往往能起决定性的影响，这是因为它具有实现社会凝聚和社会控制的功能。

4. 建筑安全文化精神层——建筑安全精神文化

建筑安全文化精神层包括精神智能层和价值规范层两个方面的内容。建筑安全精神智能层包括：安全哲学思想、安全宗教信仰、安全美学、安全文学、安全科学以及安全管理方面的经验和理论等。建筑安全价值规范层则包括人们对安全的价值观和行为规范。建筑安全文化精神层从本质上看，它是人的思想、情感和意志的综合表现，是人对外部客观世界和自身内心世界的认识能力与辨识结果的综合体现。建筑安全价值规范层则是建筑安全文化系统深层结构之中最不易变更、最为顽固的成分。前面的物质层、行为层和制度层是精神智能层物化或对象化的结果，而价值规范层则是精神智能层长期作用形成的心理深层次积淀和升华的结果，是建筑安全文化层中的特质和核心。

2.4.3 建筑安全文化的内涵

建筑安全文化有多种内涵，在以人为本的建筑安全科学管理理念的指导下，建筑安全文化的内涵应包含以下两个方面内容：建筑安全文化人文文化内涵和建筑安全文化科技文化内涵。二者作为一个相互联系、相互作用的统一整体，代表了建筑安全文化的发展方向。

1. 建筑安全文化人文文化内涵

以人为本的建筑安全理念要求一切为了人,一切依靠人,且以生命第一为最高准则。在建筑业诸多社会责任中一个非常重要的方面就是其对人生命安全的责任,我们经常强调"安全第一,责任重于泰山",为的就是突出生命安全的重要性,生命只有一次,我们只能通过预防来避免事故的发生,从而保全人的生命,所有这些都体现了建筑安全文化的人文文化内涵。

2. 建筑安全文化科技文化内涵

科学技术作为第一生产力,其创新成果是文化的构成要素,是文化丰富和发展的坚实基础与驱动力量。在现代社会中科技作为文化的属性、特点和功能,比以往任何时候都更加明显和突出,是实现文化创新的最基本和最活跃的构成因素。当安全科学技术以安全文化的形式作用于社会文明和社会生产力发展的同时,就会对于人们的思想、精神与道德的升华发挥潜移默化的作用。

对于建筑安全来说,科学技术的重要性在于:其一,通过技术创新,可以提高建筑企业的科技安全水平,从而提高企业的核心竞争力;其二,通过发展科学技术,可以避免事故,实现本质安全化。建筑安全可以依靠科技进步,推广先进的技术和成果,不断改善劳动条件和作业环境,从而实现生产过程的本质安全化。

没有先进的科学技术,就难以发明先进的生产设备和防护装置供建筑安全生产所使用,建筑安全水平就会因缺乏基本的技术保障而难以上升到新的高度;而有了先进的科学技术却不把它运用于保障人的生命安全,则是文化素质欠缺的表现。因此,建筑安全文化建设必须强调科技文化的建设,既要重视科学技术的不断创新和发展,也要重视科学技术在建筑安全领域的广泛运用,科学技术只有在与安全文化有机地结合在一起并形成整体效应时,才能更好地发挥其先进作用。

2.4.4 建筑企业的建筑安全文化建设

建筑企业安全文化的总目标是根据企业文化、企业进行安全生产的规章制度和目标来确定的。每个企业的主观和客观条件各不相同,追求的目标也不同,采用的措施、手段也会各有特色。企业安全文化建设的实践形式多种多样,应表现出企业的形象、特点和精神。对于建筑企业而言,安全文化建设在实践操作中可通过四个层次按如下方式进行:

1. 班组及职工的安全文化建设

安全工作不可能游离于真空状态,而总是和具体的人和具体的生产活动密切联系在一起的,所有的要求最终都要人去落实,所以人是安全文化建设的核心,人的安全文化素质是企业安全文化建设的基础。因此,必须强化班组及职工的安全人生观、安全价值观和安全科技知识的教育。只有提高班组及职工的安全文化素质,才能提高企业整体安全文化素质和安全管理水平。而班组及职工安全素质的提高关键在于观念的更新,因此利用各种形式的安全技术教育、培训和有意义的活动来促使他们树立正确的安全观念将是重中之重。

可通过积极开展如下活动来提高班组及职工的安全文化素质：一是对新招工人、特种作业人员进行上岗前培训，内容既要全面，又要突出重点，边讲解，边进行参观，并在生产过程中要求持证上岗；二是通过定人、定机、定岗来管理人流物流，通过开展技能演练、岗位竞赛的活动来建设合格、过硬的班组；三是根据员工对安全的认识程度，在生产过程中对安全意识淡薄的员工开展定期的安全技术教育，使员工都树立起"安全第一"和"安全生产人人有责"的思想；四是坚持每周的安全活动日制度，对该周生产实践中的安全问题进行总结、备案；五是实行群策、群力、群管的"三群"政策，预知、发现进而消除安全隐患；六是开展事故应急救援"仿真"演习等活动，以此提前做好降低事故损失的准备。

2. 管理层及决策者的安全文化建设

管理层及决策者的安全文化素质是企业安全文化建设的关键因素，对企业安全文化形成起着倡导和强化作用。他们对安全文化内涵及意义的理解，直接决定着企业安全文化建设的成效和可持续性。

有效地提高管理层和决策者的安全文化素质需要以下几方面：一是对管理层及决策者进行定期的安全知识，特别是安全新理论、新方法的培训，其中还要强调国家有关安全生产的各项方针政策、法律法规、行业规范和技术标准；二是签订安全生产责任状，持证上岗，在整个生产过程中实行安全目标管理，落实安全生产责任，横向到边，纵向到底，不留死角；三是实行无隐患管理，责任制、监督制与定期检查制相结合，系统科学地管理人、机、料、法、环系统；四是利用经济杠杆作用，建立有效的激励机制，鼓励员工刻苦钻研业务，不断更新观念，积极推广应用安全生产新技术、新工艺、新方法，提高科学管理安全生产的能力；五是经常进行生产经验交流，拓宽工作思路，改进工作方法，提高工作质量；六是定期开展创先评优活动，树立安全工作标兵，并给予其物质与精神上的奖励。

3. 施工现场的安全文化建设

抓好施工现场的安全文化建设，搞好文明施工，既是安全生产的一种形式，也是企业整体实力的具体体现。通过张贴安全标语，树立安全警示标志和事故警告牌来营造安全氛围，使身在其中的员工每天都能意识到安全施工的重要性。对施工的新方法、新工艺进行严格论证，实现技术及工艺的本质安全化，从源头上消除安全隐患。并对施工过程中的事故多发点、危险点、危害点进行例行检查，重点加以控制，并对结果做好记录，然后存档，这样可为企业以后的施工提供宝贵的参考资料。

4. 企业安全文化氛围的建设

建筑企业具有浓厚的安全文化氛围，它对企业员工具有无形的导向和约束作用。它可使安全价值观念和安全目标在员工中间形成共识，使他们产生自控意识，指引他们向安全生产和经营的既定目标前进。

学习情境 2　建筑施工企业安全生产管理与企业安全文化建设

【典故】　居安思危——《书经》

"居安思危,思则有备,有备无患。"春秋时期,宋、齐等国联合攻打郑国,郑国弱小,求助于晋国,其他国家惧于晋国强大,纷纷退兵。为了答谢晋国,郑国派人献给晋国许多美女与贵重的珠宝。晋悼公十分高兴,就将一半的美女赏给这件事的大功臣魏绛。没想到正直的魏绛一口拒绝,并且劝晋悼公说:"现在晋国虽然很强大,但是我们一定要想到未来可能会发生的危险,这样才会先做准备,以避免失败和灾祸的发生。"这则成语故事讲的是处在安定的环境中要想到可能产生危难祸害的情况。人们用居安思危这个词来比喻要提高警惕,以防祸患。

华为任正非:"华为总会有冬天,准备好棉衣,比不准备好。我们应该如何应对华为的冬天?"

微软比尔·盖茨:"我们离破产永远只有十八个月。"

戴尔电脑迈克尔·戴尔:"我有时候半夜会醒,一想起事情就害怕,但是如果不这样的话,那么你很快就会被别人干掉。"

正是由于他们的危机意识,使这些企业成为最优秀的公司之一。

做事应该未雨绸缪,居安思危,这样在危险突然降临时,才不至于手忙脚乱。书到用时方恨少,平常若不充实学问,临时抱佛脚是来不及的。也有人抱怨没有机会,然而当升迁机会来临时,再叹自己平时没有积蓄足够的学识与能力,以致不能胜任,也只好后悔莫及。

▶ 思考与拓展 ◀

1. 建筑施工不确定性的特征主要表现在哪些方面?
2. 一个建筑施工企业如何才能落实其安全生产主体责任?
3. 企业在确定安全生产管理目标时需要考虑哪些因素?
4. 职业健康安全管理体系的运行模式是否体现了 PDCA 原理?为什么持续改进是其永恒的主题?
5. 企业专职安全生产管理人员主要包括组织管理机构中的哪些人?这些人是如何依法进行考核的?
6. 概括一下企业专职安全生产管理人员的安全职责包括哪些内容?
7. 选择一个分部工程,模拟进行一次施工前的安全教育,可以利用线上资源整编一个 PPT 文件。
8. 如果你是现场专职安全员,如何检查专业(可以任选一个专业举例阐述)分包队伍是否具备安全施工条件?

学习情境 3　施工前的危险预控

知识目标

了解两类危险源及其之间的关系；
了解危险源辨识与评价的基本方法；
了解危险源控制的基本原理；
熟悉建筑危险性较大分部分项工程范围；
掌握重大危险源控制的方法和对策。

职业技能目标

培养观察分析能力，能够对照标准和检查表在施工之前进行危险源的识别；
利用危险源管理知识培养判断能力，能够对识别的危险源开展分析评价，将危险源进行等级划分分别采取对应防范措施计划。

情境引入

通过识别形成危险源清单，然后分析危险源的危害程度和发生的概率，评价所有危险源的危险等级并采取针对性防范措施。针对重大危险源制定专项施工方案，并对方案开展必要的评审以避免出现防范漏洞。

任务 3.1　危险源的辨识

危险源在生产中也称之为事故隐患。存在事故隐患未必一定会导致事故，但事故的发生却肯定是因为存在的危险源而造成的。为了有效防止事故发生，必须认真分析存在的危险源，并予以预防、且能予以消除为上策。

工程项目应根据工程特点和环境条件进行安全分析、危险源辨识和风险评价，编制重大危险源清单并制定相应的预防和控制措施。

3.1.1 危险源的分类

危险源是安全管理的主要对象,在实际生活和生产过程中的危险源是以多种多样的形式存在的。虽然危险源的表现形式不同,但从本质上说,能够造成危害后果的(如伤亡事故、人身健康受损害、物体受破坏和环境污染等),均可归结为能量的意外释放或约束、限制能量和危险物质措施失控的结果。因此根据危险源在事故发生发展中的作用,把危险源分为两大类,即第一类危险源和第二类危险源。

1. 第一类危险源

能量和危险物质的存在是危害产生的最根本原因,通常把可能发生意外释放的能量(能源或能量载体)或危险物质称作第一类危险源。

第一类危险源是事故发生的物理本质,危险性主要表现为导致事故而造成后果的严重程度方面。第一类危险源危险性的大小主要取决于以下几方面情况:

(1) 能量或危险物质的量;
(2) 能量或危险物质意外释放的强度;
(3) 意外释放的能量或危险物质的影响范围。

能量在生产过程中是不可缺少的,人类利用能量做功以实现生产目的。在正常生产过程中,能量受到种种约束和限制,按照人们的意志流动、转换和做功。如果失去控制的、意外释放的能量达及人体,并且能量的作用超过了人们的承受能力,人体必将受到伤害。机械能、电能、热能、化学能、电离及非电离辐射、声储和生物能等形式的能量,都可能导致人员伤害。其中前4种形式的能量引起的伤害最常见。

例如,球形弹丸以4.9 N的冲击力打击人体时,只能轻微地擦伤皮肤;重物以68.6 N的冲击力打击人的头部时,会造成头骨骨折。此外,人体接触能量的时间长短和频率、能量的集中程度以及身体接触能量的部位等,也影响人员伤害程度。例如,人体坠落、坍塌、冒顶、片帮、物体打击等均由势能意外释放所造成,车辆伤害、机械伤害和物体打击等事故多由于意外释放的动能所造成。

2. 第二类危险源

造成约束、限制能量和危险物质措施失控的各种不安全因素称作第二类危险源。如何约束限制能量呢?一是限制能量的大小和速度,规定安全极限量,在生产工艺中尽量采用低能量的工艺或设备;二是设置屏蔽设施。屏蔽设施是一些防止人员与能量接触的物理实体,即狭义的屏蔽。屏蔽设施可以被设置在能源上,如安装在机械转动部分外面的防护罩;也可以被设置在人员与能源之间,如安全围栏等。人员佩戴的个体防护用品,可看做设置在人员身上的屏蔽设施。第二类危险源主要体现在设备故障或缺陷(物的不安全状态)、人为失误(人的不安全行为)和管理缺陷等几个方面。这是导致事故的必要条件,决定事故发生的可能性。

3. 危险源与事故

事故的发生是两类危险源共同作用的结果,第一类危险源是事故发生的前提,第二类危险源的出现是第一类危险源导致事故的必要条件。在事故的发生和发展过程中,两类危险源相互依存，相辅相成。第一类危险源是事故的主体，决定事故的严重程度；第二类危险源出现的难易，决定事故发生的可能性大小。

在企业安全管理工作中，第一类危险源客观上已经存在并且在工程设计、建设时已经采取了必要的控制措施，因此，施工企业安全工作重点是第二类危险源的控制问题。综上所述，危险源可以是一次事故、一种环境、一种状态的载体，也可以是可能产生不期望后果的人或物。例如，高处坠落事故的发生，首先是人在高处的势能存在（第一类危险源），其次在无防护，或防护措施失效，或人的操作失误等作用下（第二类危险源），人才会失足坠落。

3.1.2 危险源辨识的方法

危险源的辨识是识别危险源的存在并确定其特性的过程，是安全管理的基础工作。其主要目的是要找出每项工作活动有关的所有危险源，并考虑这些危险源可能造成的人员伤害、设备设施损坏和环境破坏等。

选用哪种辨识方法，要根据分析对象的性质、特点、寿命的不同阶段和分析人员的知识、经验和习惯来定。常用的危险、有害因素辨识的方法有直观经验分析方法和系统安全分析方法。

1. 直观经验分析方法

直观经验分析方法适用于有可供参考先例、有以往经验可以借鉴的系统，不能应用在没有可供参考先例的新开发系统。

（1）对照、经验法

对照、经验法是对照有关标准、法规、检查表或依靠分析人员的观察分析能力，借助于经验和判断能力对评价对象的危险、有害因素进行分析的方法。例如总结多年的实践经验，采用提问表方式预先进行危险源的识别。

施工现场采用危险源提问表的设问范围：
① 在平地上滑倒（跌倒）；
② 人员从高处坠落（包括从地平处坠入深坑）；
③ 工具、材料等从高处坠落；
④ 头顶以上空间不足；
⑤ 用手举起搬运工具、材料等有关的危险源；
⑥ 与装配、试车、操作、维护、改造、修理和拆除等有关的装置、机械的危险源；
⑦ 车辆危险源，包括场地运输和公路运输；
⑧ 火灾和爆炸；
⑨ 邻近高压线路和起重设备伸出界外；
⑩ 吸入的物质；
⑪ 可伤害眼睛的物质或试剂；
⑫ 可通过皮肤接触和吸收而造成伤害的物质；
⑬ 可通过摄入（如通过口腔进入体内）而造成伤害的物质；
⑭ 有害能量（如电、辐射、噪声以及振动等）；

⑮ 由于经常性的重复动作而造成的与工作有关的上肢损伤;
⑯ 不适的热环境(如过热等);
⑰ 照度;
⑱ 易滑、不平坦的场地(地面);
⑲ 不合适的楼梯护栏和扶手;
⑳ 合同方人员的活动。

以上列举并不全面,施工现场应根据工程项目的具体情况辨识各自的危险源。

(2) 类比方法

类比方法是利用相同或相似工程系统或作业条件的经验和劳动安全卫生的统计资料来类推、分析评价对象的危险、有害因素。

2. 系统安全分析方法

系统安全分析方法是应用系统安全工程评价方法中的某些方法进行危险、有害因素的辨识。系统安全分析方法常用于复杂、没有事故经验的新开发系统。常用的系统安全分析方法有事件树、事故树等。

事故树(故障树)分析法(Fault Tree Analysis 简称 FTA),是安全系统工程的重要分析方法之一,它能对各种系统的危险性进行辨识和评价,不仅能分析出事故的直接原因,而且能深入地揭示出事故的潜在原因。

事故树是一个逆向逻辑推理过程,即由结果逆向推理,追溯事故发生的原因,通过分析找出事故原因,采取相应的对策加以控制,从而可以起到事故预防的作用。因此,事故树是一种很好的危害因素辨识方法。

事故树分析法是安全分析评价和危害因素辨识的一种先进的科学方法。非常适合于高度重复性的系统,但要求分析人员必须十分熟悉所分析研究的对象系统,具有丰富的实践经验。

事件树分析是从一个初始事件开始,按顺序分析事件向前发展中各个环节成功与失败的过程和结果。事件树是由起因推理结果的过程,是正向逻辑推理过程。而事故树则是由结果分析原因,最终得到影响事故发生的根本事件,是一个逆向逻辑推理过程。

任务 3.2 危险源的评价

危险源的评价是根据危险源辨识的结果,采用科学的方法,评价危险源给组织所带来的风险大小并确定是否可容许的过程。

不同行业所用的危险源辨识和风险评价的方法可能会有非常大的差异,有的仅需要使用简单的评价方法,而有的却需要使用复杂的、带有大量文件的量化分析。对于不同的危险源,也可能需要使用不同的评价方法。建筑施工常用的评价方法主要有职业健康安全风险评价法和作业条件危险评价法。

3.2.1 职业健康安全风险评价法

开展职业健康安全危险源辨识和风险评价时,应保持一定程序。对于危险源辨识、风险评价和控制措施的确定过程来说,其输出也宜用于建立和实施职业健康安全管理体系全过程。危险源辨识和风险评价过程程序如图3-1所示。

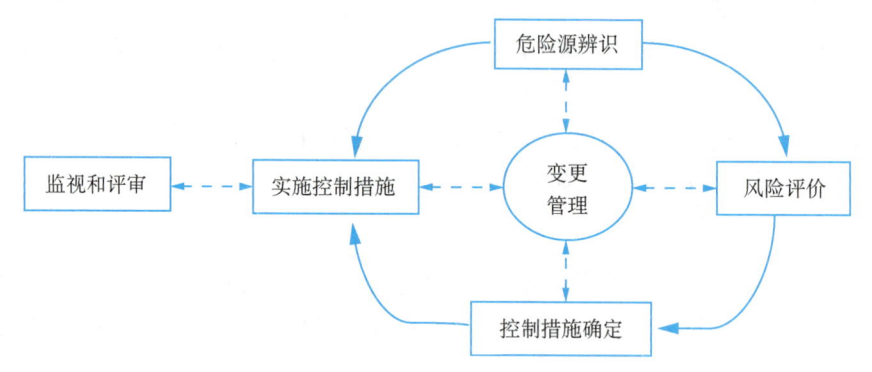

图3-1 危险源辨识和风险评价过程

在评估过程、设备和工作环境的危险源和风险时,组织宜考虑诸如人的行为、能力和局限性等因素。每当存在人机界面时,组织均宜考虑人类工效学。人类工效学考虑议题包括易于使用、可能的操作失误、操作员压力和使用者疲劳等方面。在考虑人类工效学时,组织的危险源辨识过程宜考虑如下各项及其作用:

(1) 工作性质,如工作场所布局、操作者信息、工作负荷、体力劳动、工作类型等;
(2) 环境,如热、光、噪声、空气质量等;
(3) 人的行为,如性格、习惯、态度等;
(4) 心理能力,如知觉、注意力等;
(5) 生理能力,如生物力学、人体测量或人的身体变化等。

同时还应考虑到,某些虽发生或源自工作场所外、但会对工作场所内的人员产生影响的危险源,如高压输电线路释放的电能、地下燃气管线的爆炸燃烧、地下污水管线或淤泥释放的有毒物质等。

实施风险评价的人员需具备相关风险评价方法和技术方面的能力,并具有相应工作活动的知识。在许多情况下,职业健康安全风险可以采用简单的方法进行评价。《职业健康安全管理体系要求及使用指南》(GB/T 45001—2020)推荐的简单的风险等级评估如表3-1所示,结果分为Ⅰ、Ⅱ、Ⅲ、Ⅳ、Ⅴ五个风险等级。通过评估,可对不同等级的风险采取相应的风险控制措施。

表 3-1 风险等级评估表

风险级别(大小) 可能性(p) \ 后果(f)	轻度损失 (轻微伤害)	中度损失 (伤害)	重大损失 (严重伤害)
很 大	Ⅲ	Ⅳ	Ⅴ
中 等	Ⅱ	Ⅲ	Ⅳ
极 小	Ⅰ	Ⅱ	Ⅲ

注：Ⅰ—可忽略风险；Ⅱ—可容许风险；Ⅲ—中度风险；Ⅳ—重大风险；Ⅴ—不容许风险。

风险评价是一个持续不断的过程，应持续评审控制措施的充分性。当条件变化时，应对风险重新评估。风险评价宜包含与工作人员协商并促使其适当参与，以及对法律法规和其他要求的考虑。适当的时候宜考虑监管机构所发布的指南。

3.2.2 作业条件危险评价法

作业条件危险评价法是用于系统危险性有关的三种因素指标值之积来评价危险的大小，其简化公式为

$$D = L \cdot E \cdot C$$

(1) L——发生事故的可能性。当用概率来表示时，绝对不可能发生事故的概率为 0，而必然发生事故的概率为 1。但在做系统安全考虑时，绝对不发生事故是不可能的，所以人为地将"发生事故可能性极小"的分数值定为 0.1，而必然要发生事故的分数值定为 10。将介于这两者之间的情况指定了若干个中间值，如表 3-2 所示。

表 3-2 发生事故的可能性(L)

分数值	发生事故的可能性
10	完全可以预料
6	相当可能
3	可能，但不经常
1	可能性小，完全意外
0.5	很不可能，可以设想
0.2	极不可能
0.1	实际不可能

(2) E——暴露于危险环境中的频繁程度。人员出现在危险环境中的时间越长，则危险性越大。规定连续暴露在此危险环境中的分数值为 10，而非常罕见地出现在危险环境中的分数值定为 0.5。同样，将介于两者之间的各种情况规定若干个中间值，如表 3-3 所示。

表3-3　暴露于危险环境中的频繁程度(E)

分数值	暴露于危险环境中的频繁程度
10	连续暴露
6	每天工作时间内暴露
3	每周一次,或偶然暴露
2	每月一次暴露
1	每年几次暴露
0.5	非常罕见地暴露

注：1. "三通一平"施工活动中 E 值取 1。
　　2. 基础开挖、装饰施工活动中 E 值取 2。
　　3. 主体结构施工中 E 值取 3。

(3) C——发生事故可能造成的后果。事故造成的人身伤害变化范围很大,对伤亡事故来说,可从极小的轻伤直到多人死亡的严重结果。由于范围广阔,所以规定分数值为1~100,轻伤规定分数值为1,造成10人以上死亡的分数值规定为100,其他情况的分数值在1~100之间,如表3-4所示。

表3-4　发生事故可能造成的后果(C)

分数值	发生事故可能造成的后果
100	10 人以上死亡
40	3~9 人死亡
15	1~2 人死亡
7	重伤
3	伤残
1	轻伤

(4) D——危险性总分值。根据公式就可以计算作业的危险性总分值,但关键是如何确定各个总分值和对总分值的评价。根据经验,总分值在 20 以下,被认为是低危险,也叫可容许风险;总分值在 70~160 之间,有显著的危险性,需要及时整改;总分值在 160~320 之间,是必须立即采取措施进行整改的重大危险;总分值在 320 以上,表示极其危险,应立即停止作业,直到危险得到改善为止。危险等级划分如表 3-5 所示。

表3-5　危险等级划分

危险性总分值	危险程度	危险等级
>320	极其危险,不能继续作业	5
160~320	高度危险,需立即整改	4
70~160	显著危险,需要整改	3
20~70	一般危险,需要注意	2
<20	稍有危险,可以接受	1

运用作业条件危险评价法进行分析时,危险等级为 3 级、4 级、5 级的危险源,确定为具有不可接受风险。

任务 3.3 风险(危险源)控制的基本原理

3.3.1 控制措施层级选择顺序

在完成风险评价和对现有控制措施加以考虑之后,组织宜能够确定现有控制措施是否充分或是否需要改进,或者需要采取新的控制措施。如果需要,则控制措施的选定宜遵循关于控制措施层级选择顺序的原则。即:可行时首先消除危险源;其次是降低风险,或者通过减少事件发生的可能性,或者通过降低潜在的人身伤害或健康损害的严重程度;将采用个体防护装备作为最终手段。应用控制措施层级选择顺序的示例如下:

(1)消除——改变设计以消除危险源,如引入机械提升装置以消除手举或提重物这一危险行为等。

(2)替代——用低危险物质替代或降低系统能量,如较低的动力、电流、压力、温度等。

(3)工程控制措施——安装通风系统、机械防护、联锁装置、隔声罩等。

(4)标识、警告管理控制措施——安全标志、危险区域标识、发光标志、人行通道标识、警告器或警告灯、报警器、安全规程、设备检修、门禁控制、作业安全制度、操作牌和作业许可等。

(5)个体防护装备——安全防护眼镜、听力保护器、面罩、安全带和安全索、口罩和手套。

3.3.2 风险控制策划

风险评价后,应分别列出所找出的所有危险源和重大危险源清单,对已经评价出的不容许的和重大风险(重大危险源)进行优先排序,由工程技术主管部门的相关人员进行风险控制策划,制定风险控制措施计划或管理方案。对于一般危险源可以通过日常管理程序来实施控制。

风险控制策划可以按照以下顺序和原则进行考虑:

(1)尽可能完全消除有不可接受风险的危险源,如用安全品取代危险品。

(2)如果是不可能消除有重大危险的危险源,应努力采取降低风险的措施,如使用低压电器等。

(3)在条件允许时,应使工作适合于人,如考虑降低人的精神压力和体能消耗。

(4)应尽可能利用技术进步来改善安全控制措施。

(5)应考虑保护每个工作人员的措施。

(6)将技术管理与程序控制结合起来。

(7)应考虑引入诸如机械安全防护装置的维护计划的要求。

(8) 在各种措施还不能绝对保证安全的情况下,作为最终手段,还应考虑使用个人防护用品。

(9) 应有可行、有效的应急方案。

(10) 预防性测定指标是否符合控制措施计划的要求。

3.3.3 风险控制措施计划

不同的组织,不同的工程项目需要根据不同的条件和风险量来选择适合的控制策略和管理方案。表 3-6 所示的是针对不同风险水平的风险控制措施计划表。在实际应用中,应该根据风险评价所得出的不同风险源和风险量大小(风险水平),选择不同的控制策略。

表 3-6 基于不同风险水平的风险控制措施计划表

风 险	措 施
可忽略的	不采取措施且不必保留文件记录
可容许的	不需要另外的控制措施,应考虑投资效果更佳的解决方案或不增加额外成本的改进措施,需要监视来确保控制措施得以维持
中度的	应努力降低风险,但应仔细测定并限定预防成本,并在规定的时间期限内实施降低风险的措施。在中度风险与严重伤害后果相关的场合,必须进一步地评价,以更准确地确定伤害的可能性,以确定是否需要改进控制措施
重大的	直至风险降低后才能开始工作。为降低风险有时必须配给大量的资源。当风险涉及正在进行中的工作时,就应采取应急措施
不容许的	只有当风险已经降低时,才能开始或继续工作。如果无限的资源投入也不能降低风险,就必须禁止工作

风险控制措施计划在实施前宜进行评审。评审主要包括以下内容:

(1) 更改的措施是否使风险降低至可允许水平。

(2) 是否产生新的危险源。

(3) 是否已选定了成本效益最佳的解决方案。

(4) 更改的预防措施是否能得以全面落实。

3.3.4 针对不同危险源采取不同的风险控制方法

(1) 第一类危险源控制方法。可以采取消除危险源、限制能量和隔离危险物质、个体防护、应急救援等方法。建设工程可能遇到不可预测的各种自然灾害引发的风险,只能采取预测、预防、应急计划和应急救援等措施,以尽量消除或减少人员伤亡和财产损失。

(2) 第二类危险源控制方法。提高各类设施的可靠性以消除或减少故障、增加安全系数、设置安全监控系统、改善作业环境等。最重要的是加强员工的安全意识培养和教育,克服不良的操作习惯,严格按章办事,并帮助其在生产过程中保持良好的生理和心理状态。

任务 3.4　重大危险源的管理

3.4.1　建筑工程危险性较大分部分项工程范围

施工现场可能导致重大事故发生的设备、设施、场所,具有一定危险程度的分部分项工程,以及可能会产生不可容许或不可接受的危险作业等,都是导致事故发生可能性较大且事故发生后会造成严重后果的重大危险源。根据《危险性较大的分部分项工程安全管理规定》规定,危险性较大的分部分项工程(以下简称"危大工程"),是指房屋建筑在施工过程中,容易导致人员群死群伤或者造成重大经济损失的分部分项工程。

住房城乡建设部办公厅《关于实施〈危险性较大的分部分项工程安全管理规定〉有关问题的通知》(建办质〔2018〕31号),明确了危大工程的范围如下:

1. 基坑工程

(1)开挖深度超过3 m(含3 m)的基坑(槽)的土方开挖、支护、降水工程。

(2)开挖深度虽未超过3 m,但地质条件、周围环境和地下管线复杂,或影响毗邻建、构筑物安全的基坑(槽)的土方开挖、支护、降水工程。

2. 模板工程及支撑体系

(1)各类工具式模板工程:包括滑模、爬模、飞模、隧道模等工程。

(2)混凝土模板支撑工程:搭设高度5 m及以上,或搭设跨度10 m及以上,或施工总荷载(荷载效应基本组合的设计值,以下简称设计值)10 kN/m^2及以上,或集中线荷载(设计值)15 kN/m及以上,或高度大于支撑水平投影宽度且相对独立无联系构件的混凝土模板支撑工程。

(3)承重支撑体系:用于钢结构安装等满堂支撑体系。

3. 起重吊装及起重机械安装拆卸工程

(1)采用非常规起重设备、方法,且单件起吊重量在10 kN及以上的起重吊装工程。

(2)采用起重机械进行安装的工程。

(3)起重机械安装和拆卸工程。

4. 脚手架工程

(1)搭设高度24 m及以上的落地式钢管脚手架工程(包括采光井、电梯井脚手架)。

(2)附着式升降脚手架工程。

(3)悬挑式脚手架工程。

(4)高处作业吊篮。

(5)卸料平台、操作平台工程。

(6)异型脚手架工程。

5. 拆除工程

可能影响行人、交通、电力设施、通信设施或其他建、构筑物安全的拆除工程。

6. 暗挖工程

采用矿山法、盾构法、顶管法施工的隧道、洞室工程。

7. 其他

(1) 建筑幕墙安装工程。
(2) 钢结构、网架和索膜结构安装工程。
(3) 人工挖孔桩工程。
(4) 水下作业工程。
(5) 装配式建筑混凝土预制构件安装工程。
(6) 采用新技术、新工艺、新材料、新设备可能影响工程施工安全,尚无国家、行业及地方技术标准的分部分项工程。

▶ 3.4.2 超过一定规模的危险性较大的分部分项工程范围

1. 深基坑工程

开挖深度超过 5 m(含 5 m)的基坑(槽)的土方开挖、支护、降水工程。

2. 模板工程及支撑体系

(1) 各类工具式模板工程:包括滑模、爬模、飞模、隧道模等工程。
(2) 混凝土模板支撑工程:搭设高度 8 m 及以上,或搭设跨度 18 m 及以上,或施工总荷载(设计值)15 kN/m^2 及以上,或集中线荷载(设计值)20 kN/m 及以上。
(3) 承重支撑体系:用于钢结构安装等满堂支撑体系,承受单点集中荷载 7 kN 及以上。

3. 起重吊装及起重机械安装拆卸工程

(1) 采用非常规起重设备、方法,且单件起吊重量在 100 kN 及以上的起重吊装工程。
(2) 起重量 300 kN 及以上,或搭设总高度 200 m 及以上,或搭设基础标高在 200 m 及以上的起重机械安装和拆卸工程。

4. 脚手架工程

(1) 搭设高度 50 m 及以上的落地式钢管脚手架工程。
(2) 提升高度在 150 m 及以上的附着式升降脚手架工程或附着式升降操作平台工程。
(3) 分段架体搭设高度 20 m 及以上的悬挑式脚手架工程。

5. 拆除工程

(1) 码头、桥梁、高架、烟囱、水塔或拆除中容易引起有毒有害气(液)体或粉尘扩散、易燃易爆事故发生的特殊建、构筑物的拆除工程。
(2) 文物保护建筑、优秀历史建筑或历史文化风貌区影响范围内的拆除工程。

6. 暗挖工程

采用矿山法、盾构法、顶管法施工的隧道、洞室工程。

7. 其他

(1) 施工高度 50 m 及以上的建筑幕墙安装工程。

(2) 跨度 36 m 及以上的钢结构安装工程,或跨度 60 m 及以上的网架和索膜结构安装工程。

(3) 开挖深度 16 m 及以上的人工挖孔桩工程。

(4) 水下作业工程。

(5) 重量 1 000 kN 及以上的大型结构整体顶升、平移、转体等施工工艺。

(6) 采用新技术、新工艺、新材料、新设备可能影响工程施工安全,尚无国家、行业及地方技术标准的分部分项工程。

3.4.3 重大危险源管理规定

根据《危险性较大的分部分项工程安全管理规定》第十条规定,施工单位应当在危大工程施工前组织工程技术人员编制专项施工方案。实行施工总承包的,专项施工方案应当由施工总承包单位组织编制。危大工程实行分包的,专项施工方案可以由相关专业分包单位组织编制。

《安全生产法》第四十条规定,生产经营单位对重大危险源应当登记建档,进行定期检测、评估、监控,并制定应急预案,告知从业人员和相关人员在紧急情况下应当采取的应急措施。生产经营单位应当按照国家有关规定将本单位重大危险源及有关安全措施、应急措施报有关地方人民政府安全生产监督管理部门和有关部门备案。

建筑施工企业应根据本企业的施工特点,依据承包工程的类型、特征、规模及自身管理水平等情况,辨识出危险源,并对重大危险源进行控制,这是安全技术管理的一项重要内容。具体管理要求有:

(1) 施工企业应根据经营业务的类型编制施工作业流程,逐层分解作业活动情况,并分析辨识出可能存在的危险源,列出危险源清单。

(2) 施工企业应组织人员对施工作业活动中存在的危险源一一进行评价,确定重大危险源,并以文件形式公布。

(3) 施工企业应对重大危险源登记建档,进行定期检测、评估、监控,并对重大危险源的辨识及时进行更新。

(4) 施工项目部对存在重大危险源的分部分项工程应编制管理方案或专项施工方案,严格履行审批、论证、检验检测等相关手续。

(5) 施工项目部在对存在重大危险源的分部分项工程组织施工时,应按照经审核、批准的管理方案或专项施工方案组织实施。项目部应对重大危险源作业过程进行旁站式监督,对旁站监督过程中发现的事故隐患及时纠正,发现重大问题时应停止施工。

(6) 施工项目部应建立重大危险源跟踪查验制度,及时组织分包单位、专业施工单位按照管理方案或专项施工方案对存在重大危险源的施工过程进行跟踪和检查验收,并做好检查验收记录。

（7）施工企业应针对重大危险源制定应急预案，预案应能指导企业进行施工现场的具体操作。

（8）施工企业应在施工现场的醒目位置设立"重大危险源公示牌"，公示牌应注明危险源存在部位、作业时间、防护措施和责任人等内容，并应将重大危险源、应急预案及在紧急情况下应当采取的应急措施告知从业人员和相关人员。

（9）施工企业应当按照国家有关规定将本单位的重大危险源及其有关安全措施、应急措施报有关地方人民政府安全生产监督管理部门和有关部门备案。

（10）施工单位应当根据论证报告修改完善专项方案，并经施工单位技术负责人、项目总监理工程师、建设单位项目负责人签字后，方可组织实施。实行施工总承包的，应当由施工总承包单位、相关专业承包单位技术负责人签字。

（11）专项方案经论证后需做重大修改的，施工单位应当按照论证报告修改，并重新组织专家进行论证。

（12）施工单位应当严格按照专项方案组织施工，不得擅自修改、调整专项方案。如因设计、结构、外部环境等因素发生变化确需修改的，修改后的专项方案应当按《危险性较大的分部分项工程安全管理规定》的要求重新审核。对于超过一定规模的危险性较大工程的专项方案，施工单位应当重新组织专家进行论证。

（13）专项方案实施前，编制人员或者项目技术负责人应当向现场管理人员和作业人员进行安全技术交底。

（14）施工单位应当指定专人对专项方案实施情况进行现场监督，并按规定进行监测。发现不按照专项方案施工的，应当要求其立即整改；发现有危及人身安全的紧急情况，应当立即组织作业人员撤离危险区域。施工单位技术负责人应当定期巡查专项方案实施情况。

（15）对于按规定需要验收的危险性较大的分部分项工程，施工单位、监理单位应当组织有关人员进行验收。验收合格的，经施工单位项目技术负责人及项目总监理工程师签字后，方可进入下一道工序。

（16）根据《建筑施工企业负责人及项目负责人施工现场带班暂行办法》要求，工程项目进行超过一定规模的危险性较大的分部分项工程施工时，建筑施工企业负责人应到施工现场进行带班检查。对于有分公司（非独立法人）的企业集团，集团负责人因故不能到现场的，可书面委托工程所在地的分公司负责人对施工现场进行带班检查。

下面就以"高大模板支撑工程"为例，分别在方案编制、审批、论证以及在施工过程中开展具体安全管理和监督管理等几个方面，进行具体的安全技术管理运用。

3.4.4 专项施工方案编制

工程项目专项施工方案和应急预案应根据工程类型、环境地质条件和工程实践制定。

专项方案编制应当包括以下内容：

（1）工程概况：危大工程概况和特点、施工平面布置、施工要求和技术保证条件。

(2) 编制依据：相关法律、法规、规范性文件、标准、规范及施工图设计文件、施工组织设计等。

(3) 施工计划：包括施工进度计划、材料与设备计划。

(4) 施工工艺技术：技术参数、工艺流程、施工方法、操作要求、检查要求等。

(5) 施工安全保证措施：组织保障措施、技术措施、监测监控措施等。

(6) 施工管理及作业人员配备和分工：施工管理人员、专职安全生产管理人员、特种作业人员、其他作业人员等。

(7) 验收要求：验收标准、验收程序、验收内容、验收人员等。

(8) 应急处置措施。

(9) 计算书及相关施工图纸。

针对高大模板支撑工程，专项施工方案编制应包括以下内容：

① 工程概况：应紧扣方案编制需要，除简要介绍项目的建设单位、工程名称、建筑面积、建筑层高、建筑高度等基本情况外，应着重说明与方案编制有关的技术参数、施工工况、材料种类规格、混凝土结构周边结构状况和混凝土施工条件等，如支模标高、支模范围内的梁截面尺寸、跨度、板厚、支撑的地基情况。

② 体系和方案选择：应明确支撑体系的传力途径和支架类型，根据经验，初步选取主要受力构件的搭设参数，经设计验算后再做调整。

③ 构造要求：应根据规范要求编写，特别注意水平剪刀撑和竖向剪刀撑的设置，一般应绘制详图；应特别注意立杆顶部超出长度的取值；应尽可能使支撑体系与主体结构墙柱有所拉结。

④ 设计验算：包括支架参数信息，模板面板抗弯和变形验算，次龙骨和主龙骨抗弯、抗剪和变形验算，扣件抗移验算，纵、横向水平杆的抗弯和变形验算，支架稳定性验算，立杆地基承载力计算等。计算时，主要材料参数应根据实际情况取值；荷载及其组合应根据不同的计算对象和计算项目，按照现行技术规范的规定进行。每项计算均应根据支撑体系的实际构造绘制计算简图。

⑤ 施工图：包括支模区域立杆及纵、横水平杆平面布置图，支撑系统立面图、剖面图，水平剪刀撑布置平面图及竖向剪刀撑布置图，梁板支模大样图，支撑体系监测平面布置图及连墙件布设位置及节点大样图，并准确标注尺寸。

⑥ 施工要求：应根据规范要求和工程实际进行编写，应特别注意大梁下立杆的加密和双向水平杆、扫地杆、剪刀撑、连墙件等保证架体结构安全杆件的设置；应特别明确扣件螺栓拧紧扭力矩的控制、支撑体系的基础处理、材料的力学性能指标及检查、验收要求。

⑦ 混凝土浇筑施工方案：应对混凝土泵管采取固定措施，明确混凝土浇筑方式、浇筑路径及振捣方式。

⑧ 施工计划：包括施工进度计划、材料与设备计划等。

⑨ 施工安全保证措施：包括模板支撑体系搭设及混凝土浇筑区域管理人员组织机构、岗位职责、模板安装和拆除的安全技术措施、施工应急救援预案，模板支撑系统在搭设、钢筋安装、混凝土浇捣过程中及混凝土终凝前后模板支撑体系位移的监测监控措

施等。

⑩ 应急救援预案：混凝土浇筑过程极易发生模板坍塌等生产安全事故，因此应根据施工过程中可能出现的安全问题有针对性地编制生产安全事故应急救援预案。

⑪ 劳动力计划：包括专职安全生产管理人员、特种作业人员的配置等。

3.4.5 专项施工方案的审批和专家论证

（1）专项方案应当由施工单位技术部门组织本单位施工技术、安全、质量等部门的专业技术人员进行审核。经审核合格的，由施工单位技术负责人签字。实行施工总承包的，专项方案应当由总承包单位技术负责人及相关专业承包单位技术负责人签字。

（2）不需专家论证的专项方案，经施工单位审核合格后报监理单位，由项目总监理工程师审核签字。

（3）超过一定规模的危险性较大的分部分项工程专项方案应当由施工单位组织召开专家论证会。实行施工总承包的，由施工总承包单位组织召开专家论证会。

（4）下列人员应当参加专家论证会：

① 专家组成员；

② 建设单位项目负责人或技术负责人；

③ 监理单位项目总监理工程师及相关人员；

④ 施工单位分管安全的负责人、技术负责人、项目负责人、项目技术负责人、专项方案编制人员、项目专职安全生产管理人员；

⑤ 勘察、设计单位项目技术负责人及相关人员。

（5）专家论证的主要内容：

① 专项方案内容是否完整、可行；

② 专项施工方案计算书和验算依据、施工图是否符合有关标准规范；

③ 专项施工方案是否满足现场实际情况，并能够确保施工安全。

（6）专项方案经论证后，专家组应当提交论证报告，对论证的内容提出明确的意见，并在论证报告上签字。该报告作为专项方案修改完善的指导意见。

（7）施工单位应当根据论证报告修改完善专项方案，并经施工单位技术负责人、项目总监理工程师、建设单位项目负责人签字后，方可组织实施。

实行施工总承包的，应当由施工总承包单位、相关专业承包单位技术负责人签字。

高大模板支撑体系专项施工方案编制完成后，应先由施工单位技术部门组织本单位施工技术、安全、质量等部门的专业技术人员进行审核，经施工单位技术负责人签字后，再按照相关规定组织专家论证。专家应当从建设行政主管部门公布的专家库中选取。

三环路高架桥连续梁高支模方案、计算书及论证审批

施工单位应当根据专家论证意见（专家论证要点见表3-7）修改完善专项施工方案，并经施工单位技术负责人、项目总监理工程师、建设单位项目负责人签字后，方可组织实施。

表 3-7　专项施工方案专家论证要点

序号	论证项目	论证内容	论证意见	备注
1	专项施工方案内容的完整性	编制依据		
		工程概况		
		体系选择		
		设计方案		
		施工工艺		
		质量检查控制措施		
		施工安全保证措施		
		劳动力计划		
		计算书及相关图纸		
		应急救援方案		
2	主要材料参数取值的真实性	钢管直径和壁厚、扣件、底座、U形托是否符合实际情况		
		方木及面板参数取值是否符合实际情况		
3	支架基础检查	基础承载力情况		
		扫地杆设置情况		
		支架设在楼面结构上时，楼面结构承载力验算及加固情况		
4	构造措施的完备性和正确性	竖向剪刀撑设置情况		
		水平剪刀撑设置情况		
		立杆伸出顶层水平杆长度是否大于规范规定的最大值		
		立杆步距是否大于规范规定的最大值		
		支撑体系与主体结构墙柱拉结情况		
5	设计验算的正确性	模板的抗弯和变形验算		
		次龙骨和主龙骨的抗弯、抗剪和变形验算		
		连接扣件的抗滑验算		
		支架的稳定性验算		
		立杆地基的承载力验算		
6	设计图纸的完整性	支模区域立杆及纵、横水平杆平面布置图		
		支撑系统立面图和剖面图		
		水平剪刀撑布置平面图及竖向剪刀撑布置立面图		
		梁板支模大样图		
		支撑体系监测平面布置图		
		连墙件布置位置及节点大样图		

【典故】　　　　　　扁鹊论医

【古文】

魏文王问扁鹊曰:"子昆弟三人其孰最善为医?"

扁鹊曰:"长兄最善,中兄次之,扁鹊最为下。"

魏文侯曰:"可得闻邪?"

扁鹊曰:"长兄於病视神,未有形而除之,故名不出於家。中兄治病,其在毫毛,故名不出於闾。若扁鹊者,镵血脉,投毒药,副肌肤,闲而名出闻於诸侯。"

【译文】

魏文王问扁鹊:你们兄弟三人,都精医术,到底哪一位最好呢?

扁鹊答说:长兄最好,二哥次之,我最差。

魏文王再问:那么为什么你最出名呢?

扁鹊答说:

长兄治病于病情发作之前。一般人不知其能事先铲除病因,故名气无法传出去,只有我们家的人才知道(识别危害、主动预防事故)。

二哥治病于病情初起。一般人以为他只能治轻微小病,所以他的名气只有本乡邻里相知,无法声名远扬(险兆事件(苗头)"四不"放过)。

我治病于病情严重之时。别人都看到我在经脉上穿针引线、实施大手术,以为我医术高明,名气响遍全国(注重事故处理和应急处置)。

▶ 思考与拓展 ◀

1. 人体受到伤害的直接原因是接收到额外的致害能量,结合一个专业工种分析操作工人可能会受到哪些伤害?

2. 对比一下,编写单位工程施工组织设计、专项施工方案、施工技术措施之间有何区别与联系?

3. 何为"五大伤害"?选择其中之一进行致因分析,并编制相应的针对性防治措施。

4. 何为重大危险源?建筑施工中常见的重大危险源有哪些?

学习情境 4　施工过程中的隐患排查与治理

知识目标

熟悉施工前分层次、分级开展安全技术交底的具体要求；
熟悉开展安全检查的方式、方法和内容；
熟悉事故隐患致因分析的方法和内容；
掌握开展安全检查的工作程序；
掌握不同事故隐患防范与治理的对策。

职业技能目标

组织开展安全技术交底；
开展各种安全检查；
对检查发现的安全隐患进行如实记录并按照隐患严重程度逐级上报；
现场监督隐患的处理过程并进行验收确认。

情境引入

为了更好地将危险源控制方案落实到位，需要向方案实施的所有技术人员和作业人员进行技术交底，并在方案实施过程中跟踪进行必要的安全检查，排查安全隐患，并对查出的安全隐患立即进行治理和排除，从而杜绝事故的发生。

任务 4.1　安全技术交底

安全技术交底是安全技术措施实施的重要环节，施工现场应该对安全技术交底做出明确规定，制定相关制度，形成有效的监督机制。

4.1.1　安全技术交底的要求

（1）施工单位应建立安全技术交底制度，制度应对安全技术交底的种类与形式、技术交底时间、技术交底责任人、接收人、签字手续办理等内容做出具体规定。

(2) 安全技术交底应根据工程特点和要求分级、分层次进行：

① 专项施工项目及企业内部规定的重点施工工程开工前，企业的技术负责人应向参加施工的施工管理人员进行安全技术交底。

② 各分部分项工程、关键工序和专项方案实施前，项目技术负责人应当会同方案编制人员就方案的实施向施工管理人员进行技术交底，并提出方案中涉及的设施安装、验收的方法和标准。项目技术负责人和方案编制人员必须参与方案实施的验收和检查。

③ 总承包单位向分包单位进行安全技术措施交底，分包单位工程项目的安全技术人员向作业班组进行安全技术措施交底。

④ 施工管理人员及各工种管理人员应对新进场的工人实施作业人员工种交底。

⑤ 作业班组应对作业人员进行班前交底。

(3) 安全技术交底的内容应针对施工过程中潜在的危险因素，明确安全技术措施内容和作业程序要求。

(4) 危险等级为Ⅰ级、Ⅱ级的分部分项工程、机械设备及设施安装拆卸的施工作业，应单独进行安全技术交底。

(5) 对变更后经审核、批准的安全技术措施(方案)，施工项目部在实施前应当由项目技术负责人重新进行技术交底。

(6) 对变换工种(岗位)或休息半年后再次上岗的人员，施工项目部的项目技术人员应当对有关人员进行书面交底和现场演示交底。

(7) 安全技术交底应有书面记录，交底双方应履行签字手续，书面记录应由交底者、被交底者和安全管理者三方留存备查。

4.1.2 企业技术负责人进行安全技术交底的内容

(1) 工程概况，各项技术经济指标和要求。

(2) 主要施工方法，关键性的施工技术及实施中存在的问题。

(3) 特殊工程部位的技术处理细节及其注意事项。

(4) 新技术、新工艺、新材料、新结构的施工技术要求与实施方案及注意事项。

(5) 施工组织设计网络计划、进度要求、施工部署、施工机械、劳动力安排与组织。

(6) 总包与分包单位之间互相协作配合关系及有关问题的处理。

(7) 施工质量标准和安全技术。

总包单位项目技术负责人及项目工程技术人员应对分包单位(包括专业承包、劳务分包)的进场进行安全总交底。

安全技术交底应有总包单位、分包单位的项目负责人及安全负责人共同参加，双方签字认可。交底中必须有针对工程项目施工特点的安全技术交底内容。

4.1.3 项目技术负责人进行施工组织设计交底的内容

(1) 工程情况和项目地形、地貌、工程地质及各项技术经济指标。

(2) 设计图纸的具体要求、做法及其施工难度。

(3) 施工组织设计或施工方案的具体要求及其实施步骤与方法。

(4) 施工中具体做法,采用的工艺标准和企业工法及关键部位实施过程中可能遇到的问题与解决办法。

(5) 施工进度要求、工序衔接、施工部署与施工班组任务确定。

(6) 施工中所采用的主要施工机械型号、数量及其进场时间、作业程序安排等有关问题。

(7) 新工艺、新结构、新材料的有关操作规程、技术规定及其注意事项。

(8) 施工质量标准和安全技术具体措施及其注意事项。

项目技术负责人应在不同季节,根据项目施工不同阶段的安全技术要求进行季节性交底,包括冬季、雨季施工安全技术要求,现场住宿、食堂的安全规定等。

4.1.4 各作业班组长向各工种工人进行安全技术交底的内容

(1) 具体详尽地说明每一个作业班组负责施工的分部分项工程的具体技术要求和采用的施工工艺标准、企业内部工法。

(2) 各分部分项工程施工安全技术、质量标准。

(3) 现场安全检查和可能出现的安全隐患及预防措施、注意事项。

(4) 介绍以往同类工程的安全事故教训及应采取的具体安全对策。

各作业班组长除了在进入项目时向班组工人进行安全技术交底外,每天作业前要召开安全早会,应针对当天工作任务、作业条件和作业环境,就作业要求和施工中应注意事项向具体作业人员进行提示、交底和要求,并将参加交底人员名单和交底内容记录在班组活动中。

任务 4.2 安全生产检查

4.2.1 安全生产检查的目的

施工现场安全生产检查是指施工单位通过查思想、查管理、查制度、查隐患、查整改、查事故处理,对施工现场安全生产状况及贯彻落实国家安全生产有关法律法规、技术标准规范和上级主管部门文件的有关情况做出正确评价,及时发现事故隐患并予以消除所进行的一系列相关工作。

安全生产检查的目的在于消除事故隐患,防止事故发生,完善安全生产条件,提高职工安全生产意识。安全生产检查是对施工现场进行安全控制的重要手段,可以发现工程中的危险和有害因素,以便有计划、有目的地采取相应措施消除危险和有害因素,保证施工现场生产活动在安全的前提下顺利进行。

4.2.2 安全生产检查方式

施工现场安全生产检查可以分为定期检查、不定期检查、专业性检查、季节性检查、节假日检查和危险性较大作业检查。

(1) 定期检查。指根据施工现场有关安全生产规章制度,按照每日、每周、每旬、每月或其他确定的一个时间段对施工现场的安全生产情况进行的检查工作。

定期安全检查要求：班组安全检查应在每班的班前、班中和班后检查一次；项目部安全检查每周一次；公司（或集团公司的分支机构）安全检查每月一次；集团公司安全检查每季一次。

项目部每月要进行一次安全生产综合检查，并以检查通报的形式公布检查情况；专职安全生产管理人员每日要对施工现场安全生产情况进行巡查，并做好安全检查日志的记录。

(2) 不定期检查。指根据当时安全生产工作情况，针对某种倾向性问题进行的抽查或巡查。

(3) 专业性检查。指对易发生事故的设备、场所或操作工序，如模板支架、基坑边坡支护、临时用电、机械设备及机动车辆等组织有关专业技术人员或委托有关专业检查单位进行的安全生产检查。

(4) 季节性检查。指针对季节气候可能给施工安全和施工人员健康带来危害的特点而组织的安全检查。如夏季防暑降温、汛期防洪、防雷击、防触电、冬季防寒、防冻等检查。

(5) 节假日检查。指针对节假日期间人们普遍容易产生麻痹松懈思想的特点而进行的安全检查，以强化从业人员安全生产意识。

(6) 危险性较大作业检查。指针对诸如高处作业、电焊动火作业、爆破作业、起重设备安装拆卸与吊装作业及特殊情况下的带电作业等危险性较大的作业进行的专门的安全生产检查。

4.2.3　安全生产检查的内容

安全生产检查内容应根据施工生产的特点、法律法规、标准规范和企业规章制度的要求，以及安全生产检查的目的确定。概括起来，检查内容主要是查思想、查管理、查制度、查隐患、查整改、查事故处理等。

(1) 查思想。检查各级管理人员对安全生产的认识，对安全生产方针、政策、法令、规程的理解和贯彻情况。

(2) 查管理。检查安全管理工作的实施情况。如安全生产责任制等各项规章制度和档案是否健全，安全教育、安全技术措施、伤亡事故管理的实施情况。

(3) 查制度。检查安全生产制度如安全生产责任制度、安全教育制度、安全检查制度等的落实和执行情况。

(4) 查隐患。通过检查劳动条件、机械设备、安全卫生设施是否符合要求，以及检查职工在生产中是否存在不安全行为，从而发现事故隐患。

(5) 查整改。主要检查对已提出的安全问题、已发生的生产安全事故及已发现的安全隐患是否采取了安全技术、管理措施，以及整改的效果如何。

(6) 查事故处理。检查事故是否及时、如实报告、调查和处理；是否按照"四不放过"的原则处理；是否采取有效措施，以防止类似事故重复发生。

4.2.4　安全生产检查的方法

常用的安全生产检查方法有一般检查方法、安全检查表法和仪器检查法。

1. 一般检查方法

看:看现场环境和作业条件,看实物和实际操作,看记录和资料等。

听:听汇报、听介绍、听反映、听意见或批评、听机械设备的运转响声或承重物发出的声音等。

嗅:对挥发物、腐蚀物、有毒气体进行辨别。

问:对影响安全的问题,详细询问,寻根究底。

查:查明问题,查对数据,查清原因,追查责任。

验:进行必要的试验或检验。

析:分析安全事故的隐患、原因。

2. 安全检查表法

为使检查工作更加规范,尽量减少个人的行为对检查结果的影响,常采用安全检查表法。

安全检查表法是事先对系统加以剖析,列出各层次的不安全因素,确定检查项目,再把检查项目按系统的组成顺序编制成表,以便进行检查或评审。安全检查表法是进行安全检查的一个有效方法,通过事先拟定的安全检查明细表或清单,可以初步诊断、控制施工现场安全生产状态,发现、查明各种危险和隐患,监督各项安全生产规章制度的实施,及时制止违章行为。

建筑施工安全检查评分汇总表

安全检查表法通常包括检查项目、内容、存在问题、整改措施等,应列举需查明的所有可能导致事故的不安全因素,每个检查表均需注明检查时间、检查者、直接负责人等,以便分清责任。安全检查表的设计应做到系统、全面,检查项目应明确。

编制安全检查表的主要依据:

(1) 相关法律法规、标准规范。

(2) 国内外典型事故案例及本单位在安全管理及生产中的相关经验。

(3) 通过系统分析确定危险部位及防范措施。

《建筑施工安全检查标准》(JGJ 59—2011)中制定了适用于建筑行业的安全检查表。企业在实施安全检查工作时,可根据该标准,结合本单位的具体情况制定更具体并具有可操作性的检查表。

3. 仪器检查法

机器、设备内部的缺陷及作业环境条件的真实信息或定量数据,只有通过仪器检查法进行定量化的检验与测量,才能发现安全隐患,从而为后续整改提供信息。因此,必要时需实施仪器检查。由于被检查的对象不同,检查所用的仪器和手段也不同。

4.2.5 安全生产检查的工作程序

1. 安全检查准备

(1) 确定检查对象、目的、任务。

(2) 查阅、掌握相关法规、标准、规程的要求。

(3) 了解检查对象的工艺流程、生产情况、可能出现危险、危害的情况。

(4)制定检查计划,安排检查内容、方法、步骤。
(5)编写安全检查表或检查提纲。
(6)准备必要的检测工具、仪器、书写表格或记录本。
(7)挑选和训练检查人员并进行必要的分工等。

2. 实施安全检查

实施安全检查就是通过访谈、查阅文件和记录、现场观察、仪器测量的方式获取信息。
(1)访谈,通过与有关人员谈话来了解安全生产规章制度的执行情况。
(2)查阅文件和记录,检查安全管理制度、安全操作规程、安全措施等是否齐全、有效,查阅相应记录,判断上述文件是否被执行。
(3)现场观察,到作业现场寻找不安全因素、事故隐患、事故征兆等。
(4)仪器测量,利用一定的检测检验仪器设备,对在用的设施、设备、器材状况及作业环境条件等进行测量,以发现隐患。

3. 综合分析

经现场检查和数据分析后,检查人员应对检查情况进行综合分析,提出检查的结论和意见。一般来讲,企业自行组织的各类安全检查,应有安全管理部门会同有关部门对检查结果进行综合分析;上级主管部门或地方政府负有安全生产监督管理职责的部门组织的安全检查,由检查组统一研究得出检查意见或结论。

4. 结果反馈

现场检查和综合分析完成后,应将检查的结论和意见反馈至被检查对象。结果反馈形式可以是现场反馈,也可以是书面反馈。现场反馈的周期较短,可以及时将检查中发现的问题反馈至被检查对象。书面反馈的周期较长但比较正式,上级主管部门或地方政府负有安全生产监督管理职责的部门组织的安全检查,在作出正式结论和意见后,应通过书面反馈的形式将检查结论和意见反馈至被检查对象。

5. 提出整改要求

检查结束后,针对检查发现的问题,应根据问题性质的不同,提出相应的整改措施和要求。企业自行组织的安全检查,由安全管理部门会同有关部门,共同制定整改措施计划并组织实施;由上级主管部门或地方政府负有安全生产监督管理职责的部门组织的安全检查,检查组提出书面的整改要求后,企业组织相关部门制定整改措施计划。

6. 整改落实

对安全检查发现的问题和隐患,企业应制定整改计划,建立安全生产问题隐患台账,定期跟踪隐患的整改落实情况,确保隐患按要求整改完成,形成隐患整改的闭环管理。安全生产问题隐患台账应包括隐患分类、隐患描述、问题依据、整改要求、整改责任单位、整改期限等内容。

7. 信息反馈及持续改进

企业自行组织的安全检查,在整改措施计划完成后,安全管理部门应组织有关人员进行验收。对于上级主管部门或地方政府负有安全生产监督管理职责的部门组织的安全检查,在整改措施完成后,应及时上报整改完成情况,申请复查或验收。

对安全检查中经常发现的问题或反复发现的问题,企业应从规章制度的健全和完善、从业人员的安全教育培训、设备系统的更新改造、加强现场检查和监督等环节入手,做到持续改进,不断提高安全生产管理水平,防范生产安全事故的发生。

4.2.6 施工安全检查日志

施工安全检查日志是施工现场安全资料的主要内容之一。

施工安全检查日志是专职安全生产管理人员从工程开始到工程竣工,坚持不懈地记载施工过程中每天发生的与施工安全有关事件的详实记录,是工程项目安全施工的真实写照。施工安全检查日志在整个工程档案中具有非常重要的位置(见表4-1)。

表4-1 施工安全检查日志范本

×××建筑工程公司项目部安全检查日志

天气：　　　　　　　　　　　　　　　　　　年　　月　　日　　星期

当日施工情况	
安全检查记录	
存在问题	
整改措施	
整改反馈	
检查人签字	项目经理签字

专职安全管理人员应每日进行安全巡查,发现事故隐患及时记录,督促限期整改。记好施工安全检查日志是安全员的一项重要职责。

1. 施工安全检查日志填写的内容

(1) 基本内容包括日期、星期、天气的填写。

(2) 施工情况包括施工的分项名称、层段位置、工作班组、工作人数及进度情况。

(3) 安全检查记录包括:

① 巡检(发现安全事故隐患、违章指挥、违章操作等)情况;

② 设施用品进场记录(数量、产地、标号、牌号、合格证份数等);

③ 设施验收情况;

④ 设备设施、施工用电、"三宝、四口"防护情况;

⑤ 作业人员劳动保护用品使用、施工现场安全设施、安全警示标志设置、危险物品使用的检查情况;

⑥ 义务消防活动和消防设施维护、保养情况。

(4) 存在问题

① 现场管理人员违章指挥，作业人员违规施工，机械设备违规操作，以及高空作业、深基坑施工、临时用电等安全隐患；

② 上岗时发现的违纪情况。

(5) 整改措施

填写整改通知书，按"三定"（定人、定期限、定措施）的原则整改，并复查、销项。

(6) 整改反馈

① 责任制落实情况和安全技术、安全培训教育及执行情况；

② 安全隐患的处理、复查情况，重点、难点问题的汇报情况；

③ 上级安全检查的内容和落实整改的情况；

④ 凡未及时得到整改的隐患，必须及时向领导反映（附书面报告），由领导解决；

⑤ 对违规违章的相关作业人员、现场管理人员的处罚情况。

2. 施工安全检查日志的填写要求及注意事项

施工安全检查日志填写应抓住事情的关键内容。例如：发生了什么事；事情的严重程度；何时发生的；谁做的；谁带领谁干的；谁说的；说什么了；谁决定的；决定了什么；在什么地方（或部位）发生的；要求做什么；要求做多少；要求何时完成；要求谁来完成；怎么做；已经做了多少；做得合格不合格等。

任务 4.3　隐患排查与治理

安全生产事故发生后，必须根据"四不放过"原则开展事故的致因分析，以便吸取深刻的经验教训。但事故一旦发生即是不可挽回或逆转的，杜绝事故发生才是安全生产管理的重点。一般将可能导致人身伤害或者重大生产安全事件的意外变故或者灾害的危险源称之为隐患，即生产中潜藏着的祸患。事故后分析以吸取事故经验教训的被动控制，转变为加强安全生产检查以排查事故隐患的主动控制，这才是现代施工安全生产管理的新理念。

4.3.1　事故原因分析

现代事故因果连锁理论把考察的范围局限在企业内部，用以指导企业的安全工作。实际上，工业伤害事故发生的原因是很复杂的，一个国家、地区的政治、经济、文化、科技发展水平等诸多社会因素，对伤害事故的发生和预防有着重要的影响不仅局限在企业内部。

1. 基本原因

事故的基本原因应该包括3个方面：

(1) 管理原因。企业领导者不够重视安全，作业标准不明确，维修保养制度方面的缺陷，人员安排不当，职工积极性不高等管理上的缺陷。

(2) 学校教育原因。小学、中学、大学等教育机构的安全教育不充分。

(3) 社会或历史原因。社会安全观念落后,安全法规或安全管理、监督机构不完备等。

2. 间接原因

间接原因包括 4 个方面：

(1) 技术原因。机械、装置、建筑物等的设计、建造、维护等技术方面的缺陷。

(2) 教育原因。由于缺乏安全知识及操作经验,不知道、轻视操作过程中的危险性和安全操作方法,或操作不熟练、习惯操作等。

(3) 身体原因。身体状态不佳,如头痛、昏迷、癫痫等疾病,或近视、耳聋等生理缺陷,或疲劳、睡眠不足等。

(4) 精神原因。消极、抵触、不满等不良态度,焦躁、紧张、恐惧、偏激等精神不安定,狭隘、顽固等不良性格,以及智力方面的障碍。

在上述的 4 种间接原因中,前面两种原因比较普遍,后面两种原因较少出现。但这些基本原因和间接原因中的个别因素已经超出了企业安全工作,甚至安全学科的研究范围。充分认识这些原因因素,综合利用可能的科学技术、管理手段,改善或消除基本原因、间接原因因素,才可能从根本上达到预防伤害事故的目的。

4.3.2 安全隐患排查与报告

生产过程中进行检查验收时,需要与标准对照,统计不符合的结果将之归结为偏差。当偏差超出了允许的范围,达到制度所不能容许的程度,即产生了危机,说明安全生产管理已经偏移了正常的程序。

1. 施工现场常见安全隐患的形式

(1) 人的不安全行为

能造成事故的人为错误称之为人的不安全行为,也泛指人为地使系统发生故障或发生性能不良的事件,实际中常见的是违背设计和操作规程的错误行为。常见的有以下多种形式：

① 操作失误、忽视安全、忽视警告;

② 造成安全装置失效;

③ 使用不安全设备;

④ 手代替工具操作;

⑤ 物体存放不当;

⑥ 冒险进入危险场所;

⑦ 攀坐不安全位置;

⑧ 在起吊物下作业、停留;

⑨ 在机器运转时进行检查、维修、保养;

⑩ 有分散注意力的行为;

⑪ 未正确使用个人防护用品、用具;

⑫ 不安全装束;

⑬ 对易燃易爆等危险物品处理错误。

(2) 物的不安全状态

物的不安全状态是指能导致事故发生的物的不安全条件,泛指设备、设施及防护装置等存在欠缺或不够完备的状态。常见的类型可以归纳为:

① 设备和装置的结构不良,强度不够,零部件磨损和老化;

② 工作环境面积偏小或工作场所有其他缺陷;

③ 物质的堆放和整理不当;

④ 外部的、自然的不安全状态,危险物与有害物的存在;

⑤ 安全防护装置失灵;

⑥ 劳动保护用品(具)缺乏或有缺陷;

⑦ 作业方法不安全;

⑧ 工作环境,如照明、温度、噪声、振动、颜色和通风等条件不良。

2. 隐患报告

专职安全管理人员在现场履职开展安全管理实际工作中,分别对照公司制定的技术标准、工作标准和管理标准会形成日检查报表、周检查报表、月检查报表和专项检查报表,日常工作中的检查报表还有很多表现形式,如安全活动日、月的总结报告,还有安全专项检查汇报会议纪要等。

(1) 对于满足公司标准规定或偏离很小的检查项目,均视为符合,说明安全工作处于正常状态可以继续执行计划。

(2) 对于偏差较大、严重违反规范和制度规定的事件,即存在安全隐患。

(3) 对排查出的事故隐患,应当按照事故隐患的等级进行登记,建立事故隐患信息档案,按照职责分工实施监控治理,并向从业人员通报。

(4) 施工企业应当建立事故隐患报告和举报奖励制度,鼓励职工发现和排除事故隐患,鼓励社会公众举报。对发现、排除和举报事故隐患的有功人员,应当给予物质奖励和表彰。

(5) 针对政府监督管理部门不定期检查的问题,企业必须举一反三开展普查,对项目施工进行安全隐患排查与治理,并据实向政府监管部门反馈,具体详见表4-2。

表4-2 建筑施工事故企业安全隐患排查治理情况报告表

企业名称:			
事故项目:		事故发生时间:	年 月 日
企业报告承诺			
我公司依据省相关规定,承诺履行企业主体责任,本月对在_____市(省)所有项目进行全面隐患排查治理,现将相关情况报告。如有不实,我公司自愿接受建设工程监管部门相关行政处罚和市场准入限制。 公司(盖章)　主要负责人(签字) 　　　　　　　　　　　年　月　日			

（续表）

项目名称：		项目地址：	
项目经理及电话：		安监机构：	
项目隐患（实体隐患附照片）	整改情况（整改完成照片）		完成时间

填报人：　　　　　　　　　审核人：　　　　　　　　　日期：

▶ 4.3.3　隐患的致因分析

1. 根据标准开展致因分析

按照《生产过程危险和有害因素分类与代码》(GB/T 13861—2022)，导致事故的因素可以归纳为人的因素、物的因素、环境因素、管理因素。

(1) 人的因素

个人的不安全因素和违背安全要求的错误行为能够使系统发生故障或发生性能不良。包括人员的心理、生理、能力中所具有不能适应工作、作业岗位要求的影响安全的因素。

1) 心理上的不安全因素有影响安全的性格、气质和情绪（如急躁、懒散、粗心等）。

2) 生理上的不安全因素大致有 5 个方面：

① 视觉、听觉等感觉器官不能适应作业岗位要求的因素；

② 体能不能适应作业岗位要求的因素；

③ 年龄不能适应作业岗位要求的因素；

④ 有不适合作业岗位要求的疾病；

⑤ 疲劳和酒醉或感觉朦胧。

3) 能力上的不安全因素包括知识技能、应变能力、资格等不能适应工作和作业岗位要求的影响因素。

(2) 物的不安全状态

物的不安全状态是指能导致事故发生的物质条件，包括机械设备或环境所存在的不安全因素。物的不安全状态可以归纳为：

① 物本身存在的缺陷；

② 防护保险方面的缺陷；

③ 物的放置方法的缺陷；

④ 作业环境场所的缺陷；

⑤ 外部的和自然界的不安全状态；

⑥ 作业方法导致的物的不安全状态；

⑦ 保护器具信号、标志和个体防护用品的缺陷。

(3) 组织管理上的不安全因素

组织管理上的缺陷,也是事故潜在的不安全因素,作为间接的原因共有以下方面:

① 技术上的缺陷;

② 教育上的缺陷;

③ 管理工作上的缺陷;

④ 学校教育和社会、历史上的原因造成的缺陷。

(4) 环境因素

包括室内、室外、地上、地下(如隧道、矿井)、水上、水下等作业(施工)环境。

① 室内作业场所环境不良,如:地面滑、作业场所狭窄、作业场所杂乱、地面不平、梯架缺陷、开口缺陷、安全通道缺陷、安全出口缺陷、空气不良、地基下沉等;

② 室外作业场地环境不良,如恶劣气候与环境、场地和交通设施湿滑、作业场地狭窄杂乱、场地不平及设施缺陷等;

③ 地下(含水下)作业环境不良;

④ 其他作业环境不良。

2. 生产组织过程中危险因素

生产组织过程中隐患,一般从生产工艺过程、劳动过程和生产环境三个方面开展分析,具体如图 4-1 所示。

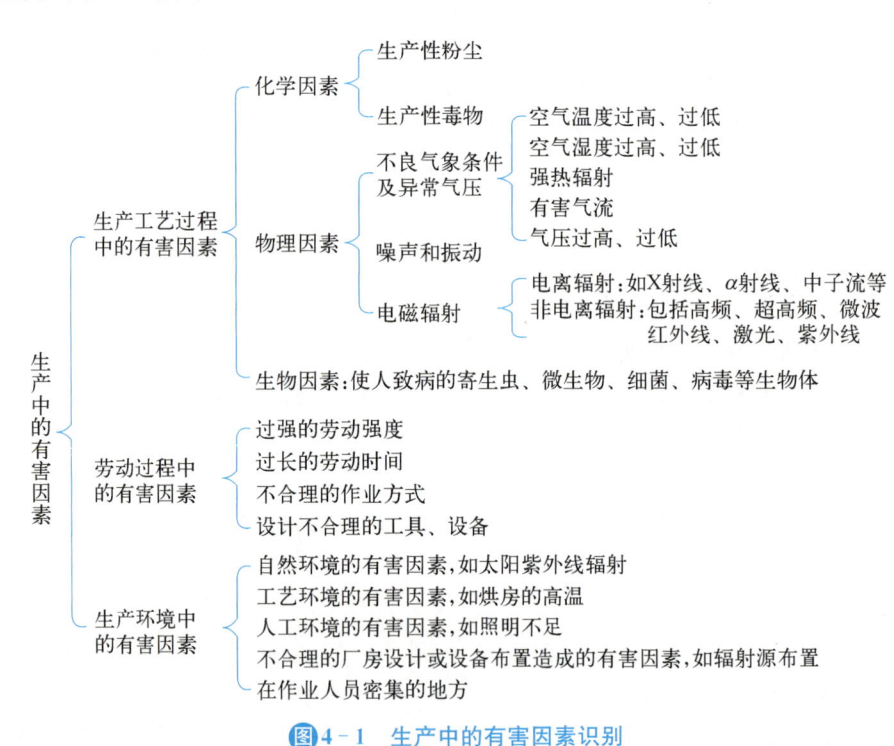

```
                                      ┌─ 生产性粉尘
                         ┌─ 化学因素 ─┤
                         │            └─ 生产性毒物
                         │            ┌─ 空气温度过高、过低
                         │            │  空气湿度过高、过低
                         │            │  强热辐射
              ┌─生产工艺过程 ─ 物理因素 ─┤  有害气流
              │  中的有害因素           │  气压过高、过低
              │            │            │  噪声和振动
              │            │            │            ┌─ 电离辐射:如X射线、α射线、中子流等
              │            │            └─ 电磁辐射 ─┤ 非电离辐射:包括高频、超高频、微波
              │            │                         └  红外线、激光、紫外线
              │            └─ 生物因素:使人致病的寄生虫、微生物、细菌、病毒等生物体
生产中的有害因素 ┤
              │            ┌─ 过强的劳动强度
              ├─劳动过程中 ─┤ 过长的劳动时间
              │  的有害因素 │ 不合理的作业方式
              │            └─ 设计不合理的工具、设备
              │            ┌─ 自然环境的有害因素,如太阳紫外线辐射
              │            │  工艺环境的有害因素,如烘房的高温
              └─生产环境中 ─┤  人工环境的有害因素,如照明不足
                 的有害因素 │  不合理的厂房设计或设备布置造成的有害因素,如辐射源布置
                          └  在作业人员密集的地方
```

图 4-1 生产中的有害因素识别

3. 职业病及其危害因素

职业病是指企业、事业单位和个体经济组织的劳动者在职业活动中,因接触粉尘、放射性物质和其他有毒、有害物质等因素而引起的疾病。目前的职业病目录为 10 类 132

种,具体分布如下:

(1) **粉尘类**。职业性尘肺病及其他呼吸系统疾病:矽肺、煤工尘肺、炭黑尘肺、滑石尘肺、电焊工尘肺等19种。

(2) **放射性物质类**。职业性放射性疾病、外照射急性放射疾病、内照射放射病等11种。

(3) **化学物质类**。职业化学中毒:汞及其化合物中毒、锰及其化合物中毒、氨中毒、氯气中毒、氮氧化物中毒、苯中毒、四氯化碳中毒等60种。

(4) **物理因素**。所致职业病:中暑、减压病、高原病、航空病手臂震动病等7种。

(5) **生物因素**。职业性传染病:炭疽、森林脑炎、布式杆菌病等5种。

(6) **导致职业性皮肤病的危害因素**。职业性皮肤病:接触性皮炎、光敏性皮炎、溃疡、化学性皮肤灼伤等9种。

(7) **导致职业性眼病的危害因素**。职业性眼病:化学性眼部灼伤,电光性眼炎、职业性白内障等3种。

(8) **导致职业性耳鼻喉口腔疾病的危害因素**。职业性耳鼻喉口腔疾病:噪声聋、铬鼻病、牙酸蚀病等4种。

(9) **导致职业性肿瘤的职业病危害因素**。职业性肿瘤:石棉所致肺癌、苯所致白血病等11种。

(10) **其他职业病危害因素**。其他职业病;金属烟热、滑囊炎(限于井下工人)等3种。

4. 综合分析

(1) **错误的思想观念**

人的思想意识支配人的心理动机,心理动机又决定人的操作行为。安全思想意识淡薄和心理方面有不安全行为的人,会直接或间接地产生事故的错误动作,表现在行动上的特点是:不按客观规律办事,不按规程措施施工。对领导和管理者而言,是不按上级规定作出错误指令;对操作者来说,是不按规程措施作业的违章现象。

常见的错误的思想观念:

① 事故不会发生在我头上;

② 事故不会发生在这里;

③ 安全是个负担多此一举;

④ 安全是安全人员的事与我无关;

⑤ 不值得为安全花那么大的工夫;

⑥ 没必要在安全方面花那么多钱;

⑦ 有些事故是不可避免的。

(2) **人的不安全行为**

人的不安全行为是指能造成事故的人为错误,是人为地使系统发生故障或发生性能不良的事件,是违背设计和操作规程的错误行为。表4-3表达的是不安全行为的主要表现及原因分析。

表 4-3　生产中人的不安全行为主要表现

序号	不安全行为的表现形式	原因分析	行为特征
1	想做好，做不好	个人无执行能力	执行能力差
2	能做好，没做好	因心理、精神、身体和环境因素导致的疏忽、失误	错误的行为
3	能做好，不好好做	省能心理、侥幸心理、逆反心理、凑兴心理下的明知故犯	非理智行为

表 4-4 是杜邦经验，说明，绝大部分安全伤害事故不是由生产条件和设备导致的，而是由人的不安全行为造成的。

表 4-4　人的不安全行为造成伤害统计表

与不安全行为有关的因素	不使用个人防护装备	人的反应	工具和设备使用不当	人的位置	不遵守操作规程和工作秩序	总数合计
所占百分比	12%	14%	28%	30%	12%	96%

（3）施工管理中查找缺陷

① 技术缺陷或工艺流程及操作程序有问题；
② 对操作者缺乏必要的培训教育；
③ 劳动组织不合理；
④ 对现场缺乏检查和指导；
⑤ 没有安全操作规程或规程不健全；
⑥ 隐患整改不及时，事故防范措施不落实。

4.3.4　事故隐患的治理

在安全管理中，如果存在安全隐患会产生意外变故，就可能导致从业人员的人身伤害或财产损失。根据缺陷的严重程度，生产安全事故隐患分为一般事故隐患和重大事故隐患两类。

一般事故隐患，是指危害程度和整改难度较小，发现后能够立即整改排除的隐患；重大事故隐患，是指危害程度和整改难度较大，应当全部或者局部停产停业，并经过一定时间整改治理方能排除的隐患。例如，因外部因素影响致使生产经营单位自身难以排出的隐患，就属于是重大事故隐患。

（1）对于一般事故隐患，应当由项目部负责人或者有关人员立即组织整改。
（2）对于重大事故隐患，由企业主要负责人组织制定并实施事故隐患治理方案。重大事故隐患治理方案应当包括以下内容：

① 治理的目标和任务；
② 采取的方法和措施；
③ 经费和物资的落实；
④ 负责治理的机构和人员；

⑤ 治理的时限和要求;
⑥ 安全措施和应急预案。

(3) 对查出的安全隐患,不能立即整改的,要制定整改计划,应定人、定措施、定经费、定完成日期组织整改,事故隐患应按照"登记—整改—复查—销案"的程序处理。

(4) 在事故隐患治理过程中,应当采取相应的安全防范措施,防止事故发生。事故隐患排除前或者排除过程中无法保证安全的,应当从危险区域内撤出作业人员,并疏散可能危及的其他人员,设置警戒标志,暂时停产停业或者停止使用;对暂时难以停产或者停止使用的相关生产储存装置、设施、设备,应当加强维护和保养,防止事故发生。

(5) 对于因自然灾害可能导致事故灾难的隐患,应当按照有关法律法规和标准规范的要求排查治理,采取可靠的预防措施,制定应急预案。在接到有关自然灾害预报时,应当及时向下属单位发出预警通知;发生自然灾害可能危及生产经营单位和人员安全的情况时,应当采取撤离人员、停止作业、加强监测等安全措施,并及时向当地人民政府及其有关部门报告。

【典故】 "防患未萌"司马相如《上书谏猎》

【古文】
盖明者远见于未萌,而知者避危于无形。祸固多藏于隐微而发于人之所忽者也。

【译文】
聪明的人在(事情)还没有萌发的时候便能预见到,智慧的人在危险还未露头时就能避开它。灾祸本来就多藏在细微隐蔽之处,而暴发在人们忽视它的时候。

【启示】
这是先哲对安全充满睿智的思考和鞭辟入理的阐述,启迪我们在做事时要注重细节,通过事物微小的变化在事情发生之前思考应对方法,规避风险,以避免受到损失或伤害。

▶ 思考与拓展 ◀

1. 结合现场实习或工作的不同施工阶段,撰写一份安全技术交底。
2. 作为一个项目专职安全员,选定一个分部工程施工阶段,拟订一份日常巡视检查计划表。
3. 主体结构施工阶段,选定一个操作工种,撰写一份班前安全技术交底PPT。
4. 日常进行安全检查时排查出的安全隐患是如何进行处理的?

学习情境 5　事故后的处理与应急管理

知识目标

了解事故等级划分依据的主要因素；
了解事故报告的时限、程序和内容；
了解事故调查与处理的法律规定；
熟悉事故后应急抢救与响应的主要内容；
熟悉施工安全生产事故应急救援队伍建设、物资准备、预案演练与预案编审等内容；
掌握事故责任追究与责任人承担的行政和刑事责任。

职业技能目标

事故后积极做出有效及高效的应急响应，将事故损失降到最低程度；
接受事故警示教育，吸取事故带来的经验教训，筑牢"我要安全、我能安全"的思想理念。

情境引入

依据《中华人民共和国安全生产法》和《生产安全事故报告和调查处理条例》的规定要求，不同等级事故分别采取对应的报告、应急响应、调查和处理，同时对责任人的责任追究也不同。

任务 5.1　生产安全事故等级划分

5.1.1　伤害事故的类别

根据《企业职工伤亡事故分类》(GB 6441—1986)规定，按照事故造成的伤害程度区分为轻伤、重伤和死亡；根据致因性质，房屋建筑主要易发的事故是物体打击、车辆伤害、机械伤害、起重伤害、触电、淹溺、火灾、高处坠落、坍塌、冒顶片帮、透水、爆炸、放炮、中毒和窒息。

根据多年来房屋建筑施工中发生的伤害事故统计，其中高处坠落(45%)、物体打击、坍塌、起重伤害占事故总数的85%,另外火灾、机械伤害和触电也时有发生,这就是常说的"七大"伤害。

5.1.2 生产安全事故的等级

1. 生产安全事故的等级划分标准

《生产安全事故报告和调查处理条例》规定,生产安全事故划分为一般事故、较大事故、重大事故、特别重大事故四个等级,表5-1是对事故等级划分的具体标准。

表5-1 生产安全事故的等级

事故类别	死亡人数	重伤人数	财产损失
一般事故	3 人以下	10 人以下	1 000 万以下
较大事故	3 人以上 10 人以下	10 人以上 50 人以下	1 000 万以上 5 000 万以下
重大事故	10 人以上 30 人以下	50 人以上 100 人以下	5 000 万以上 1 亿元以下
特别重大事故	30 人以上	100 人以上	1 亿元以上

注:表中的"以上"包括本数,"以下"不包括本数。

2. 事故等级划分的依据

从表5-1中可以看出,事故的等级主要是依据人身、经济和社会3个要素进行划分的,三个要素可以单独适用。

(1)人身要素就是人员伤亡的数量。施工生产安全事故危害的最严重后果,就是造成人员的死亡和重伤。因此,人员伤亡数量被列为事故分级的第一要素。

(2)经济要素就是直接经济损失的数额。施工生产安全事故不仅会造成人员伤亡,往往还会造成直接经济损失。因此,要保护国家、单位和人民群众的财产权,还应根据造成直接经济损失的多少来划分事故等级。

(3)社会要素就是社会影响。在实践中,有些生产安全事故的伤亡人数、直接经济损失数额虽然达不到法定标准,但是造成了恶劣的社会影响、政治影响和国际影响,也应当列为特殊事故进行调查处理。例如,事故严重影响周边单位和居民正常的生产生活,社会反应强烈;造成较大的国际影响;对公众健康构成潜在的威胁等。对此,《生产安全事故报告和调查处理条例》规定,没有造成人员伤亡,但是社会影响恶劣的事故,国务院或者有关地方人民政府认为需要调查处理的,依照本条例的有关规定执行。

3. 事故等级划分的补充性规定

《生产安全事故报告和调查处理条例》规定,国务院安全生产监督管理部门可以会同国务院有关部门,制定事故等级划分的补充性规定。

5.1.3 建筑安全事故造成的损失

建筑安全事故造成的损失可以归结为两部分:一是建筑企业的财务损失,二是社会损失。研究表明,大部分承包商的财务损失同时也是社会损失,但不是全部。同时还存在一些不是由建筑企业承担但却属于社会损失的经济损失。

1. 财物损失

建筑企业的财务损失由以下几部分组成:

(1) 承包商对事故中受伤人员的赔偿,包括误工费和伤残补助等。

(2) 受伤人员复工以后的工作效率损失。

(3) 医疗费用。

(4) 行政罚款和诉讼费用。

(5) 因事故造成的其他人员的误工损失(这些人员包括安全员、工地代表、工地工程师、消防人员及相关的工作人员)。

(6) 机器设备的损失。

(7) 因事故导致的机器设备的闲置成本。

(8) 其他损失。

2. 社会损失

社会损失就是因为安全事故而需要消耗的社会财富和资源,其组成如下:

(1) 受伤人员的误工损失(与受伤人员得到的赔偿不同,这是指受伤人员在因伤误工期间可以为社会创造的财富)。

(2) 受伤人员复工以后的工作效率损失。

(3) 医疗救治及伤员的康复费用。

(4) 诉讼费用。

(5) 事故造成的其他人员的误工损失(这些人员包括安全员、工地代表、工地工程师、消防人员及相关的工作人员)。

(6) 机器设备的损失。

(7) 原材料及已完工程的损失。

(8) 因事故导致的机器设备的闲置成本。

(9) 受伤人员亲友的损失,受伤人员亲友需要对受伤人员进行照顾,其劳动时间本来可以为社会创造财富。

(10) 其他社会部门承担的损失,主要是与建筑安全事故有关的政府部门,如消防、社会福利部、法院等。

3. 社会影响

(1) 对实际的状况的调查研究发现,发生事故后大部分的事故损失并非由企业承担,而是员工和其家庭以及社会共同承担。

但是这种损失的转移,使事故的成本不进入企业的利润损失核算中,这样就会造成企业决策者对建筑安全投资的决策时,仅仅依据利润最大化原则指导下进行,如果政府不加干预,建筑企业建筑安全投入的积极性是有限的,并常常处于亏欠的状态。

(2) 法律赋予政府的监管职能,是加强对企业某些关键行为的约束,达到建筑安全系统的功能与社会经济水平的统一,在有限的经济和科技能力的状况下,获得尽可能大的建筑安全性,尽可能地提高建筑安全投资的巨大的社会效益和潜在的经济效益。

安全事故造成投资成本的无效增加,不仅浪费了大量的社会资源,而且也成为建筑业长期亏损的主要原因之一,严重影响了建筑业的可持续发展。引起建筑损失增加的根本原因是建筑事故的多发。

任务 5.2 施工生产安全事故报告与应急响应

《建筑法》规定,施工中发生事故时,建筑施工企业应当采取紧急措施减少人员伤亡和事故损失,并按照国家有关规定及时向有关部门报告。

5.2.1 施工生产安全事故报告

《安全生产法》第八十三条规定,生产经营单位发生生产安全事故后,事故现场有关人员应当立即报告本单位负责人。单位负责人接到事故报告后,应当迅速采取有效措施,组织抢救,防止事故扩大,减少人员伤亡和财产损失,并按照国家有关规定立即如实报告当地负有安全生产监督管理职责的部门,不得隐瞒不报、谎报或者迟报,不得故意破坏事故现场、毁灭有关证据。

1. 事故报告的时间及程序

图 5-1 表述的是不同事故等级的报告时间及程序,图中相关规定详细说明如下:

(1)《生产安全事故报告和调查处理条例》规定,事故发生后,事故现场有关人员应当立即向本单位负责人报告;单位负责人接到报告后,应当于 1 小时内向事故发生地县级以上人民政府安全生产监督管理部门和负有安全生产监督管理职责的有关部门报告。情况紧急时,事故现场有关人员可以直接向事故发生地县级以上人民政府安全生产监督管理部门和负有安全生产监督管理职责的有关部门报告;

(2)事故现场,是指事故具体发生地点及事故能够影响和波及的区域,以及该区域内的物品、痕迹等所处的状态;

(3)有关人员,主要是指事故发生单位在事故现场的有关工作人员,可以是事故的负伤者,或者是在事故现场的其他工作人员;

(4)立即报告,是指在事故发生后的第一时间用最快捷的报告方式进行报告;

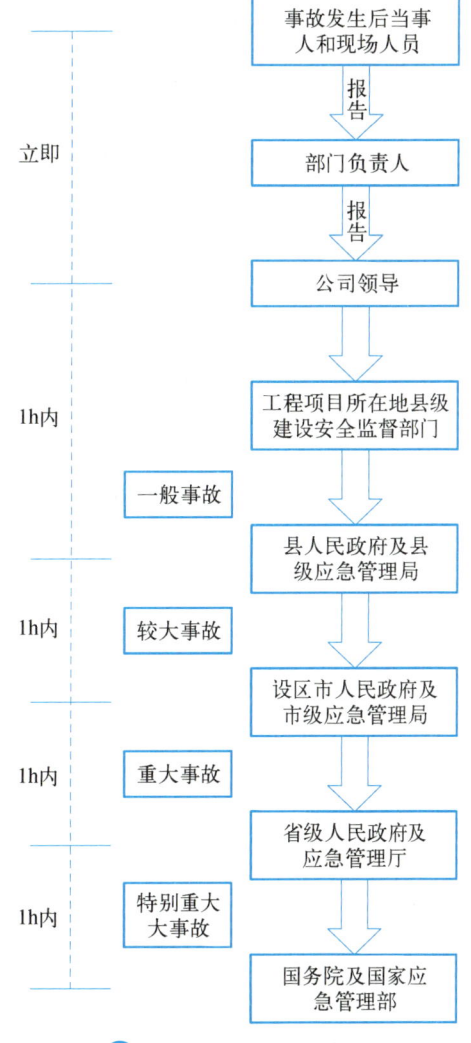

图 5-1 事故逐级报告的程序与时间

(5) 单位负责人,可以是事故发生单位的主要负责人,也可以是事故发生单位主要负责人以外的其他分管安全生产工作的副职领导或其他负责人。

在一般情况下,事故现场有关人员应当先向本单位负责人报告事故。但是,事故是人命关天的大事,在情况紧急时允许事故现场有关人员直接向安全生产监督管理部门和负有安全生产监督管理职责的有关部门报告。事故报告应当及时、准确、完整。任何单位和个人对事故不得迟报、漏报、谎报或者瞒报。

2. 事故报告的内容

《生产安全事故报告和调查处理条例》规定,报告事故应当包括下列内容:

(1) 事故发生单位概况,应当包括单位的全称、所处地理位置、所有制形式和隶属关系、生产经营范围和规模、持有各类证照情况、单位负责人基本情况以及近期生产经营状况等。该部分内容应以全面、简洁为原则。

(2) 事故发生的时间、地点以及事故现场情况。

报告事故发生的时间应当具体;报告事故发生的地点要准确,除事故发生的中心地点外,还应当报告事故所波及的区域;报告事故现场的情况应当全面,包括现场的总体情况、人员伤亡情况和设备设施的毁损情况,以及事故发生前后的现场情况,便于比较分析事故原因。

(3) 事故的简要经过。

(4) 事故已经造成或者可能造成的伤亡人数(包括下落不明的人数)和初步估计的直接经济损失。

对于人员伤亡情况的报告,应当遵守实事求是的原则,不作无根据的猜测,更不能隐瞒实际伤亡人数。对直接经济损失的初步估算,主要指事故所导致的建筑物毁损、生产设备设施和仪器仪表损坏等。

(5) 已经采取的措施,主要是指事故现场有关人员、事故单位负责人以及已经接到事故报告的安全生产管理部门等,为减少损失、防止事故扩大和便于事故调查所采取的应急救援和现场保护等具体措施。

(6) 其他应当报告的情况,则应根据实际情况而定。如较大以上事故,还应当报告事故所造成的社会影响、政府有关领导和部门现场指挥等有关情况。

3. 事故补报的要求

《生产安全事故报告和调查处理条例》规定,事故报告后出现新情况的,应当及时补报。

自事故发生之日起 30 日内,事故造成的伤亡人数发生变化的,应当及时补报。道路交通事故、火灾事故自发生之日起 7 日内,事故造成的伤亡人数发生变化的,应当及时补报。

5.2.2 发生施工生产安全事故后应急响应

《安全生产法》第五十条规定,生产经营单位发生生产安全事故时,单位的主要负责人应当立即组织抢救,并不得在事故调查处理期间擅离职守。

1. 组织应急抢救工作

《生产安全事故报告和调查处理条例》规定,事故发生单位负责人接到事故报告后,应当立即启动事故相应应急预案,或者采取有效措施,组织抢救,防止事故扩大,减少人员伤亡和财产损失。

图5-2是现场负责人与单位负责人在事故发生后紧急启动了的两级应急响应程序。当发生事故等级达到较大事故及以上时,或者企业应急预案不能有效应对事故现场及周边事态的应急救援任务时,事故逐级向上报告后即时启动县级、设区的市级、省级、国家级的应急预案。

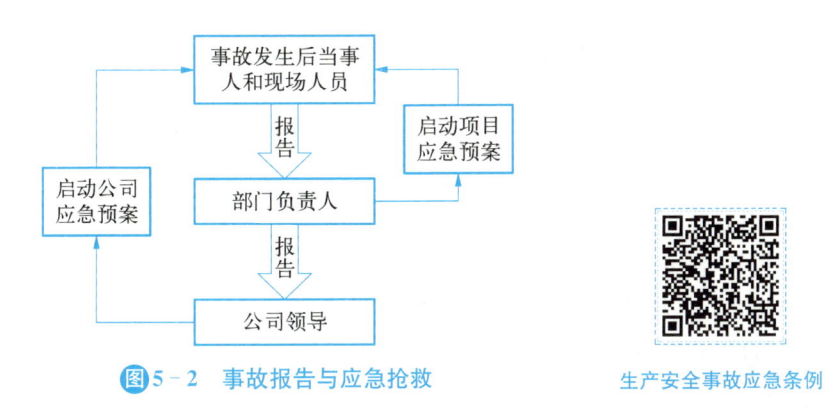

图5-2 事故报告与应急抢救

生产安全事故应急条例

2. 紧急疏散

对于坍塌事故等可能对周边群众和环境产生危害的事故,施工单位应当在向有关部门报告的同时,及时向可能受到影响的单位、职工、群众发出预警信息,标明危险区域,组织、协助应急救援队伍救助受害人员,疏散、撤离、安置受到威胁的人员,并采取必要措施防止发生次生、衍生事故。图5-3列明了紧急疏散的程序步骤。

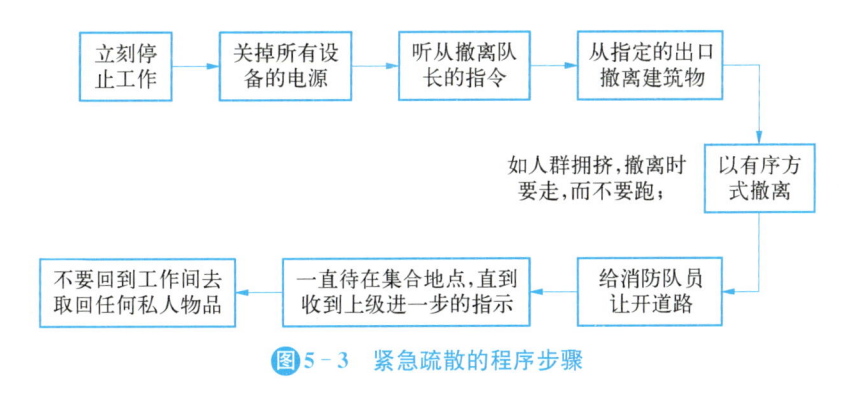

图5-3 紧急疏散的程序步骤

3. 妥善保护事故现场

《建设工程安全生产管理条例》进一步规定,发生生产安全事故后,施工单位应当采取措施防止事故扩大,保护事故现场。需要移动现场物品时,应当做出标记和书面记录,妥善保管有关证物。

《生产安全事故报告和调查处理条例》规定,事故发生后,有关单位和人员应当妥善保护事故现场以及相关证据,任何单位和个人不得破坏事故现场、毁灭相关证据。因抢救人员、防止事故扩大以及疏通交通等原因,需要移动事故现场物件的,应当做出标志,绘制现场简图并做出书面记录,妥善保存现场重要痕迹、物证。

事故现场是追溯判断发生事故原因和事故责任人责任的客观物质基础。从事故发生到事故调查组赶赴现场,往往需要一段时间,而在这段时间里,许多外界因素,如对伤员救护、险情控制、周围群众围观等都会给事故现场造成不同程度的破坏,甚至还有故意破坏事故现场的情况。如果事故现场保护不好,一些与事故有关的证据难于找到,将直接影响到事故现场的勘查,不便于查明事故原因,从而影响事故调查处理的进度和质量。

保护事故现场,就是要根据事故现场的具体情况和周围环境,划定保护区范围,布置警戒,必要时将事故现场封锁起来,维持现场的原始状态,既不要减少任何痕迹、物品,也不能增加任何痕迹、物品。即使是保护现场的人员,也不要无故进入,更不能擅自进行勘查,或者随意触摸、移动事故现场的任何物品。任何单位和个人都不得破坏事故现场,毁灭相关证据。

确因特殊情况需要移动事故现场物件的,须同时满足以下条件:
(1)抢救人员、防止事故扩大以及疏通交通的需要。
(2)经事故单位负责人或者组织事故调查的安全生产监督管理部门和负有安全生产监督管理职责的有关部门同意。
(3)做出标志,绘制现场简图,拍摄现场照片,对被移动物件贴上标签,并做出书面记录。
(4)尽量使现场少受破坏。

任务 5.3　施工生产安全事故的调查与处理

《安全生产法》第八十六条规定,事故调查处理应当按照科学严谨、依法依规、实事求是、注重实效的原则,及时、准确地查清事故原因,查明事故性质和责任,总结事故教训,提出整改措施,并对事故责任单位和人员提出处理建议。事故调查报告应当依法及时向社会公布。

5.3.1　事故调查的管辖

《生产安全事故报告和调查处理条例》规定,特别重大事故由国务院或者国务院授权有关部门组织事故调查组进行调查。

(1)重大事故、较大事故、一般事故分别由事故发生地省级人民政府、设区的市级人民政府、县级人民政府负责调查。省级人民政府、设区的市级人民政府、县级人民政府可以直接组织事故调查组进行调查,也可以授权或者委托有关部门组织事故调查组进行调查。未造成人员伤亡的一般事故,县级人民政府也可以委托事故发生单位组织事故调查组进行调查。上级人民政府认为必要时,可以调查由下级人民政府负责调查的事故。

自事故发生之日起 30 日内(道路交通事故、火灾事故自发生之日起 7 日内),因事伤亡人数变化导致事故等级发生变化,依照《生产安全事故报告和调查处理条例》规定应当由上级人民政府负责调查的,上级人民政府可以另行组织事故调查组进行调查。

(2) 特别重大事故以下等级事故,事故发生地与事故发生单位不在同一个县级以上行政区域的,由事故发生地人民政府负责调查,事故发生单位所在地人民政府应当派人参加。

5.3.2 事故调查组的组成与职责

(1) 事故调查组的组成应当遵循精简、效能的原则。根据事故的具体情况,事故调查组由有关人民政府、安全生产监督管理部门、负有安全生产监督管理职责的有关部门、监察机关、公安机关以及工会派人组成,并应当邀请人民检察院派人参加。事故调查组可以聘请有关专家参与调查。

(2) 事故调查组成员应当具有事故调查所需要的知识和专长,并与所调查的事故没有直接利害关系。事故调查组组长由负责事故调查的人民政府指定。事故调查组组长主持事故调查组的工作。

(3) 事故调查组履行下列职责:
① 查明事故发生的经过、原因、人员伤亡情况及直接经济损失;
② 认定事故的性质和事故责任;
③ 提出对事故责任者的处理建议;
④ 总结事故教训,提出防范和整改措施;
⑤ 提交事故调查报告。

(4) 事故调查组的权利与纪律
① 事故调查组有权向有关单位和个人了解与事故有关的情况,并要求其提供相关文件、资料,有关单位和个人不得拒绝。
② 事故发生单位的负责人和有关人员在事故调查期间不得擅离职守,并应当随时接受事故调查组的询问,如实提供有关情况。
③ 事故调查中发现涉嫌犯罪的,事故调查组应当及时将有关材料或者其复印件移交司法机关处理。
④ 事故调查中需要进行技术鉴定的,事故调查组应当委托具有国家规定资质的单位进行技术鉴定。必要时,事故调查组可以直接组织专家进行技术鉴定。技术鉴定所需时间不记入事故调查期限。
⑤ 事故调查组成员在事故调查工作中应当诚信公正、恪尽职守,遵守事故调查组的纪律,保守事故调查的秘密。未经事故调查组组长允许,事故调查组成员不得擅自发布有关事故的信息。

5.3.3 事故调查报告的期限与内容

(1) 事故调查组应当自事故发生之日起 60 日内提交事故调查报告;特殊情况下,经负责事故调查的人民政府批准,提交事故调查报告的期限可以适当延长,但延长的期限最长不超过 60 日。

(2) 事故调查报告应当包括下列内容：
① 事故发生单位概况；
② 事故发生经过和事故救援情况；
③ 事故造成的人员伤亡和直接经济损失；
④ 事故发生的原因和事故性质；
⑤ 事故责任的认定以及对事故责任者的处理建议；
⑥ 事故防范和整改措施。
(3) 事故调查报告应当附具有关证据材料。
(4) 事故调查组成员应当在事故调查报告上签名。

5.3.4 施工生产安全事故的处理

1. 事故处理时限和落实批复

《生产安全事故报告和调查处理条例》规定，重大事故、较大事故、一般事故，负责事故调查的人民政府应当自收到事故调查报告之日起15日内做出批复；特别重大事故，30日内做出批复，特殊情况下，批复时间可以适当延长，但延长的时间最长不超过30日。

有关机关应当按照人民政府的批复，依照法律、行政法规规定的权限和程序，对事故发生单位和有关人员进行行政处罚，对负有事故责任的国家工作人员进行处分。事故发生单位应当按照负责事故调查的人民政府的批复，对本单位负有事故责任的人员进行处理。

负有事故责任的人员涉嫌犯罪的，依法追究刑事责任。

2. 事故发生单位的防范和整改措施

事故发生单位应当认真吸取事故教训，落实防范和整改措施，防止事故再次发生。防范和整改措施的落实情况应当接受工会和职工的监督。

安全生产监督管理部门和负有安全生产监督管理职责的有关部门应当对事故发生单位落实防范和整改措施的情况进行监督检查。

3. 处理结果的公布

事故处理的情况由负责事故调查的人民政府或者其授权的有关部门、机构向社会公布，依法应当保密的除外。

任务5.4 承担的行政责任

违约与侵权需要承担民事责任，而不遵守安全生产方面的法律法规则要承担最多的是行政责任。建筑业企业和从业人员受到的行政处罚的形式，主要有警告、罚款、没收违法所得、责令限期改正、责令停业整顿、取消一定期限内参加依法必须进行招标的项目的投标资格、责令停止施工、降低资质等级、吊销资质证书（同时吊销营业执照）、责令停止执业、吊销执业资格证书或其他许可证等。

5.4.1　因事故发生而接受的行政处罚

(1)《安全生产法》第一百一十四条规定,发生生产安全事故,对负有责任的生产经营单位除要求其依法承担相应的赔偿等责任外,由应急管理部门依照下列规定处以罚款:

① 发生一般事故的,处三十万元以上一百万元以下的罚款;
② 发生较大事故的,处一百万元以上二百万元以下的罚款;
③ 发生重大事故的,处二百万元以上一千万元以下的罚款;
④ 发生特别重大事故的,处一千万元以上二千万元以下的罚款。

发生生产安全事故,情节特别严重、影响特别恶劣的,应急管理部门可以按照前款罚款数额的二倍以上五倍以下对负有责任的生产经营单位处以罚款。

(2) 建筑施工企业在一个考核年度内发生建筑施工安全生产责任事故的,依照《建设工程安全生产管理条例》第六十六条的规定,对其责任人(包括建筑施工企业主要负责人、项目负责人和专职安全生产管理人员)的安全生产合格证作如下处理:

① 发生一般生产安全事故,死亡1~2人的,暂扣其1年安全生产合格证。
② 发生较大生产安全事故,死亡3~5人的,暂扣其2年安全生产合格证;死亡6~9人的,暂扣其3年安全生产合格证。

以上所述责任人(企业法定代表人除外)在安全生产合格证暂扣期内,不得从事建筑施工安全生产工作,期满后必须参加江苏省住房和城乡建设厅组织的"安管人员"重新考核,合格后方可从事建筑施工安全生产工作。

③ 发生重大或特别重大生产安全事故的,注销其安全生产合格证,并终生不得从事建筑施工安全生产工作。

以上所述责任人安全生产合格证暂扣起始时间或注销时间自事故处罚决定作出之日起计算。

《关于加强全省建筑安全生产责任追究若干意见的通知》(苏建质安〔2011〕847号)

5.4.2　违反事故报告和调查处理的处罚

(1) 事故发生单位及有关人员不得谎报或者瞒报事故;不得伪造或者故意破坏事故现场;不得转移、隐匿资金、财产或者销毁有关证据、资料;不得在事故调查中作伪证或者指使他人作伪证;事故发生后不得逃匿。

违反上述规定,对事故发生单位处100万元以上500万元以下的罚款;对主要负责人、直接负责的主管人员和其他直接责任人员处上一年年收入60%至100%的罚款;属于国家工作人员的,并依法给予处分;构成违反治安管理行为的,由公安机关依法给予治安管理处罚;构成犯罪的,依法追究刑事责任。(《生产安全事故报告和调查处理条例》第三十六条)

(2) 发生特种设备事故时,应立即组织抢救,不得在事故调查处理期间擅离职守或者逃匿;不得对特种设备事故迟报、谎报或者瞒报。违反上述规定的,对单位处5万元以上20万元以下罚款;对主要负责人处1万元以上5万元以下罚款;主要负责人属于国家工作人员的,并依法给予处分。(《特种设备安全法》第八十九条)

(3) 有关单位应在突发事件发生后,及时组织开展应急救援工作,以免造成严重后果。

违反上述规定的,由所在地履行统一领导职责的人民政府责令停产停业,暂扣或者吊销许可证或者营业执照,并处 5 万元以上 20 万元以下的罚款;构成违反治安管理行为的,由公安机关依法给予处罚。(《突发事件应对法》第六十四条)

安全责任(建设单位、勘察、设计单位、监理单位)

任务 5.5　生产安全事故刑事责任及量刑

在 1963 年的《中华人民共和国刑法》(以下简称《刑法》)草案修正案第 33 稿中,第一次对重大责任事故作出刑事规定,其内容为:工厂、矿山、林场、建筑企业或者其他企业的职工,由于严重不负责任,违反规章制度,发生重大事故,造成严重后果的,处五年以下的有期徒刑或拘役;情节特别恶劣的,处五年以上有期徒刑。

1997 年颁布的新《刑法》又新增加了几种安全事故责任罪名。因生产安全事故而触犯《刑法》,接受刑事处罚而定罪的主要有:工程重大安全事故罪、重大责任事故罪、重大劳动安全事故罪等三种。

5.5.1　《刑法》中相关条文

1. 重大责任事故罪

《刑法》第一百三十四条　在生产、作业中违反有关安全管理的规定,因而发生重大伤亡事故或者造成其他严重后果的,处三年以下有期徒刑或者拘役;情节特别恶劣的,处三年以上七年以下有期徒刑。

在生产、作业中违反有关安全管理的规定,有下列情形之一,具有发生重大伤亡事故或者其他严重后果的现实危险的,处一年以下有期徒刑、拘役或者管制:

(一)关闭、破坏直接关系生产安全的监控、报警、防护、救生设备、设施,或者篡改、隐瞒、销毁其相关数据、信息的;(篡改、隐瞒、销毁数据信息的犯罪)

(二)因存在重大事故隐患被依法责令停产停业、停止施工、停止使用有关设备、设施、场所或者立即采取排除危险的整改措施,而拒不执行的;(拒不整改重大事故隐患犯罪)

(三)涉及安全生产的事项未经依法批准或者许可,擅自从事矿山开采、金属冶炼、建筑施工,以及危险物品生产、经营、储存等高度危险的生产作业活动的。(擅自从事高危生产作业活动的犯罪)

《刑法》第一百三十九条　违反消防管理法规,经消防监督机构通知采取改正措施而拒绝执行,造成严重后果的,对直接责任人员,处三年以下有期徒刑或者拘役;后果特别严重的,处三年以上七年以下有期徒刑。

在安全事故发生后,负有报告职责的人员不报或者谎报事故情况,贻误事故抢救,情节严重的,处 3 年以下有期徒刑或者拘役;情节特别严重的,处三年以上七年以下有期徒刑。

违反安全生产法规,对重大事故隐患隐瞒不报情节恶劣的,对直接责任人员,处三年以下有期徒刑或者拘役;情节特别恶劣的,处三年以上七年以下有期徒刑。(故意隐瞒重大事故隐患罪)

说明,只有造成重大伤亡事故、严重后果,危害公共安全的行为,才构成犯罪。重大伤亡事故,一般是指死亡一人以上,或者重伤三人以上;严重后果,既包括重大人身伤亡,也包括重大的直接经济损失。

2. 重大安全事故罪

指在工程建筑过程中,由于责任过失或者工程质量下降,导致建筑工程坍塌或报废,机械设备毁坏,安全设施失当,致人重伤、死亡或重大经济损失的。所谓后果特别严重的,在司法实践中主要包括以下情况:

(1) 致多人死亡、重伤的。

(2) 直接经济损失特别巨大的。

(3) 重大安全事故发生后犯罪行为人表现特别恶劣的,如不采取积极措施防止危害结果的扩大或者故意伪造、破坏现场,企图逃避罪责的等。

(4) 行为人明知没有安全保证,甚至已经发现事故苗头,仍然不听劝阻,拒不采纳正确意见和补救措施,一意孤行,终于酿成重大安全事故,还要综合考察犯罪事实、情节和具体的危害程序,以在择定的量刑档次内选择确定轻重不同的刑罚。

例如,强令违章冒险作业罪

《刑法》第一百三十四条 强令他人违章冒险作业,或者明知存在重大事故隐患而不排除,仍冒险组织作业,因而发生重大伤亡事故或者造成其他严重后果的,处五年以下有期徒刑或者拘役;情节特别恶劣的,处五年以上有期徒刑。

《刑法》第一百三十七条 建设单位、设计单位、施工单位、工程监理单位违反国家规定,降低工程质量标准,造成重大安全事故的,对直接责任人员,处五年以下有期徒刑或者拘役,并处罚金;后果特别严重的,处五年以上十年以下有期徒刑,并处罚金。

第二百二十九条 承担资产评估、验资、验证、会计、审计、法律服务、保荐、安全评价、环境影响评价、环境监测等职责的中介组织的人员故意提供虚假证明文件,情节严重的,处五年以下有期徒刑或者拘役,并处罚金;在涉及公共安全的重大工程、项目中提供虚假的安全评价、环境影响评价等证明文件,致使公共财产、国家和人民利益遭受特别重大损失的,处五年以上十年以下有期徒刑,并处罚金。(虚假证明文件罪)

3. 重大劳动安全事故罪

是指安全生产设施或者安全生产条件不符合国家规定,因而发生重大伤亡事故或者造成其他严重后果的行为。

《刑法》第一百三十五条 安全生产设施或者安全生产条件不符合国家规定,因而发生重大伤亡事故或者造成其他严重后果的,对直接负责的主管人员或其他直接责任人员,处三年以下有期徒刑或者拘役;情节特别恶劣的,处三年以上七年以下有期徒刑。

关于办理危害生产安全刑事案件适用法律若干问题的解释

客观上，必须具备以下三个相互关联的要件：

(1) 劳动安全设施或者安全生产条件不符合国家规定，存在事故隐患。

(2) 经有关部门或者单位职工提出后，对事故隐患仍不采取措施。

(3) 发生了重大伤亡事故或者造成了其他严重后果。

5.5.2 三个安全事故罪的区别

(1) 致因不同。重大责任事故罪是因在生产、作业中违反有关安全管理的规定；重大劳动安全事故罪是因安全生产设施或者安全生产条件不符合国家规定；工程重大安全事故罪是因建设单位、设计单位、施工单位、工程监理单位违反国家规定，降低工程质量标准。

(2) 重大责任事故罪和重大劳动安全事故罪，虽都表现为行为人对重大事故的发生是一种过失的心理态度，但两者有明显区别：

① 犯罪主体不同。重大劳动安全事故罪的犯罪主体是工厂、矿山、林场、建筑企业或者其他企业、事业单位负责主管与直接管理劳动安全设施的人员，一般不包括普通职工；重大责任事故罪的犯罪主体较重大劳动安全事故罪范围要广，包括工厂、矿山、林场、建筑企业或者其他企业、事业单位中的一般职工和在生产、作业中直接从事领导、指挥的人员。

② 客观方面的行为方式不同。重大劳动安全事故罪在客观方面则表现为对经有关部门或单位职工提出的事故隐患不采取措施，是一种不作为犯罪；重大责任事故罪在客观方面表现为厂矿企业、事业单位的职工不服从管理、违反规章制度，或者生产作业的领导、指挥人员强令工人违章冒险作业，是作为形式的犯罪。

例如，《中华人民共和国劳动法》(以下简称《劳动法》)第九十二条"用人单位的劳动安全设施和劳动卫生条件不符合国家规定或者未向劳动者提供必要的劳动防护用品和劳动保护设施的……"。《建筑法》第七十一条建筑施工企业违反本法规定，对建筑安全事故隐患不采取措施予以消除的，责令改正，可以处以罚款；情节严重的，责令停业整顿，降低资质等级或者吊销资质证书；构成犯罪的，依法追究刑事责任。

(3) 工程重大安全事故罪与重大责任事故罪，两者都是过失犯罪，都以法定的严重后果作为构成犯罪的必备条件，但两者具有明显区别。

① 犯罪主体不同。工程重大安全事故罪的犯罪主体是建设单位、设计单位、施工单位、工程监理单位，属于单位犯罪；重大责任事故罪的主体是工厂、矿山、林场、建筑企业或者其他企业、事业单位的职工，属于自然人犯罪。

② 客观方面的表现不同。工程重大安全事故罪在客观方面表现为违反国家规定，降低工程质量标准，造成重大安全事故的行为；重大责任事故罪则表现为不服从管理、违反规章制度或者强令工人违章冒险作业，因而发生重大伤亡事故或者造成其他严重后果的行为。

江西某电厂事故调查报告

任务 5.6　施工生产安全事故应急救援

《安全生产法》第八十一条规定，生产经营单位应当制定本单位生产安全事故应急救援预案，与所在地县级以上地方人民政府组织制定的生产安全事故应急救援预案相衔接，并定期组织演练。第八十二条规定，建筑施工单位应当建立应急救援组织；生产经营规模较小的，可以不建立应急救援组织，但应当指定兼职的应急救援人员。第八十三条规定，建筑施工单位应当配备必要的应急救援器材、设备和物资，并进行经常性维护、保养，保证正常运转。

《建设工程安全生产管理条例》进一步规定，施工单位应当制定本单位生产安全事故应急救援预案，建立应急救援组织或者配备应急救援人员，配备必要的应急救援器材、设备，并定期组织演练。

为推进安全生产应急救援管理体制改革，提高组织协调能力和现场救援时效，健全省、市、县三级安全生产应急救援管理工作机制，建立联动互通的应急救援指挥平台，实行区域化应急救援资源共享，2018 年 2 月 17 日国务院发布了《生产安全事故应急条例》（国务院令第 708 号）。

5.6.1　应急工作体制

国务院统一领导全国的生产安全事故应急工作，县级以上地方人民政府统一领导本行政区域内的生产安全事故应急工作。

（1）县级以上人民政府行业监管部门分工负责、综合监管部门指导协调，基层政府及派出机关协助上级人民政府有关部门依法履职。

（2）生产经营单位主要负责人对本单位的生产安全事故应急工作全面负责，为加强生产安全事故应急工作，应当建立、健全生产安全事故应急工作责任制。

5.6.2　应急救援预案的制定与发布

1. 应应急预案及其种类

应急预案应以应急处置为核心，明确应急职责、规范应急程序、细化保障措施。应急预案一般分为综合应急预案、专项应急预案和现场处置方案。

综合应急预案，是为应对各种生产安全事故而制定的综合性工作方案，是本单位应对生产安全事故的总体工作程序、措施和应急预案体系的总纲。

专项应急预案，是为应对某一种或者多种类型生产安全事故，或者针对重要生产设施、重大危险源、重大活动防止生产安全事故而制定的专项性工作方案。

现场处置方案，是根据不同生产安全事故类型，针对具体场所、装置或者设施所制定的应急处置措施。

2. 应急预案管理

生产安全事故应急预案管理程序，如图5-4所示。

(1) 县级以上人民政府及其负有安全生产监督管理职责的部门和乡、镇人民政府以及街道办事处等地方人民政府派出机关应当制定相应的生产安全事故应急救援预案，并依法向社会公布。

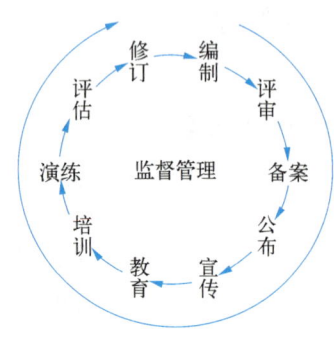

图5-4 应急预案管理程序

(2) 生产经营单位应当制定相应的生产安全事故应急救援预案，并将其制定的生产安全事故应急救援预案报送县级以上人民政府负有安全生产监督管理职责的部门备案，然后依法向社会和本单位从业人员公布。

(3) 生产安全事故应急救援预案应当符合有关法律、法规、规章和标准的规定，具有科学性、针对性和可操作性，明确规定应急组织体系、职责分工以及应急救援程序和措施。

(4) 有下列情形之一的，生产安全事故应急救援预案制定单位应当及时修订相关预案：

① 制定预案所依据的法律、法规、规章、标准发生重大变化。
② 应急指挥机构及其职责发生调整。
③ 安全生产面临的风险发生重大变化。
④ 重要应急资源发生重大变化。
⑤ 在预案演练或者应急救援中发现需要修订预案的重大问题。
⑥ 其他应当修订的情形。

(5) 建筑施工安全专项应急预案应包括下列主要内容：

① 潜在的安全生产事故、紧急情况、事故类型及特征分析。
② 应急救援组织机构与人员职责分工、权限。
③ 应急救援技术措施的选择和采用。
④ 应急救援设备、器材、物资的配置、选择、使用方法和调用程序。
⑤ 应急救援设备、物资、器材的维护和定期检测的要求，以保持其持续的适用性。
⑥ 与企业内部相关职能部门的信息报告、联系方法。
⑦ 与外部政府、消防、救险、医疗等相关单位与部门的信息报告、联系方法。
⑧ 组织抢险急救、现场保护、人员撤离或疏散等活动的具体安排。
⑨ 重要的安全技术记录文件和相应设备的保护。

5.6.3 应急救援队伍建设

县级以上人民政府负有安全生产监督管理职责的部门，在重点行业、领域单独建立或者依托有条件的生产经营单位、社会组织共同建立应急救援队伍。

国家鼓励和支持生产经营单位和其他社会力量建立提供社会化应急救援服务的应急救援队伍。

生产经营单位及人员密集场所的经营单位，应当建立应急救援队伍。

应急救援队伍建立单位或者兼职应急救援人员所在单位应当对应急救援人员进行培

训,具备必要的专业知识、技能、身体素质和心理素质,掌握风险防范技能和事故应急措施,方可参加应急救援工作。

5.6.4 应急救援演练

县级以上地方人民政府以及县级以上人民政府负有安全生产监督管理职责的部门,乡、镇人民政府以及街道办事处等地方人民政府派出机关,应当至少每2年组织1次生产安全事故应急救援预案演练。

生产及经营单位应当至少每半年组织1次生产安全事故应急救援预案演练,并将演练情况报送所在地县级以上地方人民政府负有安全生产监督管理职责的部门。

5.6.5 储备应急救援装备和物资

生产经营单位及人员密集场所的经营单位应当配备必要的灭火、排水、通风以及危险物品稀释、掩埋、收集等应急救援器材、设备和物资,并进行经常性维护、保养,保证正常运转。

5.6.6 应急救援

发生生产安全事故后,生产经营单位应当立即启动生产安全事故应急救援程序(图5-5),采取下列一项或者多项应急救援措施,并按照国家有关规定报告事故情况:

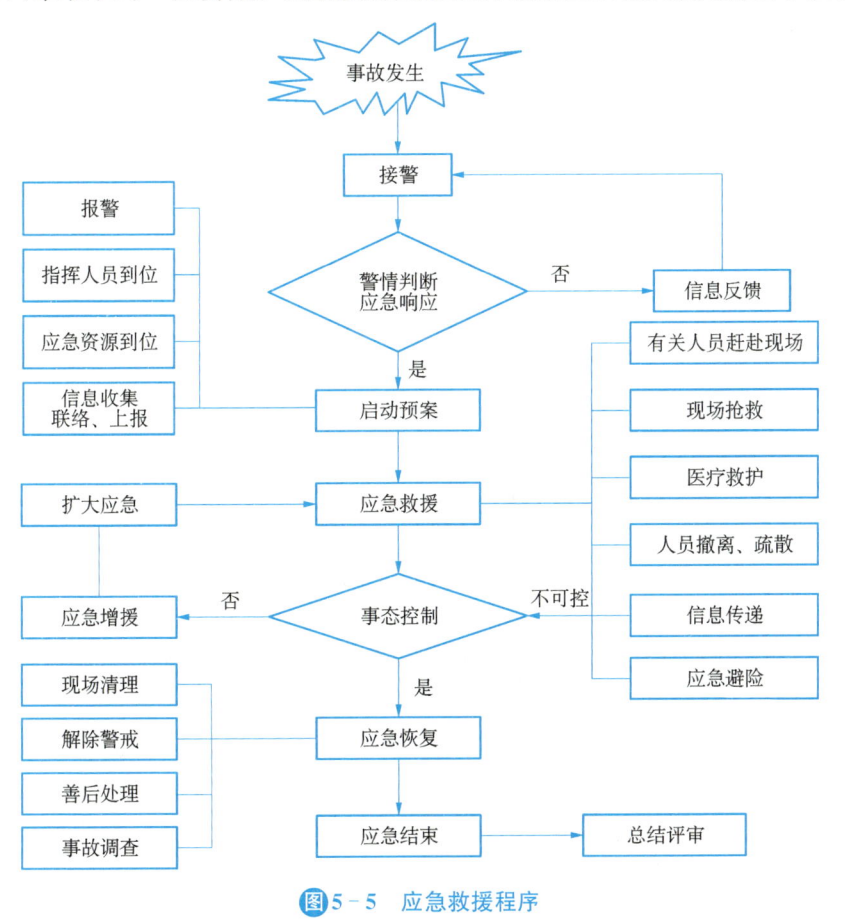

图 5-5 应急救援程序

(1) 迅速控制危险源,组织抢救遇险人员。
(2) 根据事故危害程度,组织现场人员撤离或者采取可能的应急措施后撤离。
(3) 及时通知可能受到事故影响的单位和人员。
(4) 采取必要措施,防止事故危害扩大和次生、衍生灾害发生。
(5) 根据需要请求邻近的应急救援队伍参加救援,并向参加救援的应急救援队伍提供相关技术资料、信息和处置方法。
(6) 维护事故现场秩序,保护事故现场和相关证据。
(7) 法律、法规规定的其他应急救援措施。

发生生产安全事故后,有关人民政府认为有必要的,可以设立由本级人民政府及其有关部门负责人、应急救援专家、应急救援队伍负责人、事故发生单位负责人等人员组成的应急救援现场指挥部,并指定现场指挥部总指挥。

应急救援队伍接到有关人民政府及其部门的救援命令或者签有应急救援协议的生产经营单位的救援请求后,应当立即参加生产安全事故应急救援。

应急救援队伍根据救援命令参加生产安全事故应急救援所耗费用,由事故责任单位承担;事故责任单位无力承担的,由有关人民政府协调解决。

现场指挥部或者统一指挥生产安全事故应急救援的人民政府及其有关部门应当完整、准确地记录应急救援的重要事项,妥善保存相关原始资料和证据。

5.6.7 法律责任追究

(1) 生产经营单位应当制定本单位生产安全事故应急救援预案,并定期组织演练。违反上述规定的,责令限期改正,可以处 10 万元以下的罚款;逾期未改正的,责令停产停业整顿,并处 10 万元以上 20 万元以下的罚款,对其直接负责的主管人员和其他直接责任人员处 2 万元以上 5 万元以下的罚款。(《安全生产法》第九十七条)

(2) 生产经营单位应当在应急预案公布之日起 20 个工作日内,按照分级属地原则,向安全生产监督管理部门和有关部门进行告知性备案。

编制单位应当建立应急预案定期评估制度。对预案内容的针对性和实用性进行分析,并对应急预案是否需要修订作出结论。

违反上述规定的,由县级以上安全生产监督管理部门给予警告,并处 3 万元以下罚款。(《生产安全事故应急预案管理办法》第三十五条)

(3) 发生或者可能发生急性职业病危害事故时,未立即采取应急救援和控制措施或者未按照规定及时报告的……。用人单位违反本法规定,有下列行为之一的,由卫生行政部门给予警告,责令限期改正,逾期不改正的,处 5 万元以上 20 万元以下的罚款;情节严重的,责令停止产生职业病危害的作业,或者提请有关人民政府按照国务院规定的权限责令关闭。(《中华人民共和国职业病防治法》第三十八条)

(4) 生产经营单位未将生产安全事故应急救援预案报送备案、未建立应急值班制度或者配备应急值班人员的,由县级以上人民政府负有安全生产监督管理职责的部门责令限期改正;逾期未改正的,处 3 万元以上 5 万元以下的罚款,对直接负责的主管人员和其他直接责任人员处 1 万元以上 2 万元以下的罚款。

学习情境 5　事故后的处理与应急管理

【典故】　　　　　　　亡羊补牢

《战国策·楚策四》："见兔而顾犬,未为晚也;亡羊而补牢,未为迟也。"见到兔子以后再放出猎犬去追并不算晚,羊丢掉以后再去修补也不算迟。

亡羊补牢的寓意:亡羊补牢比喻出了问题以后想办法补救,可以防止继续受损失。

亡羊补牢的故事:从前有一个牧民,养了几十只羊。他白天放羊,晚上就把羊赶进木桩做的羊圈。一天早晨,这个牧民去放羊,发现羊少了一只。原来羊圈破了个窟窿,夜间有狼把羊叼走了。邻居劝告他说:"赶快把羊圈修一修,堵上那个窟窿吧。"他说:"羊已经丢了,还去修羊圈干什么呢?"结果第二天早上,他去放羊,发现又少了一只羊。原来狼又从窟窿里钻进羊圈,又叼走了一只羊。这位牧民很后悔,马上听从邻居的劝告堵上了窟窿。

警示:要未雨绸缪,不要亡羊补牢

"这些安全事故中,都是很低等的错误,导致了高代价的损失,虽然应该倒查原因,亡羊也需要补牢,但我们更应该未雨绸缪,把事情做在前面,所有的事故都源于责任的不落实,安全永远是第一位的。"——国家体育总局局长高志丹对我国冰雪运动发展过程中发生的几起安全事故评价道。

▶ 思考与拓展 ◀

1. 某建筑工地在浇筑楼面混凝土时发生模板支架坍塌,现场旁站工作的监理员和施工员在事故发生后的第一时间如何做?项目经理接到报告后如何响应才能切实履行职责并减轻自己承担的责任?

2. 作为现场专职安全员,如何有效避免承担刑事责任或降低因发生安全事故而对自己职业生涯的影响?

3. 建设单位在项目建设中应尽哪些安全生产义务?

4. 监理单位在施工生产中主要开展哪些安全生产管理工作?是否需要制定安全生产监督管理措施?

5. 谈一谈,国家加大安全事故惩罚力度对事故预防有哪些促进作用?

6. 事故发生后拨打119进行现场急救或请求所在地政府启动应急救援对项目总承包企业会产生哪些影响?如何规避这种风险?

学习情境 6　高处作业

知识目标

了解高处作业危险等级划分原则；
熟悉预防坠落和物体打击伤害的措施；
熟悉"三宝"防护用品使用的技术要求；
掌握高空作业平台设置的技术要求；
掌握高处作业的安全防护作业规定。

职业技能目标

选用合适的安全防护用品并正确佩戴和使用；
能够在作业前排查出安全防护设施存在的安全隐患并予以纠正排除；
在排查出的危险作业部位悬挂安全警示标志、划定安全警戒区域。

规范依据

《建筑施工高处作业安全技术规范》(JGJ 80—2016)
《建筑与市政施工现场安全卫生与职业健康通用规范》(GB 55034—2022)

任务 6.1　高处作业安全管理

在距坠落高度基准面 2 m 或 2 m 以上有可能坠落的高处进行的作业称为高处作业，其安全隐患主要是高处作业人员坠落、坠落物体对低处人员的打击。人员自高处坠落或在低处遭受落物打击受到伤害的机理如图 6-1 所示。

图 6-1 高处作业致害因素分析

6.1.1 危险因素分析

施工现场实际情况分析,通常有 11 种能直接引起坠落的客观危险因素:

(1) 阵风风力 5 级(风速 8.0 m/s)及其以上。

(2)《工作场所物理因素测量 第 7 部分:高温》(GBZ/T 189.7—2007)规定的Ⅱ级或Ⅱ级以上的高温作业。

(3) 平均气温等于或低于 5℃的作业环境。

(4) 接触冷水温度等于或低于 12℃的作业。

(5) 作业场地有冰、雪、霜、水、油等易滑物。

(6) 作业场所光线不足,能见度差。

(7) 作业活动范围与危险电压带电体的距离小于表 6-1 的规定。

表 6-1 作业活动范围与危险电压带电体的距离

危险电压带电体的电压等级/kV	距离/m
≤10	1.7
35	2.0
63~110	2.5
220	4.0
330	5.0
500	6.0

(8) 摆动,立足处不是平面或只有很小的平面,即任一边小于 500 mm 的矩形平面、直径小于 500 mm 的圆形平面或具有类似尺寸的其他形状的平面,致使作业者无法维持正常姿势。

(9)《工作场所物理因素测量 第 10 部分:体力劳动强度分级》(GBZ/T 189.10—2007)规定的Ⅲ级或Ⅲ级以上的体力劳动强度。

(10) 存在有毒气体或空气中含氧量低于 0.195 的作业环境。

(11) 可能会引起各种灾害事故的作业环境和抢救突然发生的各种灾害事故。

6.1.2 划分高处作业等级

《高处作业分级》(GB/T 3608—2008)规定,考虑高度和作业条件这两个因素将可能坠落的危险程度用高处作业级别表示。分级时,首先根据坠落的危险程度将作业高度分为 2~5 m、5~15 m、15~30 m 及 30 m 以上四个区域,然后根据高处作业的危险性质,不存在上述列出的任一种客观危险因素的高处作业按表 6-2 规定的 A 类分级;存在上述列出的一种或一种以上客观危险因素的高处作业按表 6-2 规定的 B 类分级。

表 6-2 高处作业分级

分类法	高处作业高度 h_w/m			
	$2 \leqslant h_w \leqslant 5$	$5 < h_w \leqslant 15$	$15 < h_w \leqslant 30$	$h_w > 30$
A	Ⅰ	Ⅱ	Ⅲ	Ⅳ
B	Ⅱ	Ⅲ	Ⅳ	Ⅳ

6.1.3 制定防范对策并进行技术交底

(1) 高处坠落的预防原理

① 从时间与空间上将人与能量隔离,在工艺和工序上尽可能减少高处作业等;

② 设置屏障,安全围栏、操作平台、吊笼、安全立网等;

③ 降低能量释放速度,"三宝"(安全帽、安全带、安全网)等;

④ 设置警告信息,安全培训、安全标志、安全监护人等。

(2) 房屋建筑工程施工时,在基准面 2 m 或 2 m 以上(如图 6-2)开展临边与洞口作业、攀登与悬空作业、操作平台、交叉作业及安全网搭设前,应制定预防高处坠落和物体打击事故的安全防护技术措施。

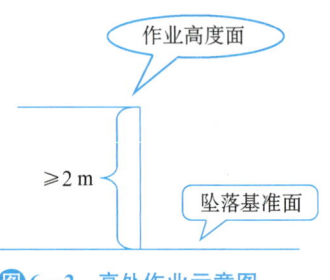

图 6-2 高处作业示意图

(3) 高处作业施工前,应组织对作业人员进行安全技术教育及交底,按规定为作业人员提供并保证其正确佩戴和使用安全帽、安全带等必备的高处作业安全防护用品、用具。

(4) 当遇雷雨、大雪、浓雾或作业场所 5 级以上大风等恶劣天气时,应停止高处作业。

6.1.4 设置安全防护设施并进行验收

(1) 高处作业施工前,应检查高处作业的安全标志、安全设施、工具、仪表、防火设施、电气设施和设备,确认其完好,方可进行施工。

(2) 建筑施工高处作业前,应分层或分阶段对安全防护设施进行检查、验收,验收合格后方可进行作业。

(3) 安全防护设施验收应包括下列主要内容：
① 防护栏杆立杆、横杆及挡脚板的设置、固定及其连接方式；
② 攀登与悬空作业时的上下通道、防护栏杆等各类设施的搭设；
③ 操作平台及平台防护设施的搭设；
④ 防护棚的搭设；
⑤ 安全网的设置情况；
⑥ 安全防护设施构件、设备的性能与质量；
⑦ 防火设施的配备；
⑧ 各类设施所用的材料、配件的规格及材质；
⑨ 设施的节点构造及其与建筑物的固定情况，扣件和连接件的紧固程度。
(4) 安全防护设施验收资料应包括下列主要内容：
① 施工组织设计中的安全技术措施或专项方案；
② 安全防护用品用具产品合格证明；
③ 安全防护设施验收记录；
④ 预埋件隐蔽验收记录；
⑤ 安全防护设施变更记录及签证。
(5) 在雨、霜、雾、雪等天气进行高处作业时，应采取防滑、防冻措施，并应及时清除作业面上的水、冰、雪、霜。

6.1.5 安全防护检查

(1) 日常应检查高处作业的安全标志、安全设施、工具、仪表、防火设施、电气设施和设备，确认其完好，方可进行施工。
(2) 高处作业人员应按规定正确佩戴和使用高处作业安全防护用品、用具，并应经专人检查。
(3) 作业过程中，高处作业面上的物料应处于安全状态，主要进行以下检查清理：
① 对施工作业现场所有可能坠落的物料，应及时拆除或采取固定措施；
② 高处作业所用的物料应堆放平稳，不得妨碍通行和装卸；
③ 工具应随手放入工具袋；
④ 作业中的走道、通道板和登高用具，应随时清理干净；
⑤ 拆卸下的物料及余料和废料应及时清理运走，不得任意放置或向下丢弃；
⑥ 传递物料时不得抛。
(4) 在建工程的预留洞口、通道口、楼梯口、电梯井口等孔洞以及无围护设施或围护设施高度低于 1.2 m 的楼层周边、楼梯侧边、平台或阳台边、屋面周边和沟、坑、槽等边沿应采取安全防护措施，并严禁随意拆除。
(5) 暴风雪及台风暴雨后，应对高处作业安全设施进行检查，当发现有松动、变形、损坏或脱落等现象时，应立即修理完善，维修合格后再使用。
(6) 需要临时拆除或变动安全防护设施时，应采取能代替原防护设施的可靠措施，作业后应立即恢复。

(7) 各类安全防护设施,并应建立定期不定期的检查和维修保养制度,发现隐患应及时采取整改措施。

任务 6.2　临边、洞口作业防坠落措施

6.2.1　临边作业防坠落措施

在工作面边沿无围护或围护设施高度低于 800 mm 的高处作业,称之为临边作业,主要包括楼板边、楼梯段边、屋面边、阳台边、各类坑、沟、槽等。

临边作业时,应在临空一侧设置防护栏杆(如图 6-3),并应采用密目式安全立网或工具式栏板封闭。

(1)室内临边。基坑临边、临空位置,分层施工的楼梯口、楼梯平台和梯段边,应安装防护栏杆;外设楼梯口、楼梯平台和梯段边,以及基坑临边还应采用密目式安全立网封闭。

(2)室外临边。建筑物外围边沿处,应采用密目式安全立网进行全封闭,有外脚手架的工程,密目式安全立网应设置在脚手架外侧立杆上,并与脚手杆紧密连接;没有外脚手架的工程,应采用密目式安全立网将临边全封闭。

图 6-3　栏杆与挡脚板构造

6.2.2　垂直运输材料或员工通道

(1)施工升降机、龙门架和井架物料提升机等各类垂直运输设备设施与建筑物间设置的通道平台两侧边,应设置防护栏杆、挡脚板,并应采用密目式安全立网或工具式栏板封闭。

(2)各类垂直运输接料平台口应设置高度不低于 1.80 m 的楼层防护门,并应设置防外开装置;多笼井架物料提升机通道中间,应分别设置隔离设施。

6.2.3　洞口作业防坠落措施

在地面、楼面、屋面以及墙面等留设的开口处,当落差高度大于或等于 2 m 时就有可能使人和物料发生坠落(如图 6-4),这种高处作业称之为洞口作业。

图 6-4　洞口踩空

"五临边"防护

（1）外墙面等处落地的竖向洞口、窗台高度低于 800 mm 的竖向洞口及框架结构在浇注完混凝土没有砌筑墙体时的洞口，应按临边防护要求设置防护栏杆。

（2）电梯井口应设置防护门，其高度不应小于 1.5 m，防护门底端距地面高度不应大于 50 mm，并应设置挡脚板。

（3）在进入电梯安装施工工序之前，同时井道内应每隔 10 m 且不大于 2 层加设一道水平安全网。电梯井内的施工层上部，应设置隔离防护设施。

（4）坠落高度基准面 2 m 及以上建筑物洞口防护措施见表 6-2。

表 6-2　不同洞口防护措施

洞口类型		防坠落措施
竖向洞口	250 mm≤b＜500 mm	采取封堵措施
	b≥500 mm	在临空一侧设置高度不小于 1.2 m 的防护栏杆，并应采用密目式安全立网或工具式栏板封闭，设置挡脚板
非垂直洞口	250 mm≤b＜500 mm	采用承载力满足使用要求的盖板覆盖，盖板四周搁置应均衡，且应防止盖板移位，如图 6-5
	500 mm≤b＜1 500 mm	采用专项设计盖板覆盖，并应采取固定措施
	b≥1 500 mm	在洞口作业侧设置高度不小于 1.2 m 的防护栏杆，并应采用密目式安全立网或工具式栏板封闭；洞口应采用安全平网封闭

注：b 为洞口短边尺寸。

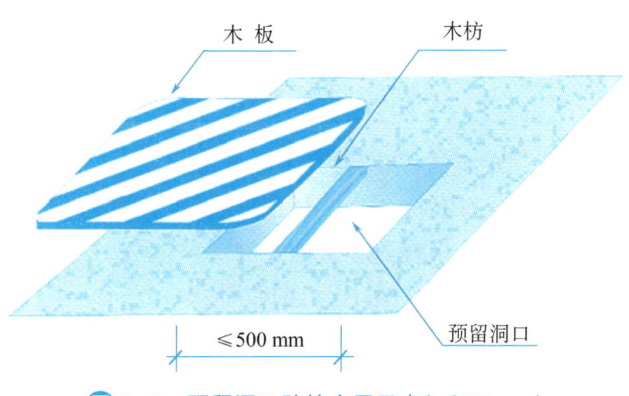

图 6-5　预留洞口防护应用示意（≤500 mm）

"四口"防护

（5）施工现场通道附近的洞口、坑、沟、槽、高处临边等危险作业处，应悬挂安全警示标志外，夜间应设灯光警示。

任务 6.3　防护栏杆的构造

6.3.1　临边防护栏杆构造尺寸

临边作业的防护栏杆应由横杆、立杆及不低于 180 mm 高的挡脚板组成,如图 6-6 所示,并应符合下列规定:

(1) 防护栏杆应为两道横杆,上杆距地面高度应为 1.2 m,下杆应在上杆和挡脚板中间设置。当防护栏杆高度大于 1.2 m 时,应增设横杆,横杆间距不应大于 600 mm。

(2) 防护栏杆立杆间距不应大于 2 m。

(3) 防护栏杆应张挂密目式安全立网。

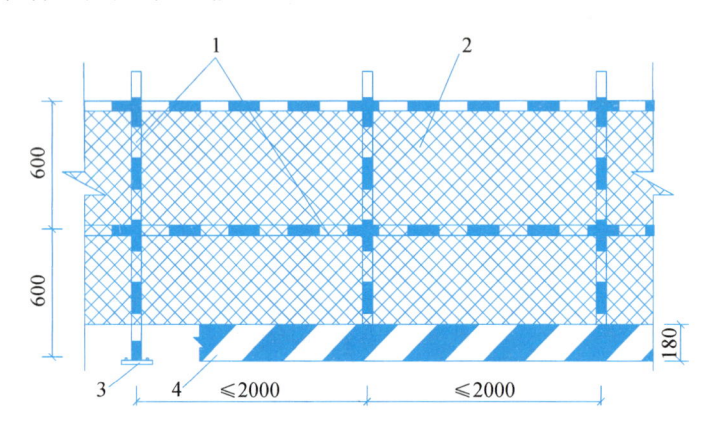

图 6-6　防护栏杆构造示意
1—钢管;2—密目式安全网;3—底座;4—挡脚板

6.3.2　立杆固定

防护栏杆立杆底端应固定牢固,并应符合下列规定:

(1) 当在基坑四周土体上固定时,应采用预埋或打入方式固定。当基坑周边采用板桩时,如用钢管做立杆,钢管立杆应设置在板桩外侧。

(2) 当采用木立杆时,预埋件应与木杆件连接牢固。

6.3.3　杆件规格与连接要求

防护栏杆杆件的规格及连接,应符合下列规定:

(1) 当采用钢管作为防护栏杆杆件时,横杆及栏杆立杆应采用脚手钢管,并应采用扣件、焊接、定型套管等方式进行连接固定。

(2) 当采用原木作为防护栏杆杆件时,杉木杆梢径不应小于 80 mm,红松、落叶松梢径不应小于 70 mm;栏杆立杆木杆梢径不应小于 70 mm,并应采用 8 号镀锌铁丝或回火铁丝进行绑扎,绑扎应牢固紧密,不得出现泻滑现象。用过的铁丝不得重复使用。

(3)当采用其他型材作防护栏杆杆件时,应选用与脚手钢管材质强度相当规格的材料,并应采用螺栓、销轴或焊接等方式进行连接固定。

(4)栏杆立杆和横杆的设置、固定及连接,应确保防护栏杆在上下横杆和立杆任何处,均能承受任何方向的最小 1 kN 外力作用,当栏杆所处位置有发生人群拥挤、车辆冲击和物件碰撞等可能时,应加大横杆截面或加密立杆间距。

任务 6.4 攀登与悬空作业安全防护

借助登高用具或登高设施进行的高处作业属于攀登作业。

6.4.1 攀登作业

(1)施工组织设计或施工技术方案中应明确施工中使用的登高和攀登设施,人员登高应借助建筑结构或脚手架的上下通道、梯子及其他攀登设施和用具。

(2)攀登作业所用设施和用具的结构构造应牢固可靠;作用在踏步上、踏板上的荷载不应大于 1.1 kN。当梯面上有特殊作业、重量超过上述荷载时,应按实际情况验算。

(3)不得两人同时在梯子上作业。在通道处使用梯子作业时,应有专人监护或设置围栏。脚手架操作层上不得使用梯子进行作业。

(4)便携式梯子宜采用金属材料或木材制作,并应符合《便携式金属梯安全要求》(GB 12142—2007)和《便携式木梯安全要求》(GB 7059—2007)的规定。

(5)单梯不得垫高使用,使用时应与水平面成 75°夹角,踏步不得缺失,其间距宜为 300 mm。当梯子需接长使用时,应有可靠的连接措施,接头不得超过 1 处。连接后梯梁的强度不应低于单梯梁的强度。

(6)折梯张开到工作位置的倾角应符合《便携式金属梯安全要求》(GB 12142—2007)和《便携式木梯安全要求》(GB 7059—2007)的有关规定,并有整体的金属撑杆或可靠的锁定装置。

(7)固定式直梯应采用金属材料制成,并符合《固定式钢梯及平台安全要求 第 1 部分:钢直梯》(GB 4053.1—2009)的规定;梯子内侧净宽应为 400~600 mm,固定直梯的支撑应采用不小于 L70X6 的角钢,埋设与焊接应牢固。直梯顶端的踏棍应与攀登的顶面齐平,并加设 1.05~1.5 m 高的扶手。

(8)使用固定式直梯进行攀登作业时,攀登高度宜为 5 m,且不超过 10 m。当攀登高度超过 3 m 时,宜加设护笼;超过 8 m 时,应设置梯间平台。

(9)当安装钢柱或钢结构时,应使用梯子或其他登高设施。当钢柱或钢结构接高时,应设置操作平台。当无电焊防风要求时,操作平台的防护栏杆高度不应小于 1.2 m;当有电焊防风要求时,操作平台的防护栏杆高度不应小于 1.8 m。

(10)当安装三角形屋架时,应在屋脊处设置上下的扶梯;当安装梯形屋架时,应在两端设置上下的扶梯。扶梯的踏步间距不应大于 400 mm。屋架弦杆安装时搭设的操作平台,应设置防护栏杆或用于作业人员拴挂安全带的安全绳。

(11)深基坑施工,应设置扶梯、人坑踏步及专用载人设备或斜道等。采用斜道时,应加设间距不大于400 mm的防滑条等防滑措施。严禁沿坑壁、支撑或乘运土工具上下。

攀登作业图示对比,进一步加深理解,如图6-7所示。

| 角度正确处理 | 不拿工具 | 足够的长度 | 应固定稳妥 |

图6-7 对比图示理解攀登作业

6.4.2 悬空作业

在周边无任何防护设施或防护设施不能满足防护要求的临空状态下进行的高处作业,需要做到:

(1)悬空作业应设有牢固的立足点,并配置登高和防坠落的设施。

(2)构件吊装和管道安装时的悬空作业应符合下列规定:

① 钢结构吊装,构件宜在地面组装,安全设施应一并设置。吊装时,应在作业层下方设置一道水平安全网。

② 吊装钢筋混凝土屋架、梁、柱等大型构件前,应在构件上预先设置登高通道、操作立足点等安全设施。

③ 在高空安装大模板、吊装第一块预制构件或单独的大中型预制构件时,应站在作业平台上操作。

④ 当吊装作业利用吊车梁等构件作为水平通道时,临空面的一侧应设置连续的栏杆等防护措施。当采用钢索做安全绳时,钢索的一端应采用花篮螺栓收紧;当采用钢丝绳做安全绳时,绳的自然下垂度不应大于绳长的1/20,并应控制在100 mm以内。

⑤ 钢结构安装施工宜在施工层搭设水平通道,水平通道两侧应设置防护栏杆。当利用钢梁作为水平通道时,应在钢梁一侧设置连续的安全绳,安全绳宜采用钢丝绳。

⑥ 钢结构、管道等安装施工的安全防护设施宜采用标准化、定型化产品。

(3)严禁在未固定、无防护的构件及安装中的管道上作业或通行。

(4)模板支撑体系搭设和拆卸时的悬空作业应符合下列规定:

① 模板支撑应按规定的程序进行,不得在连接件和支撑件上攀登上下,不得在上下同一垂直面上装拆模板。

② 在2 m以上高处搭设与拆除柱模板及悬挑式模板时,应设置操作平台。

③ 在进行高处拆模作业时,应配置登高用具或搭设支架。

(5)绑扎钢筋和预应力张拉时的悬空作业应符合下列规定:

① 绑扎立柱和墙体钢筋,不得站在钢筋骨架上或攀登骨架。

② 在2 m以上的高处绑扎柱钢筋时,应搭设操作平台。

③ 在高处进行预应力张拉时,应搭设有防护挡板的操作平台。

(6) 混凝土浇筑与结构施工时的悬空作业应符合下列规定:
① 浇筑高度 2 m 及其以上的混凝土结构构件时,应设置脚手架或操作平台。
② 悬挑的混凝土梁、檐、外墙和边柱等结构施工时,应搭设脚手架或操作平台,并设置防护栏杆,采用密目式安全立网封闭。

(7) 屋面作业时应符合下列规定:
① 在坡度大于 1∶2.2 的屋面上作业,当无外脚手架时,应在屋檐边设置不低于 1.5 m 高的防护栏杆,并应采用密目式安全立网全封闭,如图 6-8 所示。

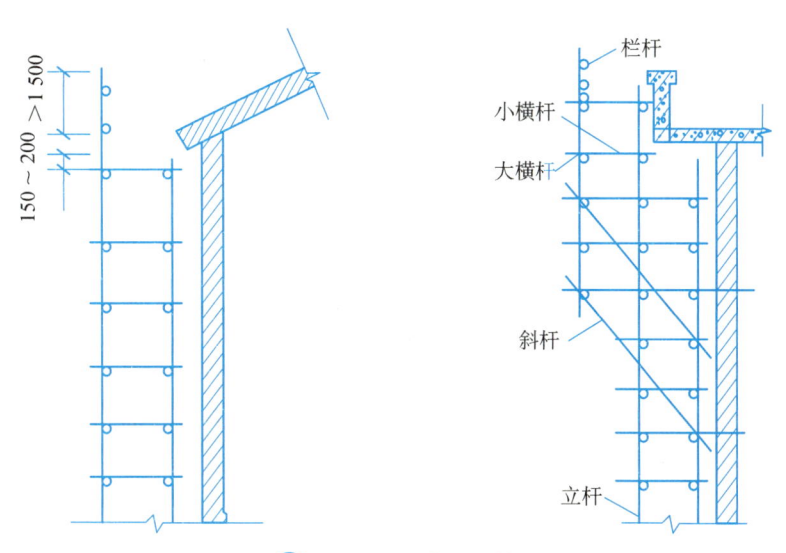

图 6-8　屋面临边防护

② 在轻质型材等屋面上作业,应搭设临时走道板,不得在轻质型材上行走;安装压型板前,应采取在梁下支设安全平网或搭设脚手架等安全防护措施。

(8) 外墙作业时应符合下列规定:
① 门窗作业时,应有防坠落措施,操作人员在无安全防护措施情况下,不得站立在樘子、阳台栏板上作业。
② 高处安装,不得使用座板式单人吊具。

任务 6.5　操作平台与交叉作业安全防护

各类操作平台、载人装置应安全可靠,周边应设置临边防护,并应具有足够的强度、刚度和稳定性,施工作业荷载严禁超过其设计荷载。由钢管、型钢或脚手架等组装搭设制作的供施工现场高处作业和载物的平台,包括移动式、落地式、悬挑式等平台。平台面铺设的钢、木或竹胶合板等材质的脚手板,应符合强度要求,并应平整满铺及可靠固定并设置阻挡物体坠落的隔离防护措施。图 6-9 是钢管脚手架搭设的便于移动的操作平台。

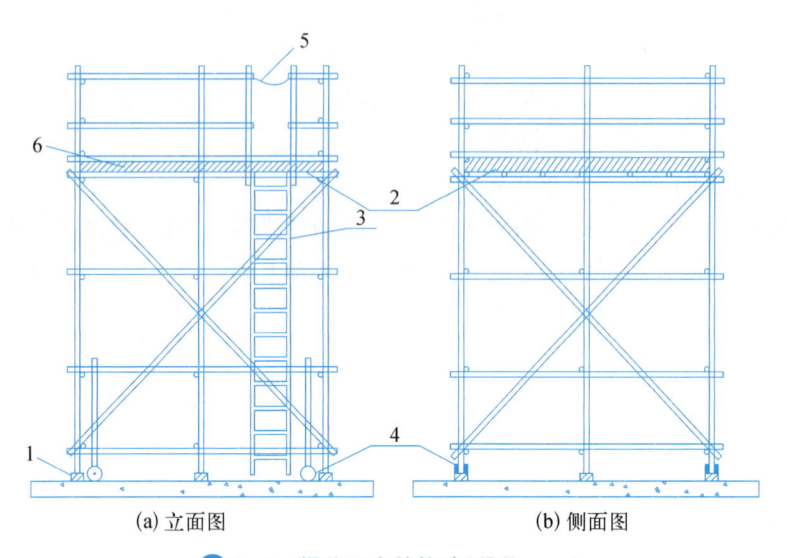

图 6-9 操作平台的构造（单位：mm）

1—木楔；2—竹笆或木板；3—梯子；4—带锁脚轮；5—活动防护绳；6—挡脚板

单独设置的操作平台，应设置供人上下、踏步间距不大于 400 mm 的扶梯。平台投入使用时，应在平台的内侧设置标明允许负载值的限载牌，物料应及时转运，不得超重与超高堆放。

6.5.1 移动式操作平台

可在楼地面建立可移动的带脚轮的脚手架操作平台。

（1）移动式操作平台的面积不应超过 10 m²，高度不应超过 5 m，高宽比不应大于 3∶1，施工荷载不应超过 1.5 kN/m²。

（2）移动式操作平台的轮子与平台架体连接应牢固，立柱底端离地面不得超过 80 mm，行走轮和导向轮应配有制动器或刹车闸等固定措施，如图 6-10 所示。

图 6-10 正确使用操作平台

(3)移动式行走轮的承载力不应小于 5 kN,行走轮制动器的制动力矩不应小于 2.5 N·m,移动式操作平台架体应保持垂直,不得弯曲变形,行走轮的制动器除在移动情况外,均应保持制动状态。

(4)移动式操作平台在移动时,操作平台上不得站人。

▶ 6.5.2 落地式钢平台

从地面或楼面搭起、不能移动的操作平台,形式主要有单纯进行施工作业的施工平台和可进行施工作业与承载物料的接料平台。

(1)落地式操作平台的架体构造应符合下列规定:

①落地式操作平台的面积不应超过 10 m²,高度不应超过 15 m,高宽比不应大于 2.5∶1;

②施工平台的施工荷载不应超过 2.0 kN/m²,接料平台的施工荷载不应超过 3.0 kN/m²;

③落地式操作平台应独立设置,并与建筑物进行刚性连接,不得与脚手架连接;

④用脚手架搭设落地式操作平台时,其结构构造应符合相关脚手架规范的规定,在立杆下部设置底座或垫板、纵向与横向扫地杆,在外立面设置剪刀撑或斜撑;

⑤落地式操作平台应从底层第一步水平杆起逐层设置连墙件且间隔不应大于 4 m,同时应设置水平剪刀撑。连墙件应采用可承受拉力和压力的构造,并与建筑结构可靠连接。

(2)落地式操作平台的搭设材料及搭设技术要求、允许偏差应符合相关脚手架规范的规定。

(3)落地式操作平台应按相关脚手架规范的规定计算受弯构件强度、连接扣件抗滑承载力、立杆稳定性、连墙杆件强度与稳定性及连接强度、立杆地基承载力等。

(4)落地式操作平台一次搭设高度不应超过相邻连墙件以上两步。

(5)落地式操作平台的拆除应由上而下逐层进行,严禁上下同时作业,连墙件应随工程施工进度逐层拆除。

(6)落地式操作平台应符合有关脚手架规范的规定,检查与验收应符合下列规定:

①搭设操作平台的钢管和扣件应抽检合格;

②搭设前应对基础进行检查验收,搭设中应随施工进度按结构层对操作平台进行检查验收;

③遇 6 级及其以上大风、雷雨、大雪等恶劣天气及停用超过 1 个月,恢复使用前应进行检查;

④操作平台使用中应定期进行检查。

▶ 6.5.3 悬挑式钢平台

以悬挑形式搁置或固定在建筑物结构边沿的操作平台,形式主要有斜拉式悬挑操作平台和支承式悬挑操作平台。

(1)悬挑式操作平台,构造如图 6-11 所示,其设置应符合下列规定:

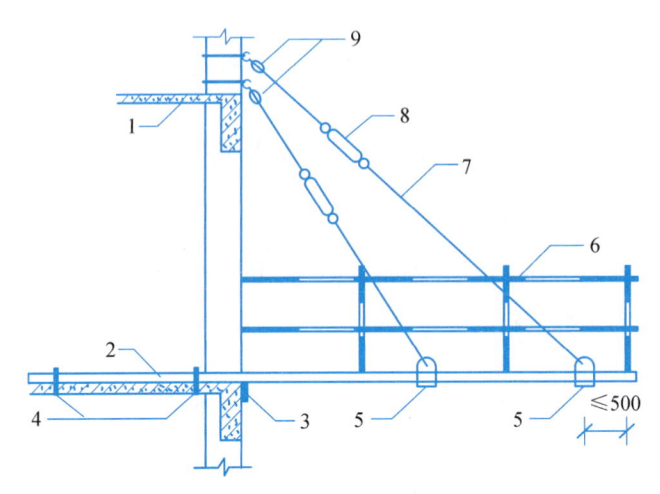

图 6-11 卸料平台结构简图
1—混凝土结构梁板；2—主梁搁置端；3—止挡件；4—主梁锚固点；
5—下吊点；6—防护栏杆；7—钢丝绳；8—花篮螺栓；9—上吊点

① 悬挑式操作平台的搁置点、拉结点、支撑点应设置在主体结构上，且可靠连接；

② 未经专项设计的临时设施上不得设置悬挑式操作平台；

③ 悬挑式操作平台的结构应稳定可靠，且其承载力应符合使用要求。

（2）悬挑式操作平台的悬挑长度不宜大于 5 m，承载力需经设计验收。

（3）采用斜拉方式的悬挑式操作平台应在平台两边各设置前后两道斜拉钢丝绳，每一道均应作单独受力计算和设置。

（4）采用支承方式的悬挑式操作平台，应在钢平台的下方设置不少于两道的斜撑，斜撑的一端应支承在钢平台主结构钢梁下，另一端支承在建筑物主体结构上。

（5）采用悬臂梁式的操作平台，应采用型钢制作悬挑梁或悬挑桁架，不得使用钢管，其节点应是螺栓或焊接的刚性节点，不得采用扣件连接。当平台板上的主梁采用与主体结构预埋件焊接时，预埋件、焊缝均应经设计计算，建筑主体结构需同时满足强度要求。

（6）悬挑式操作平台安装吊运时应使用起重吊环，与建筑物连接固定时应使用承载吊环。

（7）当悬挑式操作平台安装时，钢丝绳应采用专用的卡环连接，钢丝绳卡数量应与钢丝绳直径相匹配，且不得少于 4 个。钢丝绳卡的连接方法应满足规范要求。建筑物锐角利口周围系钢丝绳处应加衬软垫物。

（8）悬挑式操作平台的外侧应略高于内侧。外侧应安装固定的防护栏杆，并设置防护挡板完全封闭。

（9）不得在悬挑式操作平台吊运、安装时上人。

6.5.4 交叉作业

严禁无防护措施进行多层垂直作业。多工种垂直交叉作业存在安全风险时,应在上下层之间设置安全防护设施。

在施工现场的垂直空间呈贯通状态下,凡有可能造成人员或物体坠落的,并处于坠落半径范围内的、上下左右不同层面的立体作业,需要做到:

(1) 施工现场立体交叉作业时,下层作业的位置应处于坠落半径之外,坠落半径见表 6-3 的规定。模板、脚手架等拆除作业应适当增大坠落半径。当达不到规定时,应设置安全防护棚,下方应设置警戒隔离区。

表 6-3 坠落半径

序号	上层作业高度 h/m	坠落半径/m
1	$2 \leqslant h < 5$	3
2	$5 \leqslant h < 15$	4
3	$15 < h < 30$	5
4	$h \geqslant 30$	6

(2) 施工现场人员进出的通道口、处于起重设备的起重机臂回转范围之内的通道,顶部应搭设防护棚并具备抗高处坠物穿透的性能。落地式防护棚的构造如图 6-12 所示,悬挑式防护棚的构造如图 6-13 所示。

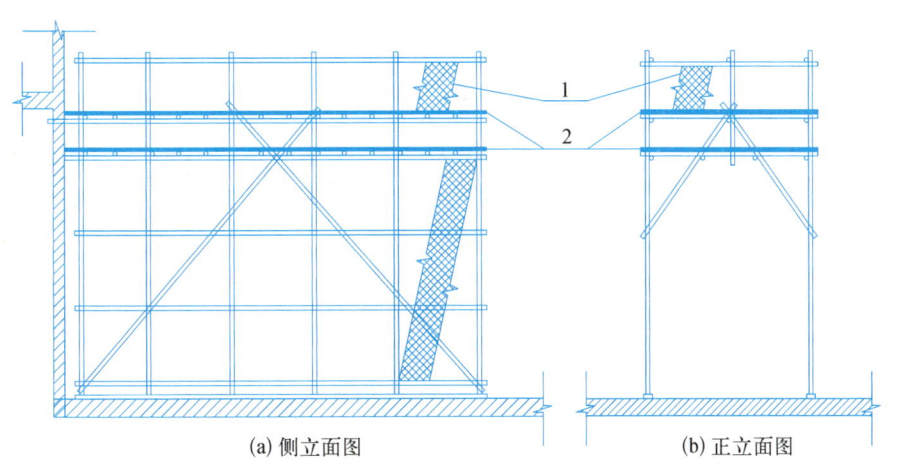

(a) 侧立面图   (b) 正立面图

图 6-12 通道口防护示意(单位:mm)
1—密目网;2—竹笆或木板

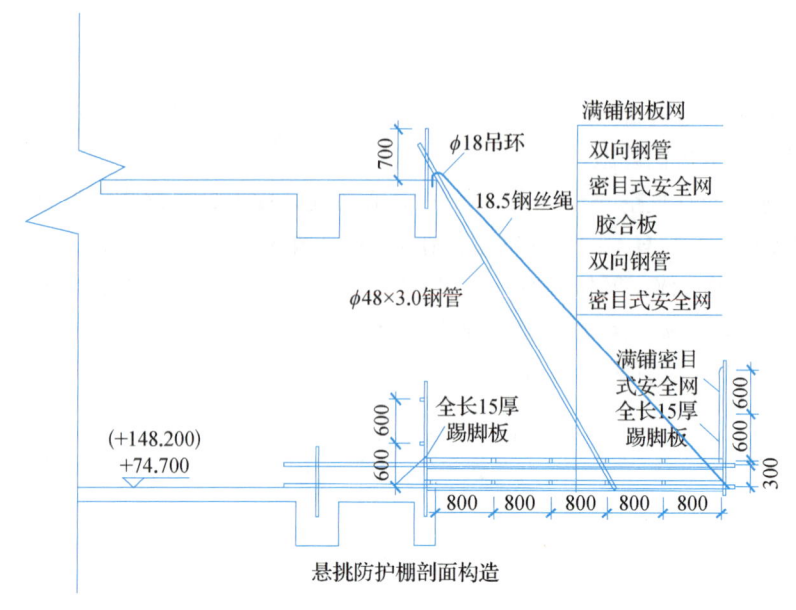

图 6-13 悬挑式防护棚(单位:mm)

（3）操作平台内侧通道的上下方应设置阻挡物体坠落的隔离防护措施。

（4）防护棚的顶棚使用竹笆或胶合板搭设时，应采用双层搭设，间距不应小于 700 mm。

当使用木板时，可采用单层搭设，木板厚度不应小于 50 mm，或可采用与木板等强度的其他材料搭设。防护棚的长度应根据建筑物高度与可能坠落半径确定。

（5）当建筑物高度大于 24 m 并采用木板搭设时，应搭设双层防护棚，两层防护棚的间距不应小于 700 mm。

（6）不得在防护棚棚顶堆放物料。

任务 6.6　防坠落特种劳动防护用品

防止作业人员意外情况下自高处作业坠落，则需要佩戴安全带；高处防护不当致使物料自高处飞落下来，为降低或减少现场物体打击伤害，佩戴安全帽作为最终防护手段，是每一位进入施工现场的人员都必须主动采取的防护手段；作为主动控制措施，临边和洞口除了设置必要的防护栏杆，外侧还必须采用密目式安全网进行封闭。

6.6.1　安全帽

1. 安全帽的作用

普通安全帽的设计构造组成如图 6-14 所示。主要组成部分作用如下：

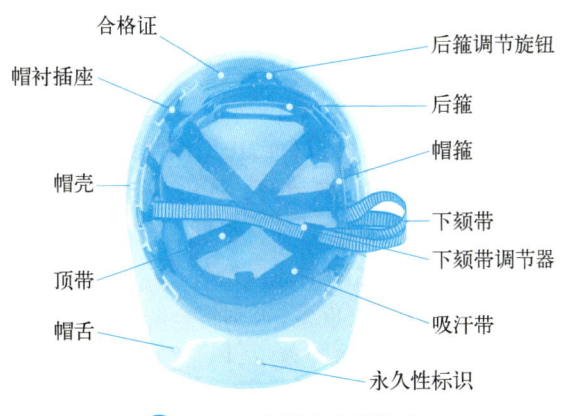

图 6-14　普通安全帽构造

（1）帽壳一般采用塑料、玻璃钢、橡胶、金属及植物编织材料，应具有耐冲击力作用。

（2）帽箍贴近头皮，保证安全帽戴牢在头上，即使不系下颚带，一般情况下也不会从头上脱落安全帽。

（3）帽箍与帽壳之间应有 2~4 cm 的间隙，在帽壳外部受到冲击力时，可以有效地起到缓冲作用。

（4）下颏带主要起辅助固定作用，系上下颚带，可以在不同工况下都能保证安全帽稳妥地戴在头上起到保护作用。

（5）为了防止在特殊情况下不致使下颚带勒断喉咙，下颚带与帽箍的系绳断裂拉力应有上限值，下颏带强度控制在 150~250 N 之间，保证下颏带应有的强度，同时又可使下颏带在必要时发生断裂，保护人员颈部免受伤害。

2. 安全帽的选购、检查与检测

（1）施工单位必须选购符合国家标准的安全帽。安全帽应有永久性标志、标准编号、制造厂名、生产日期（年、月）、产品名称、产品的特殊技术性能、有效使用期限等。

（2）要定期检查安全帽是否存在龟裂、下凹、裂痕和磨损等情况。若发现异常现象，要立即更换，不得继续使用。任何受过重击的安全帽，不论有无损坏痕迹，均应报废。

（3）《头部防护　安全帽》（GB 2811—2019）对安全帽的性能做出了明确的规定，安全帽试验检测的具体要求参见表 6-4。

表 6-4　安全帽试验检测项目一览表

序号	技术性能	检测试验项目或条件	技术要求
1	冲击吸收性能	预处理条件	高温 50 ℃，低温 −10 ℃，浸水，紫外线照射 400 h
		冲击力	≤4 900 N
		帽壳	不得有碎片脱落
2	耐穿刺性能	预处理条件	高温 50 ℃，低温 −10 ℃，浸水，紫外线照射 400 h
		帽壳	钢锥不得接触头模表面
			不得有碎片脱落

为适应不同工况条件,安全帽还需要具有耐低温、耐高温、防静电、电绝缘、侧向刚性、阻燃性、耐熔融金属飞溅等特殊性能。

3. 安全帽的正确使用

(1) 戴安全帽前,应将帽后调节系统按自己头型调整到适合的尺寸位置,然后将帽的下颚带系牢。缓冲衬垫的松紧出厂时已调节好。人的头顶和帽体内顶的空间垂直距离一般在 25~50 mm 之间,以不小于 32 mm 为佳。如此,既能保证当遭受冲击时帽体有足够的空间可供缓冲,也有利于头与帽体之间的通风透气。

(2) 安全帽应正确佩戴,不得歪戴、反戴,否则将会降低安全帽对于冲击的防护作用。

(3) 安全帽的下颚带必须扣在颚下,并系牢,松紧适度,以防被大风吹掉,或被其他障碍物碰掉,或由于头的前后摆动使安全帽脱落。

(4) 安全帽体顶部除了在帽体内部安装帽衬外,有的还开有小孔通风。使用过程中严禁为了透气而再行开孔,从而使帽体的强度降低。

(5) 严禁使用只有下颚带与帽壳连接而帽内无缓冲层的安全帽。

(6) 施工人员在现场作业时,不得将安全帽脱下搁置一旁,或当坐垫、板凳使用。

6.6.2 建筑施工安全网

安全网是用来防止人、物坠落,或用来避免、减轻坠落及物击伤害的网具,一般由网体、边绳、系绳、筋绳等构件组成,根据功能,安全网分平网和立网。

(1) 安全网的类别与选用

① 安装平面不垂直于水平面,用来防止人、物坠落,或用来避免、减轻坠落及物击伤害的安全网,简称为平网。平网的规格一般是 1.2 m×4 m(5 m、5.5 m、5.8 m、6 m)。

② 安装平面垂直于水平面,用于阻挡人员、视线、自然风、飞溅及失控小物体的网,简称为立网或密目式安全网。密网特征:2 000 目/100 cm^2,常见规格有 1.8 m×6 m、1.5 m×6 m 等。

③ 每张安全网出厂前,必须有国家指定的监督检验部门批量检验证和工厂检验合格证,安全网使用必须符合有关技术性能的要求。

安全网的材质、规格、要求及其物理性能、耐火性、阻燃性应满足现行国家标准《安全网》(GB 5725—2009)的规定。

上海"11·15"特大火灾造成巨大伤亡及财产损失,引发质监部门对于防火安全网产品质量安全监管问题的深刻思考。稽查总队首先想到此次大火的直接原因是由无证电焊工操作不当引起的,立挂在大楼四周的密目式安全网是导致火势蔓延的直接原因。

④ 施工现场在使用密目式安全立网前,应检查产品分类标记、产品合格证、网目数及网体重量,确认合格方可使用。

当需采用平网进行防护时,严禁使用密目式安全立网代替平网使用。

(2) 安全网应有专人保管发放,暂时不用的应存放在通风、避光、隔热、无化学品污染的仓库或专用场所。

(3) 安全网的搭设

① 安全网搭设应牢固、严密、完整有效,易于拆卸。安全网的支撑架应具有足够的强

度和稳定性。

② 密目式安全立网搭设时每个开眼环扣应穿入系绳,系绳应绑扎在支撑架上,间距不得大于 450 mm。相邻密目网间应紧密结合或重叠。

③ 当立网用于龙门架、物料提升架及井架的封闭防护时,四周边绳应与支撑架贴紧,边绳的断裂张力不得小于 3 kN,系绳应绑在支撑架上,间距不得大于 750 mm。

④ 用于电梯井、钢结构和框架结构及构筑物封闭防护的平网应符合下列规定:

a. 平网每个系结点上的边绳应与支撑架靠紧,边绳的断裂张力不得小于 7 kN,系绳沿网边均匀分布,间距不得大于 750 mm;

b. 钢结构厂房和框架结构及构筑物在作业层下部应搭设平网,落地式支撑架应采用脚手钢管,悬挑式平网支撑架应采用直径不小于 9.3 mm 的钢丝绳;

c. 电梯井内平网网体与井壁的空隙不得大于 25 mm。安全网拉结应牢固。

(4) 使用时应避免发生下列现象:

① 随便拆除安全网的构件;

② 人跳进或把物品投入安全网内;

③ 焊接或其他火星落入安全网内;

④ 在安全网内或下方堆积物品;

⑤ 安全网周围有严重腐蚀性烟雾。

6.6.3 建筑施工用安全带

高处作业人员佩戴安全带,在于通过束缚人的腰部,使人高空坠落的惯性得到缓冲,减轻和消除高空坠落所引起的人身伤亡事故的发生,可以有效地提高操作工人的安全系数。

作业人员在登高和高处作业时,必须系、挂好安全带。安全带的使用和维护有以下几点要求:

(1) 思想上重视安全带的作用。无数事例证明,安全带是"救命带"。但仍有不少人因为觉得系安全带麻烦而不按要求系、挂。殊不知,事故发生就在一瞬间。

(2) 安全带使用前应检查各部位是否完好无损,如绳带有无变质,卡环是否有裂纹,卡簧弹性是否良好,是否与安全绳相匹配等。

(3) 坠落距离同安全带挂点与佩戴者的相应位置密切相关,挂点与佩戴者位置根据使用环境的不同可能是高挂、低挂或同人体平齐。发生坠落时,高挂人下坠距离小,安全扣锁死时速度小,惯性对人腰部伤害轻,故安全带高挂低用较为安全,不宜低挂高用。

(4) 高处作业时若安全带无固定拴挂处,应采用适当强度的钢丝绳或其他方法。禁止把安全带挂在移动或带尖锐棱角或不牢固的物件上。

(5) 安全带应拴挂在牢固的构件或物体上,防止摆动或碰撞,安全带绳不可打结使用。

(6) 安全带绳保护套应保持完好,以防绳被磨损。若发现保护套损坏或脱落,必须加上新套后再使用。

(7) 安全带严禁接长使用,使用 3 m 及以上的长绳时必须要加缓冲器,各部件不得任意拆除。

（8）安全带在使用前后应注意维护，经常检查安全带缝制部分和挂钩部分，详细检查捻线是否发生裂断或存在残损。

（9）安全带不使用时应妥善保管，不可接触高温、明火、强酸、强碱或尖锐物体，不得存放在潮湿的仓库中。

（10）企业在使用过程中应每年进行一次安全带的检验，频繁使用应经常进行外观检查，发现异常必须立即更换。

（11）工作中应根据伸展长度考察安全空间是否符合要求。安全空间体现工作场所的安全要素，一般为安全带佩戴者下方的立体空间，这个空间不存在任何物体会对坠落者造成碰撞伤害。

个体防护装备选用与正确使用

▶ 思考与拓展 ◀

1. 高处作业容易产生哪些事故伤害？
2. 根据《建筑施工高处作业安全技术规范》（JGJ 80—2016），高处作业共划分为哪些分项工程？
3. 高处作业面设置了防护栏杆外，为何还需要辅以安全网？平网与立网在防护作用上有何区别？
4. 从事高处作业人员，如何加强自身的安全防护？
5. 低处作业人员如何有效防止遭受物体打击伤害？
6. 一名安装工使用人字梯时，因踢蹬折断而从高处坠落摔断小腿。试进行致因分析，并对现场安全生产管理工作提出具体的修改建议。

学习情境 7　脚手架与临时支撑结构

知识目标

了解不同类别钢管脚手架的技术要求；
了解脚手架搭设的构造要求；
了解不同支撑结构技术要求；
熟悉脚手架和临时支撑架承载的荷载构成与传力路径；
熟悉脚手架和临时支撑架拆除的顺序和安全技术要求；
掌握架体的支撑基础、悬挑梁、附着支撑结构等安全技术要求；
掌握保证架体结构安全稳定性需要采取的技术措施。

职业技能目标

能够对进场使用的架体构配件进行质量检查与验收；
能够在架体搭设、使用和拆除过程中跟踪检查、排查隐患与治理；
监督采取必要的预防作业人员坠落和因落物产生物体打击伤害的安全防护措施。

规范依据

《施工脚手架通用规范》(GB 55023—2022)
《建筑施工脚手架安全技术统一标准》(GB 51210—2016)
《建筑施工碗扣式钢管脚手架安全技术规范》(JGJ 166—2016)
《建筑施工承插型盘扣式钢管脚手架安全技术标准》(JGJ/T 231—2021)
《建筑施工扣件式钢管脚手架安全技术规范》(JGJ 130—2011)
《建筑施工模板安全技术规范》(JGJ 162—2008)
《建筑施工工具式脚手架安全技术规范》(JGJ 202—2010)
《建筑施工临时支撑结构技术规范》(JGJ 300—2013)
《混凝土结构工程施工规范》(GB 50666—2011)

三维空间工程建设实体的施工建造过程，都是由从业人员在高处进行作业。脚手架就是为建筑施工提供作业条件的结构架体,作业人员利用脚手架可以开展方便快捷的施工作业。根据不同的建造作业用途,脚手架一般分为作业脚手架和支撑脚手架。

任务 7.1 脚手架的类别及其技术要求

7.1.1 脚手架类别

脚手架构成杆件及配件组成如图 7-1 所示。

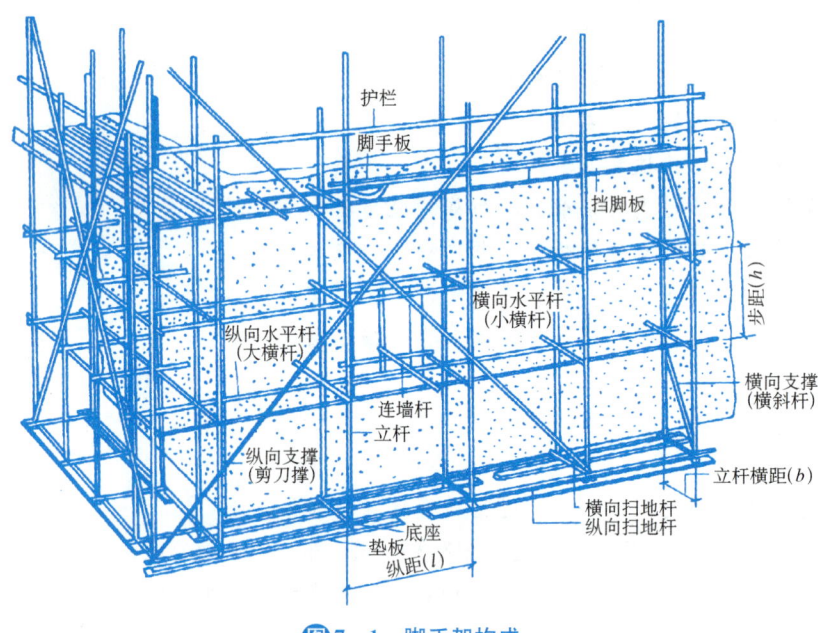

图 7-1 脚手架构成

1. 按结构形式分类

(1) 扣件式钢管脚手架。
(2) 悬挑式脚手架。
(3) 门型钢管脚手架(如图 7-2)。
(4) 碗扣式脚手架(如图 7-3)。
(5) 附着式升降脚手架。
(6) 承插型盘扣式钢管支架(如图7-4)。
(7) 高处作业吊篮(如图 7-5)。
(8) 满堂脚手架。

2. 按支承部位和形式分类

(1) 落地式:搭设(支座)在地面、楼面、屋面或其他平台结构之上的脚手架。
落地式脚手架的地基及基座要求:

① 平整、夯实，垫板长度不少于 2 跨、厚度不小于 50 mm、宽度不小于 200 mm 的木垫板，或 12～16 号的槽钢。高层脚手架立杆基础构造如图 7-6 所示。

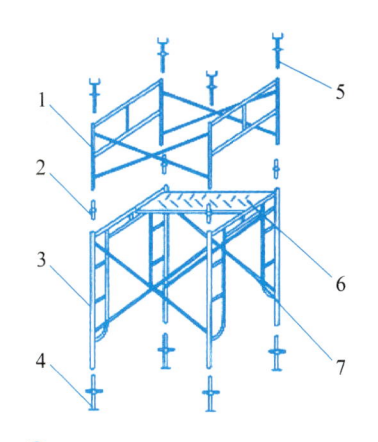

图 7-2　门式脚手架构造示意图
1—上架；2—连接销；3—下架；4—可调底座；
5—可调 U 型顶托；6—脚踏板；7—斜拉杆

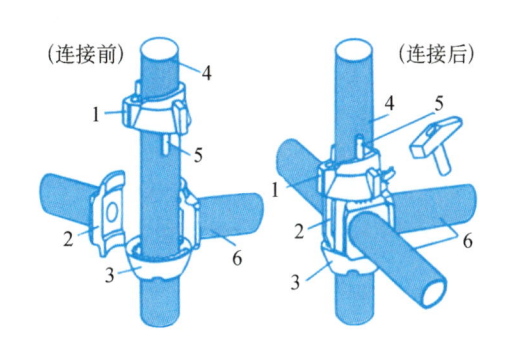

图 7-3　碗扣式节点构造
1—上碗扣；2—横杆接头；3—下碗扣；
4—立杆；5—限位销；6—横杆

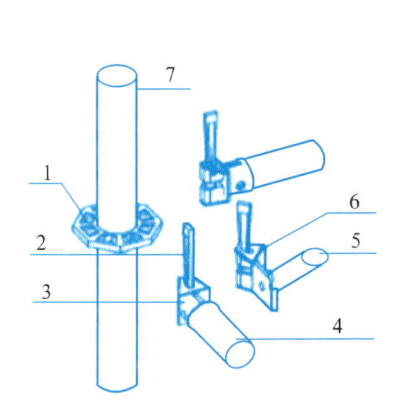

图 7-4　盘扣节点连接构造
1—连接盘；2—插销；3—水平杆
端扣接头；4—水平杆；5—斜杆；6—斜杆
杆端扣接头；7—立杆

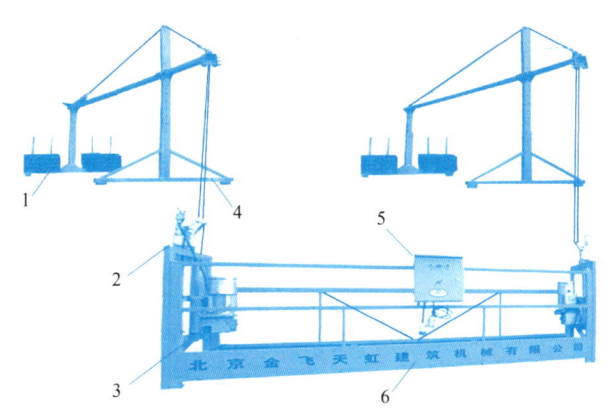

图 7-5　悬吊式脚手架
1—配重；2—安全锁；3—提升机；4—悬挂机构；
5—电器控制系统；6—平台

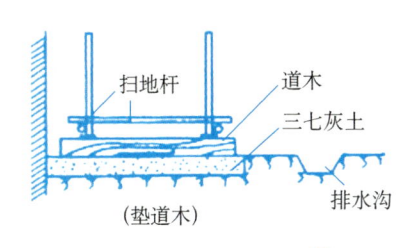

图 7-6　高层脚手架基底构造

② 底座:《钢管脚手架扣件》(GB 15831—2006)中规定在 50 kN 压力时,底座不破坏。

③ 扫地杆:纵向扫地杆应采用直角扣件固定在距钢管底端不大于 200 mm 处的立杆上。横向扫地杆应采用直角扣件固定在紧靠纵向扫地杆下方的立杆上。

(2) 悬挑式:采用悬挑方式支固的脚手架,其悬挑支撑方式有以下三种:架设于专用悬挑梁上;架设于专用悬挑三角桁架上;架设于由撑拉杆件组合的支挑结构上。其支挑结构有斜撑式、斜拉式、拉撑式和顶固式等多种,型钢悬挑脚手架构造如图 7-7 所示。悬挑钢梁需要满足以下要求:

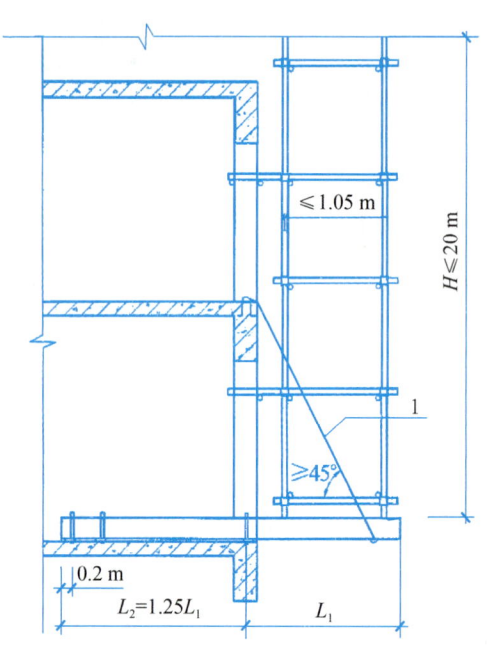

图 7-7 型钢悬挑脚手架构造
1—钢丝绳或钢拉杆

① 钢梁截面尺寸应经设计计算确定,采用工字钢截面高度不应小于 160 mm;
② 钢梁锚固端长度应不小于悬挑长度的 1.25 倍;
③ 钢梁锚固处结构强度、锚固措施应符合规范要求;
④ 钢梁外端应设置钢丝绳或钢拉杆并与上层建筑结构拉结;
⑤ 钢梁间距应与悬挑架立杆纵距相一致。

(3) 附墙悬挂脚手架:在上部或中部挂设于墙体挑挂件上的定型脚手架。

(4) 悬吊脚手架:悬吊于悬挑梁或工程结构之下的脚手架,悬挂机构与悬吊平台吊兰构造如图 7-5 所示。

(5) 附着式升降脚手架:附着于工程结构,依靠自身提升设备实现升降的悬空脚手架,如图 7-8 所示。

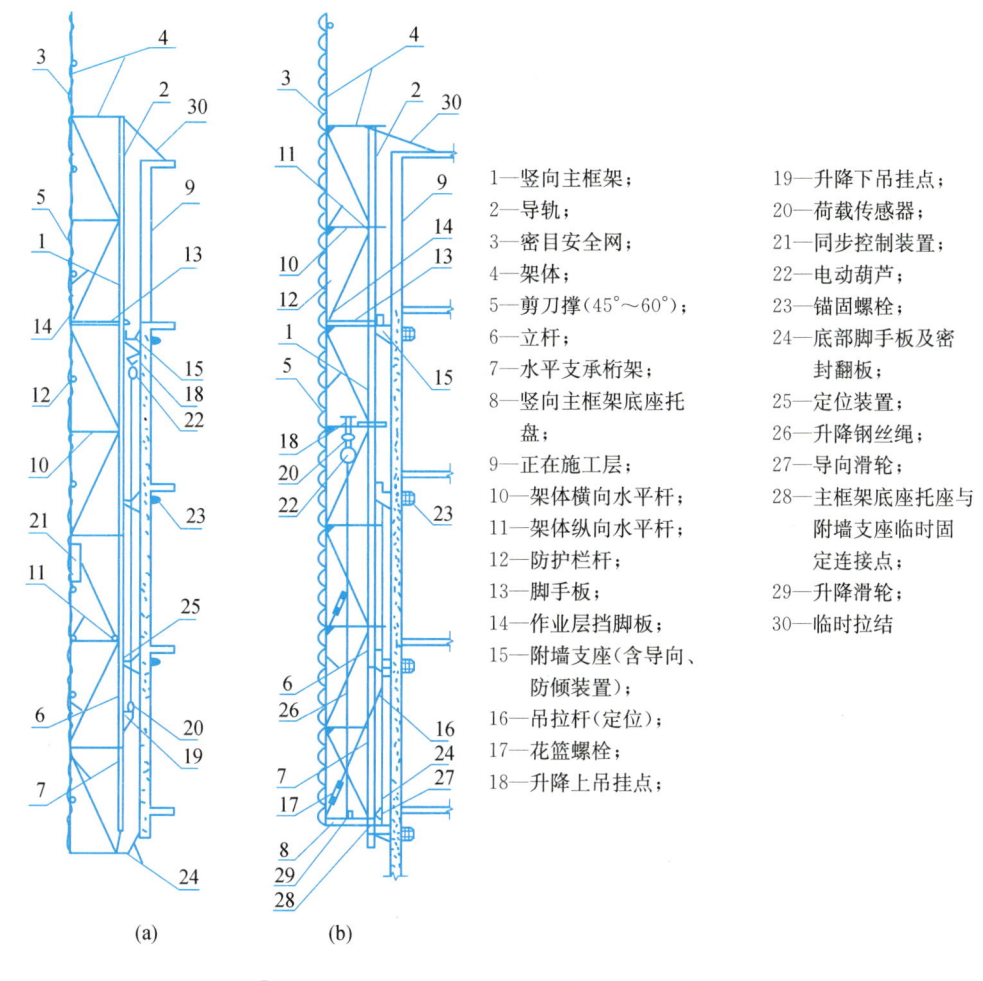

学习情境 7　脚手架与临时支撑结构

图例说明：
1—竖向主框架；
2—导轨；
3—密目安全网；
4—架体；
5—剪刀撑（45°～60°）；
6—立杆；
7—水平支承桁架；
8—竖向主框架底座托盘；
9—正在施工层；
10—架体横向水平杆；
11—架体纵向水平杆；
12—防护栏杆；
13—脚手板；
14—作业层挡脚板；
15—附墙支座（含导向、防倾装置）；
16—吊拉杆（定位）；
17—花篮螺栓；
18—升降上吊挂点；
19—升降下吊挂点；
20—荷载传感器；
21—同步控制装置；
22—电动葫芦；
23—锚固螺栓；
24—底部脚手板及密封翻板；
25—定位装置；
26—升降钢丝绳；
27—导向滑轮；
28—主框架底座托座与附墙支座临时固定连接点；
29—升降滑轮；
30—临时拉结

图 7-8　两种不同竖向主框架的架体断面构造图

（6）水平移动脚手架：带行走装置的脚手架或操作平台架。

3. 脚手架材料与构配件

脚手架的杆件材料主要有木、竹、钢等，通过一定的配件将杆件连接构成架体结构。现场施工用的脚手架材料与构配件需满足以下要求：

（1）脚手架材料与构配件的性能指标应满足脚手架使用的需要，质量应符合国家现行相关标准的规定。

（2）脚手架材料与构配件应有产品质量合格证明文件。

（3）脚手架所用杆件和构配件应配套使用，并应满足组架方式及构造要求。

（4）脚手架材料与构配件在使用周期内，应及时检查、分类、维护、保养，对不合格品应及时报废，并应形成文件记录。

（5）对于无法通过结构分析、外观检查和测量检查确定性能的材料与构配件，应通过试验确定其受力性能。

7.1.2　企业资质要求

（1）脚手架工程施工单位必须具有相应的专业承包资质及安全生产许可证，并在其资质许可范围及法定有效期内从事脚手架的搭设与拆除作业活动。

（2）脚手架工程施工单位不得将其承包的专业工程中非劳务作业部分再分包。

7.1.3　施工人员要求

建筑架子工属于建筑施工特种作业人员，必须经建设行政主管部门考核合格，取得建筑施工特种作业人员操作资格证书，方可上岗从事脚手架的搭设与拆除作业。

7.1.4　施工技术要求

（1）脚手架应根据使用功能和环境进行设计，脚手架搭设和拆除作业前应编制专项施工方案。专项施工方案应依据工程特点、现场情况及《建筑施工扣件式脚手架安全技术规范》(JGJ 130—2011)、《建筑施工碗扣式钢管脚手架安全技术规范》(JGJ 166—2016)、《建筑施工承插型盘扣式钢管支架安全技术规程》(JGJ 231—2021)、《建筑施工工具式脚手架安全技术规范》(JGJ 202—2010)、《建筑施工门式钢管脚手架安全技术规范》(JGJ 128—2010)、《建筑施工木脚手架安全技术规范》(JGJ 164—2008)、《建筑施工安全检查标准》(JGJ 59—2011)等标准、规范编制。脚手架专项施工方案应包括下列主要内容：

① 工程概况和编制依据；
② 脚手架类型选择；
③ 所用材料、构配件类型及规格；
④ 结构与构造设计施工图；
⑤ 结构设计计算书；
⑥ 搭设、拆除施工计划；
⑦ 搭设、拆除技术要求；
⑧ 质量控制措施；
⑨ 安全控制措施；
⑩ 应急预案。

（2）钢管和扣件应有质量合格证明，项目部应对进场材料进行验收，经相关检测合格后方可使用。

（3）临街搭设脚手架时，外侧应有防止坠物伤人的防护措施。

（4）在脚手架上进行电、气焊（割）作业时，应有可靠的防火措施和专人监管。

（5）工地临时用电线路的架设及脚手架接地、避雷措施等，应按《施工现场临时用电安全技术规范》(JGJ 46—2005)的有关规定执行。

（6）脚手架工程，严禁与物料提升机、施工升降机、塔吊等起重设备机身及其附着设施相连接，严禁与物料周转平台等架体相连接，且不得与模板支架工程相连接。

（7）临街搭拆作业时，外侧应有防坠物伤人的防护措施。当遇有6级以上强风和雨、雾、雪天气时,应停止搭拆作业活动。雪、雨后上架作业应有防滑措施,并扫除积雪。对长期停用的脚手架,在恢复使用前或拆除前应进行检查,确保作业人员安全。脚手架在使用过程中应经常进行检查,特别是在大风、暴雨后更要进行检查,发现问题应及时处理。

(8) 脚手架工程施工时,应首先由脚手架工程技术负责人向架子班组作业人员进行安全技术交底,并有交底书,交底后双方应签字并注明交底日期。

任务 7.2　脚手架安全搭设要求

脚手架构造与搭设要求

7.2.1　立杆基础

基础土层、排水设施、扫地杆设置对脚手架基础稳定性有着重要影响。脚手架基础应采取防止积水浸泡的措施,减少或消除在搭设和使用过程中由于地基不均匀沉降导致的架体变形。

(1) 应清除搭设场地杂物,平整搭设场地,并使排水畅通。

(2) 立杆垫板或底座底面标高宜高于自然地坪 50～100 mm。

(3) 底座安放应符合下列规定:

① 底座、垫板均应准确地放在定位线上;

② 垫板宜采用长度不少于 2 跨、厚度不小于 50 mm、宽度不小于 200 mm 的木垫板。

(4) 脚手架底部立杆必须设置纵、横向扫地杆。纵向扫地杆应采用直角扣件固定在距底座上方不大于 200 mm 处的立杆上。横向扫地杆应采用直角扣件固定在紧靠纵向扫地杆下方的立杆上。

(5) 门式脚手架底部门架的立杆下端宜设置固定底座或可调底座。可调底座和可调托座的调节螺杆直径不应小于 35 mm,可调底座的调节螺杆伸出长度不应大于 200 mm。

(6) 双排碗扣式钢管脚手架首层立杆应采用不同的长度交错布置,底层纵、横向横杆作为扫地杆距地面高度应小于或等于 350 mm。严禁施工中拆除扫地杆。立杆应配置可调底座或固定底座。

7.2.2　架体稳定

连墙件、剪刀撑、加固杆件、立杆偏差对架体整体刚度有着重要影响,连墙件的设置应按规范要求间距从底层第一步架开始,随脚手架搭设同步进行,不得漏设。剪刀撑、加固杆件位置应准确,角度应合理,连接应可靠,并连续设置形成闭合圈,以提高架体的纵向刚度。

(1) 连墙件的设置应符合下列规定:

① 应靠近主节点设置,偏离主节点的距离不应大于 300 mm。

② 应从底层第一步纵向水平杆处开始设置。当该处设置有困难时,应采用其他可靠措施固定。

③ 应优先采用菱形布置,或采用方形、矩形布置。连墙件的水平间距不得超过3跨,竖向间距不得超过3步,连墙件之上架体的悬臂高度不应超过2步。

(2) 在架体的转角处、开口型作业脚手架端部应增设连墙件,连墙件竖向间距不应大于建筑物层高,且不应大于4 m。

(3) 连墙件中的连墙杆应呈水平设置。当不能水平设置时,应向脚手架一端下斜连接,如图7-9所示。

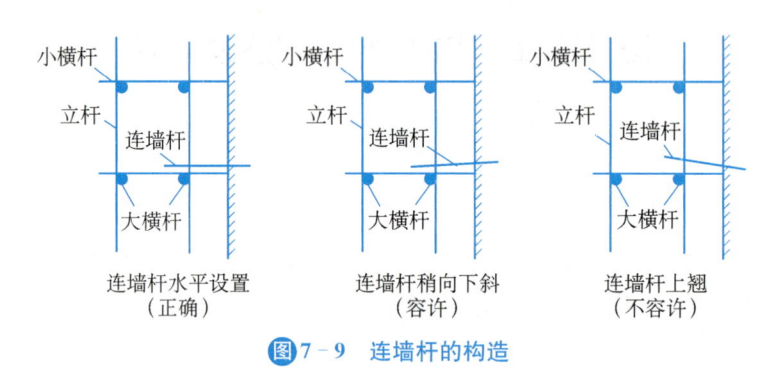

图 7-9 连墙杆的构造

(4) 连墙件应采用能承受压力和拉力的刚性构件,并应与工程结构和架体连接牢固。对高度24 m以上的双排脚手架,应采用刚性连墙件与建筑物连接,如图7-10所示。

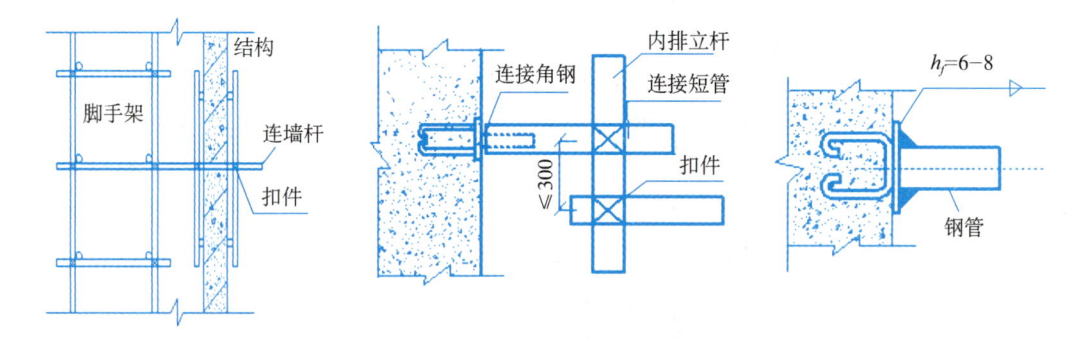

图 7-10 连墙件刚性连接构造

(5) 当脚手架下部暂不能设连墙件时,应采取防倾覆措施。当搭设抛撑时,抛撑应采用通长杆件,并用旋转扣件固定在脚手架上,与地面的倾角应在45°～60°之间;连接点中心至主节点的距离不应大于300 mm。抛撑应在连墙件搭设后方可拆除。

(6) 当架高超过40 m且有风涡流作用时,应采取抗上升翻流作用的连墙措施。

(7) 每道剪刀撑的宽度应为4跨～6跨,且不应小于6 m,也不应大于9 m;剪刀撑斜杆与水平面的倾角应在45°～60°之间;当搭设高度在24 m以下时,应在架体两端、转角及中间每隔不超过15 m各设置一道剪刀撑,并应由底至顶连续设置;当搭设高度在24 m及以上时,应在全外侧立面上由底至顶连续设置。

(8) 悬挑脚手架、附着式升降脚手架应在全外侧立面上由底至顶连续设置。

7.2.3 杆件连接及锁紧

(1) 立杆、纵向水平杆接长应采用对接扣件连接。剪刀撑接长应采用搭接扣件连接。搭接长度不应小于 1 m,应等间距设置 3 个旋转扣件固定,端部扣件盖板边缘至搭接杆端的距离不应小于 100 mm。

(2) 单排、双排与满堂脚手架立杆接长除顶层顶步外,其余各层各步接头必须采用对接扣件连接。

(3) 扣件安装螺栓拧紧扭力矩不应小于 40 N·m,且不应大于 65 N·m。

(4) 门式脚手架杆件与配件的规格应配套,并符合标准规定,杆件、构配件尺寸误差应在允许的范围之内;在各种组合情况下,门架与配件均能处于良好的连接、锁紧状态。

(5) 门式脚手架交叉支撑、锁臂、连接棒等配件与门架相连时,应有防止退出的止退结构;当连接棒与锁臂一起应用时,连接棒可不受此限。脚手板、钢梯与门架相连的挂扣应有防止脱落的扣紧结构。

(6) 门式脚手架应能配套使用,在不同组合情况下均应保证连接方便、可靠,且有良好的互换性。

(7) 门式脚手架或模板支架上下榀门架间应设置锁臂,当采用插销式或弹销式连接棒时可不设锁臂。

(8) 搭设门式脚手架的锁臂、挂钩必须处于锁住状态。

(9) 门式脚手架应在门架两侧的立杆上设置纵向水平加固杆,并采用扣件与门架立杆扣紧。

(10) 碗扣式脚手架的杆件间距、碗扣紧固、水平斜杆对架体稳定性有着重要影响。当架体高度超过 24 m 时,在各连墙件层应增加水平斜杆,使纵横杆与斜杆形成水平桁架,使无连墙立杆构成支撑点,以保证立杆承载力及稳定性。

(11) 碗扣式双排碗扣脚手架应按《建筑施工碗扣式脚手架安全技术规范》(JGJ 166—2016)的构造要求搭设。当连墙件按二步三跨设置时,二层装修作业层应满铺脚手板、外挂密目安全网封闭。

(12) 承插型盘扣式钢管支架各杆件、构配件应按《建筑施工承插型盘扣式钢管支架安全技术规程》(JGJ 231—2010)的要求设置。盘扣插销外表面应与水平杆和斜杆端扣接内表面吻合,使用不小于 0.5 kg 锤子击紧插销,保证插销尾部外露不小于 15 mm。作业面无挂扣钢脚手板时,应设置水平斜杆以保证平面刚度。

(13) 用承插型盘扣式钢管支架搭设双排脚手架时,搭设高度不宜大于 24 m。可根据使用要求选择架体几何尺寸,相邻水平杆步距宜选用 2 m,立杆纵距宜选用 1.5 m 或 1.8 m,且不宜大于 2.1 m,立杆横距宜选用 0.9 m 或 1.2 m。

(14) 对双排脚手架的每步水平杆层,当无挂扣钢脚手架板加强水平层刚度时,应每 5 跨设置水平斜杆。

7.2.4 荷载

脚手架承受的荷载应包括永久荷载和可变荷载。

(1) 脚手架的永久荷载应包含下列内容：
① 脚手架结构件自重；
② 脚手板、安全网、栏杆等附件的自重；
③ 支撑脚手架的支撑体系自重；
④ 支撑脚手架之上的建筑结构材料及堆放物的自重；
⑤ 其他可按永久荷载计算的荷载。

(2) 可变荷载——施工荷载

脚手架作业层上的施工均布荷载标准值应根据实际情况确定，且不应低于表7-1的规定。

表7-1 作业层施工均布荷载标准值

序号	脚手架用途	施工均布荷载标准值(kN/m^2)
1	砌筑工程	3.0
2	其他主体结构工程作业	2.0
3	装修	2.0
4	防护作业	1.0

注：① 表中施工均布荷载标准值为一个操作层上的全部施工荷载。
② 斜梯施工均布荷载标准值不应低于$2\ kN/m^2$。

当在脚手架上同时有2个及以上操作层作业时，在同一跨内的施工均布荷载标准值总和不得超过$4.0\ kN/m^2$。

(3) 用于支撑用的脚手架上的施工荷载标准值应根据实际情况确定，且应不低于表7-2的规定。

表7-2 支撑脚手架上施工均布荷载标准值

类别		施工均布荷载标准值(kN/m^2)
混凝土结构模板支撑脚手架	一般	2.5
	有水平泵管设置	4.0
钢结构安装支撑脚手架	轻钢结构、轻钢空间网架结构	2.0
	普通钢结构	3.0
	重型钢结构	3.5
	其他	≥2.0

放置在支撑架上的移动设备、工具等较大物品，可按照其自重计算其可变荷载标准值。

对于脚手架上的动力荷载，应将振动、冲击物体的自重乘以动力系数1.35后计入可变荷载标准值。

(4) 作用于脚手架上的风荷载标准值，应按现行国家标准《建筑结构荷载规范》(GB 50009—2012)和《建筑施工脚手架安全技术统一标准》(GB 51210—2016)的规定计算取值。在计算水平风荷载标准值时，高耸塔式结构、悬臂结构等特殊脚手架结构应计入风荷载的脉动增大效应。

(5) 脚手架设计时，荷载应按承载能力极限状态和正常使用极限状态计算的需要分别进行组合，并应根据正常搭设、使用或拆除过程中在脚手架上可能同时出现的荷载，取最不利的荷载组合。

承载力极限状态设计时，应按不同使用状况对照表7-3和表7-4选用。

表7-3 作业脚手架荷载的基本组合

计算项目	荷载的基本组合
水平杆强度；附着式升降脚手架的水平支撑桁架及固定吊拉杆强度；悬吊脚手架悬吊支撑结构强度、稳定承载力	永久荷载+施工荷载
立杆稳定承载力；附着升降脚手架竖向主框架及附墙支座强度、稳定承载力	永久荷载+施工荷载+ψ_w风荷载
连墙件强度、稳定承载力	风荷载+N_0
立杆地基承载力	永久荷载+施工荷载

注：N_0为约束脚手架平面外变形所产生的轴向力设计值。
  ψ_w为风荷载组合值系数。

表7-4 支撑脚手架荷载的基本组合

计算项目		荷载的基本组合
水平杆强度	由永久荷载控制的组合	永久荷载+ψ_c施工荷载及其他可变荷载
	由可变荷载控制的组合	永久荷载+施工荷载+ψ_c其他可变荷载
立杆稳定承载力	由永久荷载控制的组合	永久荷载+ψ_c施工荷载及其他可变荷载+ψ_w风荷载
	由可变荷载控制的组合	永久荷载+施工荷载+ψ_c其他可变荷载+ψ_w风荷载
支撑脚手架倾覆		永久荷载+施工荷载及其他可变荷载+风荷载
立杆地基承载力		

根据结构设计理论，正常使用极限状态的荷载组合区别于承载力极限状态，仅取用荷载标准值、不加乘荷载分项系数，计算项目也限于杆件变形如挠度等的验算。

7.2.5 构配件材质

(1) 企业或项目应制定构配件维修检验标准，每使用一个安装拆除周期后，应及时检查、分类、维护、保养，对不合格品应及时报废。

(2) 扣件进入施工现场应检查产品合格证，并进行抽样复检，技术性能应符合《钢管脚手架扣件》(GB/T 15831—2023)的规定。扣件在使用前应逐个挑选，有裂缝、变形、螺栓出现滑丝的严禁使用。

(3) 不得使用带有裂纹、折痕、表面明显凹陷、严重锈蚀的钢管。

(4) 工厂化制作的构配件，应有生产厂的标志，冲压件不得有毛刺、裂纹、明显变形、氧化皮等缺陷，焊接件的焊缝应饱满，焊渣清除干净，不得有未焊透、夹渣、咬肉、裂纹等缺陷。

(5) 门式脚手架与配件的性能、质量及型号的表述方法应符合《建筑施工门式钢管脚手架安全技术规范》(JGJ 128—2010)，并符合下列要求：

① 门式脚手架立杆加强杆的长度不应小于门架高度的 70%；门架宽度不得小于 800 mm，且不宜大于 1 200 mm。

② 门式脚手架钢管平直度允许偏差不应大于管长的 1/500，钢管不得接长使用，不应使用带有硬伤或严重锈蚀的钢管。门架立杆、横杆钢管壁厚的负偏差不应超过 0.2 mm。钢管壁厚存在负偏差时，宜选用热镀锌钢管。

③ 交叉支撑、锁臂、连接棒等配件与门架相连时，应有防止退出的止退机构；当连接棒与锁臂一起应用时，连接棒可不受此限。脚手板、钢梯与门架相连的挂扣应有防止脱落的扣紧机构。

7.2.6 脚手架作业层

脚手架作业层应采取安全防护措施，并应符合下列规定：

(1) 作业脚手架、满堂支撑脚手架、附着式升降脚手架作业层应满铺脚手板，并应满足稳固可靠的要求。当作业层边缘与结构外表面的距离大于 150 mm 时，应采取防护措施。

(2) 采用挂钩连接的钢脚手板，应带有自锁装置且与作业层水平杆锁紧。

(3) 木脚手板、竹串片脚手板、竹笆脚手板应有可靠的水平杆支承，并应绑扎稳固。

(4) 脚手架作业层外边缘应设置防护栏杆和挡脚板。

(5) 作业脚手架底层脚手板应采取封闭措施。

(6) 沿所施工建筑物每 3 层或高度不大于 10 m 处应设置一层水平防护。

(7) 作业层外侧应采用安全网封闭。当采用密目安全网封闭时，密目安全网应满足阻燃要求。

(8) 脚手板伸出横向水平杆以外的部分不应大于 200 mm。

7.2.7 通道

(1) 人行并兼作材料运输的斜道的形式宜按下列要求确定：

① 高度不大于 6 m 的脚手架，宜采用一字形斜道。

② 高度大于 6 m 的脚手架，宜采用之字形斜道。

(2) 斜道的构造应符合下列规定：

① 斜道应附着外脚手架或建筑物设置。

② 运料斜道宽度不宜小于 1.5 m，坡度不应大于 1∶6；人行斜道宽度不宜小于 1 m，坡度不应大于 1∶3。

③ 拐弯处应设置平台，其宽度不应小于斜道宽度。

④ 斜道两侧及平台外围均应设置栏杆及挡脚板。栏杆高度应为 1.2 m，挡脚板高度

不应小于 180 mm。

⑤ 运料斜道两端、平台外围和端部均应按规范规定设置连墙件；每两步应加设水平斜杆。

(3) 斜道连墙件设置的位置、数量应按专项施工方案确定。

(4) 斜道脚手板构造应符合下列规定：

① 脚手板横铺时，应在横向水平杆下增设纵向支托杆，纵向支托杆间距不应大于 500 mm。

② 人行斜道和运料斜道的脚手板上应每隔 250～300 mm 设置一根防滑木条，木条厚度应为 20～30 mm。

7.2.8 对下列部位的作业脚手架采取可靠的构造加强措施

(1) 附着、支撑于工程结构的连接处；
(2) 平面布置的转角处；
(3) 塔式起重机、施工升降机、物料平台等设施断开或开洞处；
(4) 楼面高度大于连墙件设置竖向高度处；
(5) 工程结构突出物影响架体正常布置处。

悬挑脚手架立杆底部应与悬挑支承结构可靠连接，应在立杆底部设置纵向扫地杆，并应间断设置水平剪刀撑或水平斜撑杆。

临街作业脚手架的外侧立面、转角处应采取有效硬防护措施。

7.2.9 附着式升降脚手架应符合下列规定

(1) 竖向主框架、水平支承桁架应采用桁架或刚架结构，杆件应采用焊接或螺栓连接；
(2) 应设有防倾、防坠、停层、荷载、同步升降控制装置，各类装置应灵敏可靠；
(3) 在竖向主框架所覆盖的每个楼层均应设置一道附墙支座，每道附墙支座应能承担竖向主框架的全部荷载；
(4) 采用电动升降设备时，电动升降设备连续升降距离应大于一个楼层高度，并应有制动和定位功能。

任务 7.3　临时支撑结构设计与构造要求

7.3.1 结构设计

脚手架设计计算应根据工程实际施工工况进行，结果应满足对脚手架强度、刚度、稳定性的要求。架体杆件、配件及其构造应依据施工工况，选择具有代表性的最不利杆件及构配件，以其最不利截面和最不利工况作为计算条件，计算单元的选取应符合下列规定：

(1) 应选取受力最大的杆件、构配件；
(2) 应选取跨距、间距变化和几何形状、承力特性改变部位的杆件、构配件；

(3) 应选取架体构造变化处或薄弱处的杆件、构配件；

(4) 当脚手架上有集中荷载作用时，尚应选取集中荷载作用范围内受力最大的杆件、构配件。

当脚手架按承载能力极限状态设计时，应采用荷载基本组合和材料强度设计值计算。当脚手架按正常使用极限状态设计时，应采用荷载标准组合和变形限值进行计算。

(1) 脚手架杆件和构配件强度应按净截面计算，杆件和构配件稳定性、变形应按毛截面计算。

(2) 脚手架受弯构件容许挠度应符合表 7-5 的规定。

表 7-5 脚手架受弯构件容许挠度

构件类别	容许挠度（mm）
脚手板、水平杆件	$l/150$ 与 10 取较小值
作业脚手架悬挑受弯杆件	$l/400$
模板支撑脚手架受弯杆件	$l/400$

注：l 为受弯构件的计算跨度，对悬挑构件为悬伸长度的 2 倍。

(3) 模板支撑脚手架应根据施工工况对连续支撑进行设计计算，并应按最不利的工况计算确定支撑层数。

(4) 混凝土结构层上搭设支撑结构时，混凝土强度应达到设计规定强度，且立杆下宜设置可调底座或垫板。对于承载力不足的地基或楼板，不良地基土应进行必要处理，不具备独立承担立杆支撑的结构楼板应采取加固措施。

7.3.2 构造要求

(1) 支撑脚手架独立架体高宽比不应大于 3.0，设置竖向和水平剪刀撑应均匀、对称。

(2) 脚手架构造措施应合理、齐全、完整，并应保证架体传力清晰、受力均匀。杆件连接节点应具备足够强度和转动刚度，架体在使用期内节点应无松动。

(3) 场地应坚实、平整，并应有排水措施，立杆下应设具有足够强度和支撑面积的垫板。脚手架立杆间距、步距应通过设计确定，底部立杆应设置纵向和横向扫地杆，扫地杆应与相邻立杆连接稳固。纵横向扫地杆且宜符合表 7-6 的规定。

表 7-6 不同钢管支撑架扫地杆的高度

脚手架杆件类别	扫地杆高度不宜超过（mm）
扣件式	200
碗扣式	350
承插盘扣式	550

(4) 可调底座和可调托撑调节螺杆插入脚手架立杆内的间隙不应大于 2.5 mm，长度不应小于 150 mm，且调节螺杆伸出长度应经计算确定，并应符合下列规定：

① 当插入的立杆钢管直径为 42 mm 时，伸出长度不应大于 200 mm；

② 当插入的立杆钢管直径为 48.3 mm 及以上时,伸出长度不应大于 500 mm。

(5) 搭设高度超过 6 m 时,立杆接头宜采用对接,起步立杆宜采用不同长度立杆交错布置。

(6) 支撑结构顶端可调托撑伸出顶层水平杆的悬臂长度不宜大于 500 mm,可调托撑螺杆伸出长度不应超过 300 mm,插入立杆内的长度不应小于 150 mm;可调托撑螺杆外径与立杆钢管内径的间隙不宜大于 2.5 mm,安装时上下应同轴;可调托撑上托板槽中的水平主龙骨(支撑梁)应居中。

(7) 当四周有既有结构时,支撑结构应与既有结构进行可靠的水平连接:
① 竖向分布间距不宜超过 2 步,且优先布置在水平剪刀撑或水平斜杆处;
② 水平方向连接间距不宜超过 8 m;
③ 附墙(或柱)拉结杆件距脚手架主节点不宜大于 300 mm。

7.3.3 工具式钢管立柱

(1) CH 型和 YJ 型工具式钢管支柱的规格和力学性能应符合表 7-7 的规定。

表 7-7 CH、YJ 型钢管支柱规格

项目型号		CH			YJ		
		CH-65	CH-75	CH-90	YJ-18	YJ-22	YJ-27
最小使用长度(mm)		1 812	2 212	2 712	1 820	2 220	2 720
最大使用长度(mm)		3 062	3 462	3 962	3 090	3 490	3 990
调节范围(mm)		1 250	1 250	1 250	1 270	1 270	1 270
螺旋调节范围(mm)		170	170	170	70	70	70
容许荷载	最小长度(kN)	20	20	20	20	20	20
	最大长度(kN)	15	15	12	15	15	12
重量(kN)		0.124	0.132	0.148	0.137 8	0.149 9	0.163 9

注:下套管长度应大于钢管总长的 1/2 以上。

(2) 工具式钢管立柱的构造与图示见图 7-11。

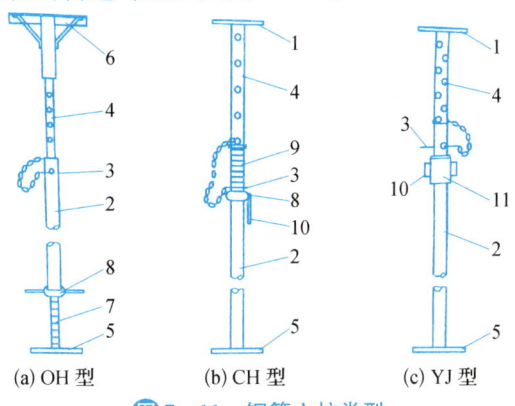

图 7-11 钢管立柱类型
(a) OH 型　(b) CH 型　(c) YJ 型
1—顶板;2—套管;3—插销;4—插管;5—底板;6—琵琶撑;7—螺栓;8—转盘;9—螺管;10—手柄;11—螺旋套;

任务 7.4　临时支撑结构的搭设与检查验收

7.4.1　支撑结构搭设

（1）剪刀撑、斜杆与连墙杆应随立杆、纵横向水平杆同步搭设，不得滞后安装。
（2）每搭完一步，应按规定校正步距、纵距、横距、立杆的垂直及水平杆的水平偏差。
（3）每步的纵向、横向水平杆应双向拉通。
（4）在多层楼板上连续搭设支撑结构时，上下层支撑立杆宜对准。
（5）当搭设过程中临时停工，应采取安全稳固措施。
（6）支撑结构作业面应铺设脚手板，并应设置防护措施。

7.4.2　支撑结构检查与验收阶段

脚手架搭设过程中，应在下列阶段进行检查，检查合格后方可使用；不合格应进行整改，整改合格后方可使用：
（1）基础完工后及脚手架搭设前；
（2）首层水平杆搭设后；
（3）作业脚手架每搭设一个楼层高度；
（4）附着式升降脚手架支座、悬挑脚手架悬挑结构搭设固定后；
（5）附着式升降脚手架在每次提升前、提升就位后，以及每次下降前、下降就位后；
（6）外挂防护架在首次安装完毕、每次提升前、提升就位后；
（7）遇有 6 级及以上强风、大雨及以上降水后；
（8）承受偶然荷载或冻结的地基土解冻后；
（9）搭设支撑脚手架，高度每 2 步～4 步或不大于 6 m。
（10）停用超过 1 个月及架体部分拆除后

7.4.3　架体使用过程中检查验收

脚手架在使用过程中，应定期进行检查并形成记录，脚手架工作状态应符合下列规定：
（1）主要受力杆件、剪刀撑等加固杆件和连墙件应无缺失、无松动，架体应无明显变形；
（2）场地应无积水，立杆底端应无松动、无悬空；
（3）安全防护设施应齐全、有效，应无损坏缺失；
（4）附着式升降脚手架支座应稳固，防倾、防坠、停层、荷载、同步升降控制装置应处于良好工作状态，架体升降应正常平稳；
（5）悬挑脚手架的悬挑支承结构应稳固。

7.4.4　安全隐患处置

脚手架在使用过程中出现安全隐患时，应及时排除；当出现下列状态之一时，应立即撤离作业人员，并应及时组织检查处置：

（1）杆件、连接件因超过材料强度破坏，或因连接节点产生滑移，或因过度变形而不适于继续承载；

（2）脚手架部分结构失去平衡；

（3）脚手架结构杆件发生失稳；

（4）脚手架发生整体倾斜；

（5）地基部分失去继续承载的能力。

任务 7.5　架体拆除

7.5.1　脚手架的拆除

（1）作业前应制定拆除方案，保证拆除过程中脚手架的稳定性，拆除作业应从上而下逐层进行，严禁上下同时作业，拆除的杆件严禁抛扔，应滑下或用绳系牢下落，拆除的钢管、扣件等应分类堆放，及时整理运走。

（2）脚手架拆除必须有项目经理或工程施工负责人签字确认的可拆除通知书，方可进行拆除。

（3）在拆除作业区周围设置围栏、警告标志；拆除作业时地面要有专人监护，严禁非作业人员闯入作业区。

（4）拆除作业必须由上而下逐层进行，严禁上下同时作业。

（5）连墙件必须随脚手架逐层拆除，严禁先将连墙件整层拆除后再拆脚手架；分段拆除高差不应大于 2 步，如高差大于 2 步，应增设连墙件加固。

7.5.2　支撑结构的拆除

（1）支撑结构的拆除应按专项施工方案确定的方法和顺序进行。

（2）拆除作业前，应先对支撑结构的稳定性进行检查确认。

（3）拆除作业应分层、分段、由上至下顺序拆除。

（4）当只拆除部分支撑结构时，拆除前应对不拆除支撑结构进行加固，确保稳定。

（5）对多层支撑结构，当楼层结构不能满足承载要求时，严禁拆除下层支撑。

（6）严禁抛掷拆除的构配件。

（7）对设有缆风绳的支撑结构，缆风绳应对称拆除，且在拆除缆风绳时应确保支撑架安全稳定。

（8）有六级及以上强风或雨、雪时，应停止作业。

（9）在暂停拆除施工时，应采取临时固定措施，已拆除和松开的构配件应妥善放置。

思考与拓展

1. 试分析脚手架搭设工人的操作特点,你认为应该为其配备哪些安全防护用品?
2. 架子工班(上岗)前教育的主要包括哪些内容?
3. 作为现场专职安全员,一般需要哪些时段开展定期检查?检查内容主要集中在哪些方面?
4. 对比不同类别的钢管脚手架,各自具有哪些特点和优势?各自的适用范围及缺点是什么?不同类别脚手架能够混合搭接使用吗?
5. 脚手架上作业最常见的事故伤害是什么?施工中主要从哪几个方面采取防范措施的?
6. 脚手架拆除时,作为专职安全员如何开展现场的安全组织管理工作?

学习情境 8　临时用电安全技术

知识目标

了解触电对人体的有害因素；
了解施工现场用电设备及照明防漏电造成伤害的技术措施；
了解施工现场供用电方式及外电线路防护技术措施；
熟悉施工现场配送电线路布置的安全技术要求；
掌握施工现场三级配电布置及配电箱中电气设备选用、连接顺序等技术要求；
掌握施工现场临时用电接地保护及防漏电失火的安全技术要求。

职业技能目标

利用屏蔽、隔离、绝缘的技术手段避免触电伤害；
能够及时排查发现线路、接线及用电设备的安全隐患，并立即予以排除。

规范依据

《建设工程施工现场供用电安全规范》(GB 50194—2014)
《施工现场临时用电安全技术规范》(JGJ 46—2005)
《建筑与市政施工现场安全卫生与职业健康通用规范》(GB 55034—2022)

项目建设的实施具有一次性，施工建造过程中的用电也只是临时用电。施工现场用电设备将电能转化为机械能、光能等其他形式能量。为保障施工现场用电安全，防止触电和电气火灾事故发生，必须加强对建筑施工临时用电的安全管理。

任务 8.1　电伤害与施工现场用电

8.1.1　电对人体的危害因素

电危及人体生命安全的直接原因是电流,而不是电压。电流对人体的电击伤害的严重程度与通过人体的电流大小、频率、持续时间、流经途径和人体的健康状况有关。现就其主要因素分述如下:

1. 电流大小

通过人体的电流越大,人体的生理反应亦越大。人体对电流的反应虽然因人而异,但相差不甚大,可视作大体相同。根据人体反应,可将电流划分为三级:

(1) 感知电流,引起人感觉的最小电流,与电流持续时间长短无关。感觉轻微颤抖刺痛,可以自己摆脱电源,此时大致为工频交流电 1 mA。

(2) 摆脱电流,通过人体的电流逐渐增大,人体反应增大,感觉强烈刺痛、肌肉收缩。但是由于人的理智,还是可以摆脱带电体的,此时的电流称之为摆脱电流,一般为 10 mA。

摆脱电流主要取决于接触面积、电极形式和尺寸及个人的生理特点,因此不同的人,摆脱电流也不同。

(3) 致命电流,通过的电流能引起心室颤动或呼吸窒息而死亡,称为致命电流。

人体的心脏在正常情况下是有节奏地收缩与扩张,每分钟有数十次的细微颤动;当通过人体的电流达到一定数量时,心脏的颤动达到每分钟数百次以上的细微颤动,造成心室颤动。这时心脏不能再压送血液,血液循环终止,如果不能在短时间内摆脱电源、不设法恢复心脏的正常工作,将永远失去细微颤动功能,即"心死"。

这说明致命电流不仅与电流大小,还与电流持续时间有关,一般认为 30 mA 以下是安全电流。

2. 人体电阻抗和安全电压

人体电阻抗主要由皮肤阻抗和人体内阻抗组成,且电阻抗的大小与触电电流通过的途径有关。

(1) 皮肤阻抗可视为由半绝缘层和许多小的导电体(毛孔)构成,为容性阻抗。当接触电压小于 50 V 时,其阻值相对较大;当接触电压超过 50 V 时,皮肤阻抗值将大大降低,以至于完全被击穿后阻抗可忽略不计。

人体的脂肪、骨骼、神经、肌肉等组织及器官,大部分为阻性的,不同的电流通路有不同的内阻抗。据测量,人体表皮 0.05~0.2 mm 厚的角质层电阻抗最大,约为 1 000~10 000 Ω,其次是脂肪、骨骼、神经、肌肉等。皮肤潮湿、出汗、有损伤或带有导电性粉尘,人体电阻会下降到 800~1 000 Ω,因此在考虑电气安全问题时人体电阻只能按 800~1 000 Ω 计算。

(2) 安全电压是指人体不戴任何防护设备时，触及带电体不受电击或电伤。人体触电的本质是电流通过人体产生了有害效应。

触电的形式通常是人体的两部分同时触及了带电体，且这两个带电体之间存在着电位差。电击防护就是要将通过人体的电流限制在无危险范围内或者将人体能触及的电压限制在安全范围之内。国家标准制定了安全电压系列——安全电压等级或额定值（交流有效值）分别为：42 V、36 V、24 V、12 V、6 V 等几种。其中：

① 隧道、人防工程手持灯具和局部照明应采用 36 V；
② 潮湿和易触及带电体的场所的照明应采用 24 V；
③ 特别潮湿的场所、导电良好的地面、锅炉或金属容器内使用的照明灯具应采用 12 V。

3. 触电时间

(1) 人的心脏在收缩扩张周期中间，约有 0.1～0.2 s 称为易损伤期。当电流在这一瞬间通过时，引起心室颤动的可能性最大，危险性也最大。

(2) 人体触电，当通过电流时间越长，能量积累增加，引起心室颤动所需的电流也就越小。这说明触电时间越长，越易造成心室颤动，生命危险性就越大。据统计，触电 1min 后开始急救，90％有良好效果。

4. 电流途径

电流途径主要有从左手到右手、左手到脚、右手到脚等，其中左手到脚的流通是最不利的情况。电流的损伤主要有心脏骤停、中枢神经失调和半身瘫痪等。

5. 电流频率

15～100 Hz 的交流电对人体的伤害最严重。人体皮肤的阻抗是容性的，与频率成反比。随频率增加，交流电感知、摆脱电流值都会增大，对人体的伤害程度会有所减轻，但高频电压还是有致命危险的。

对人体来说，高频如 20 kHz 以上的交流电对人体的影响较小，反倒是低频的交流电，人体非常敏感，而我们用的市电频率刚好在人体最敏感的频率范围内。

6. 人体状况

一般说，儿童较成年人敏感，女性较男性敏感，患有心脏病者触电后的死亡可能性就更大。

8.1.2 电动机械的使用

1. 起重机械的使用

起重机械主要有塔式起重机、拌和设备、滑升模板、外用电梯、物料提升机等。

(1) 塔式起重机，机体必须作防雷接地，同时必须与配电系统 PE 线相连接。除此以外，PE 线与接地体之间还必须有一个直接独立的连接点。

塔式起重机运行时注意与外电架空线路或其防护设施保持安全距离。

(2) 外用电梯，通常属于载人、载物的客货两用电梯，所以其安全使用尤为重要。要设置单独的开关箱,特别是要有可靠的极限控制、通信联络。

(3)物料提升机,是只许运送物料、不允许载人的垂直运输机械,通常都是由电动机经变速器直接驱动升降运动。

2. 夯土机械的使用

夯土机械的金属外壳与 PE 线的连接点不得少于两处;其漏电保护必须适应潮湿场所的要求。夯土机械的负荷线应采用耐候型橡皮护套铜芯软电缆。

3. 木工机械的使用

(1)木工机械的金属基座必须与 PE 线作可靠的电气连接。
(2)木工机械的漏电保护可按一般场所要求对待。

4. 焊接机械的使用

电焊机械属于露天半移动、半固定式用电设备。各种电焊机基本上都是靠电弧、高温工作的,所以防止电弧引燃易燃易爆物是其使用应注意的首要问题;其次,电焊机空载时其二次侧具有 50~70 V 的空载电压,已超出安全电压范围,所以防触电成为其安全使用的第二个重要问题。除此以外,还须考虑到电焊机常常是在钢筋网间露天作业的环境条件。为此,其安全使用要求可综合归纳如下:

(1)电焊机械应放置在防雨、干燥和通风良好的地方。
(2)交流弧焊机变压器的一次侧电源线长度不应大于 5 m,其电源进线处必须设置防护罩,进线端不得裸露。
(3)发电机式直流电焊机的换向器要经常检查、清理、维修,以防止可能产生的异常换向电火花。
(4)交流电焊机除应设置一般漏电保护以外,还应配装二次空载降压保护器。
(5)电焊机械的二次线应采用防水橡皮护套铜芯软电缆,电缆长度不应大于 30 m,其护套不得破裂,其接头必须绝缘、防水包扎防护好,不应有裸露带电部分。电焊机械的二次线地线不得用金属构件或结构钢筋代替。
(6)使用电焊机械焊接时必须穿戴防护用品,严禁露天冒雨从事电焊作业。

▶ 8.1.3 电动工具的使用

施工现场使用的电动工具一般都是手持式的,所以称为手持式电动工具,例如电钻、冲击钻、电锤、射钉枪及手持式电锯、电刨、切割机、砂轮等。

手持式电动工具按其绝缘和防触电性能分可分为三类,即Ⅰ类工具、Ⅱ类工具、Ⅲ类工具。

(1)一般场所(空气相对湿度小于 75%),可选用Ⅰ类或Ⅱ类手持式电动工具。
(2)在潮湿场所或金属构架上操作时,必须选用Ⅱ类或由安全隔离变压器供电的Ⅲ类手持式电动工具。严禁使用Ⅰ类手持式电动工具。使用金属外壳Ⅱ类手持式电动工具时,其金属外壳可与 PE 线相连接,并设漏电保护。
(3)在狭窄场所(锅炉、金属容器、地沟、管道内等)作业,必须选用由安全隔离变压器供电的Ⅲ类手持式电动工具。

(4)开关箱和控制箱设置的要求:除一般场所外,在潮湿场所、金属构架上及狭窄场所使用Ⅱ、Ⅲ类手持式电动工具时,其开关箱和控制箱应设在作业场所以外,并有人监护。

(5)负荷线选择的要求:手持式电动工具的负荷线应采用耐候型橡皮护套铜芯软电缆,并不得有接头。

8.1.4 施工机械伤害

施工机械伤害一般多见于木工圆锯、木工刨床;钢筋切断机、调直机、套丝机、切割机;蛙式打夯机、振动夯实机;砼搅拌机、砂浆搅拌机等。如果发生机械伤害事故,应立即采取以下应急措施:

(1)首先应切断电源,停止机械运转,立即将机械伤害事故情况报告给项目部事故应急小组及相关人员赶赴事故地点开展营救工作。

(2)营救工作应针对不同伤害情况采用紧急而妥善的应急措施,必要时应及时联系附近医院前来救护。

① 发生机械倾倒压伤事故,应将机械抬起或吊离,并注意在移动机械时不至对伤者造成擦搓或二次压伤,在机械未抬起或吊离之前严禁对伤者采用拖拉、推、拔,以免加重伤情。

② 发生机械切割伤害事故,应视情况采取有效的止血,防止休克,包扎伤口、固定、保存好断离的器官或组织,预防感染、进行止痛等措施。

③ 发生机械皮带、齿轮、滚筒夹缠、拖带伤害事故,应要求具备机械检修知识的人员在场,采取人工反转放松机械夹缠或将个别机械零部件拆除、切割等手段使伤员尽快脱离危害源。

(3)对于机械伤害人员严重创伤时,有可能因为失血过多或剧烈疼痛引起昏迷或休克,在这种情况下,应能够使伤员安静、保暖、平卧、少动,并将伤员下肢抬高约20°左右,及时止血、包扎、固定伤肢,尽快送医院进行抢救治疗。

(4)事故机械应立即停止使用,彻底查明伤害原因,制定整改完善安全防护措施和防护装置,整改不彻底,安全措施不到位,安全操作规程不落实,技术交底不明确,此设备不得投入使用。

8.1.5 现场照明

1. 室外照明

室外220 V灯具距地面不得低于3 m,路灯的每个灯具应单独装设熔断器保护,投光灯的底座应安装牢固,应按需要的光轴方向将枢轴拧紧固定。

聚光灯、碘钨灯及钠、铊、铟等金属卤化物灯具的金属外壳必须与PE线相连接;聚光灯、碘钨灯等高热灯具与易燃物距离不宜小于500 mm,且不得直接照射易燃物。

2. 室内照明

室内220 V灯具距地面不得低于2.5 m。荧光灯管应采用管座固定或用吊链悬挂,荧光灯的镇流器不得安装在易燃的结构物上。灯具的相线必须经开关控制,不得将相线直接引入灯具。

3. 作业场所照明

(1) 在坑洞内作业、夜间施工或在作业工棚、料具堆放场、道路、仓库、办公室、食堂、宿舍及自然采光差等场所,应设一般照明、局部照明或混合照明。在一个工作场所内,不得只设局部照明。

(2) 停电后,作业人员需要及时撤离现场的特殊工程,如夜间高处作业工程及自然采光很差的深坑洞工程等场所,还必须装设由独立自备电源供电的应急照明。

(3) 对于夜间影响行人和车辆安全通行的在建工程,如开挖的沟、槽、孔洞等,应在其邻边设置醒目的红色警戒照明。

对于夜间可能影响飞机及其他飞行器安全通行的主塔及高大机械设备或设施,如塔式起重机、外用电梯等,应在其顶端设置醒目的红色警戒照明。

(4) 根据需要设置不受停电影响的保安照明。

4. 应急照明

施工现场的下列场所应配备临时应急照明:

(1) 自备发电机房及变配电房。

(2) 水泵房。

(3) 无天然采光的作业场所及疏散通道。

(4) 高度超过 100 m 的在建工程的室内疏散通道。

(5) 发生火灾时仍需坚持工作的其他场所。

作业场所应急照明的照度不应低于正常工作所需照度的 90%,疏散通道的照度值不应小于 0.5 lx。临时消防应急照明灯具宜选用自备电源的应急照明灯具,自备电源的连续供电时间不应小于 60 min。

5. 特殊场所照明

施工现场的特殊场所照明应符合下列规定:

(1) 手持式灯应采用供电电压不大于 36 V 的安全特低电压(SELV)供电;

(2) 照明变压器应使用双绕组型安全隔离变压器,严禁采用自耦变压器;

(3) 安全隔离变压器严禁带入金属容器或金属管道内使用。

任务 8.2　施工现场供用电

8.2.1　电力供电

电力供电一般由电厂发电向电网输电需要经过升压站,由输电线路到送配电站需要分级降压。在电力行业中 35 kV～1 000 kV 称为输变电,10 kV 及以下的称为配网。施工现场电压在 10 kV 及以下的供用电设施的设计、施工、运行、维护及拆除需要依据《建设工程施工现场供用电安全规范》(GB 50194—2014)。

现场用电设备的用电电压一般是交流电 220 V 和 380 V,建设项目送电到在用电设备比较集中的区域,经变压器变压后对施工现场指定区域用电设备进行配电。

8.2.2 发电机组供电

为保证现场不间断供电,以满足现场施工的连续用电需要,一般项目均需要备用发电机组。

(1)发电机组的排烟管道必须伸出室外。发电机组及其控制、配电室内必须配置可用于扑灭电气火灾的灭火器,严禁存放贮油桶。

(2)发电机组应采用电源中性点直接接地的三相四线制供电系统和独立设置 TN-S 接零保护系统,其工作接地电阻值不得大于 4 Ω。

(3)固定式发电机供电系统应设置电源隔离开关及短路、过载、漏电保护电器。电源隔离开关分断时应有明显可见分断点。

(4)移动式发电机供电的用电设备,其金属外壳或底座应与发电机电源的接地装置有可靠的电气连接。

(5)移动式发电机系统接地应符合电力变压器系统接地的要求。下列情况可不另做保护接零:

① 移动式发电机和用电设备固定在同一金属支架上,且不供给其他设备用电时;

② 不超过 2 台的用电设备由专用的移动式发电机供电,供用电设备间距不超过 50 m,且供用电设备的金属外壳之间有可靠的电气连接时。

(6)发电机组电源应与其他电源互相闭锁,严禁并列运行。

8.2.3 TN-S 供电系统

电力供电 TN 系统,称作保护接零,所有电气设备的外露可导电部分均接到保护线上,并与电源的接地点(配电系统的中性点)相连。其特点是电气设备的外露可导电部分直接与系统接地点相连,当发生相线碰壳短路(漏电)时,电阻小,电流大,能使熔丝迅速熔断或保护装置动作切断电源。如果将工作零线 N 重复接地,碰壳短路时,一部分电流就可能分流于重复接地点,会使保护装置不能可靠动作或拒动,使故障扩大化。

采用 TN-S 供电既方便又安全。TN-S 系统是在 TN 系统的基础上由三相四线改为三相五线制,原理如图 8-1 所示,将 N 线与 PE 线分开敷设,并且是相互绝缘的,同时与用电设备外壳相连接的是 PE 线而不是 N 线,即 TN-S 系统中重复接地不是对 N 线的重复接地。这说明,TN-S 系统正常供电时,PE 线不通过负荷电流,故与 PE 线相连的电气设备金属外壳在正常运行时不带电,如在民用建筑内部、家用电器等都有单独接地触点的插头。

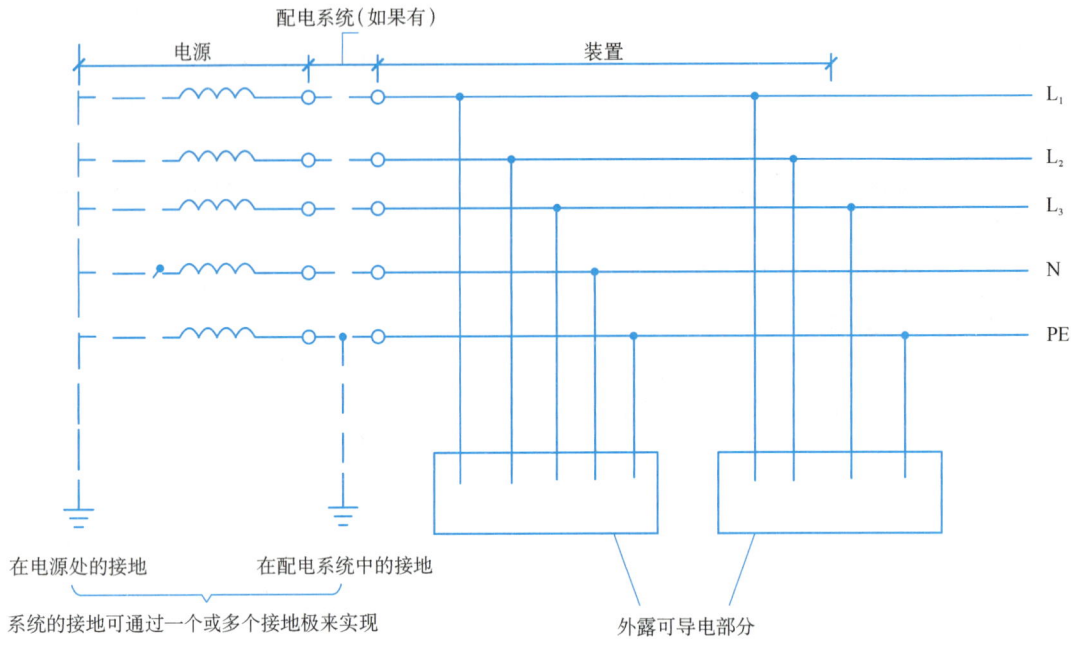

图 8-1　全系统将中性导体(N)与保护导体(PE)分开的 TN-S 系统(三相五线制)

8.2.4　配电室建设

（1）配电室应靠近电源，并应设在灰尘少、潮气少、振动小、无腐蚀介质、无易燃易爆物及道路畅通的地方。

（2）成列的配电柜和控制柜两端应与重复接地线及保护零线做电气连接。

（3）配电室和控制室应能自然通风，并应采取防止雨雪侵入和动物进入的措施。

（4）配电室的门向外开，并配锁。

（5）配电室的建筑物和构筑物的耐火等级不低于3级，室内配置沙箱和可用于扑灭电气火灾的灭火器。

任务 8.3　施工现场配送电方案与配电装置

8.3.1　临时用电组织设计

（1）施工现场临时用电设备在5台及以上或设备总容量在50 kW及以上者，应编制临时用电组织设计。

（2）施工现场临时用电组织设计应包括下列内容：

① 现场勘测；

② 确定电源进线、变电所或配电室、配电装置、用电设备位置及线路走向；

③ 进行负荷计算；

④ 选择变压器；

⑤ 设计配电系统：设计配电线路，选择导线或电缆；设计配电装置，选择电器；设计接地装置；绘制临时用电工程图纸，主要包括用电工程总平面图、配电装置布置图、配电系统接线图、接地装置设计图；

⑥ 设计防雷装置；

⑦ 确定防护措施；

⑧ 制定安全用电措施和电气防火措施。

(3) 临时用电工程图纸应单独绘制，临时用电工程应按图施工。

(4) 当临时用电组织设计及变更时，必须履行"编制、审核、批准"程序，由电气工程技术人员组织编制，经相关部门审核及具有法人资格企业的技术负责人批准后实施。变更用电组织设计时应补充有关图纸资料。

(5) 临时用电工程必须经编制、审核、批准部门和使用单位共同验收，合格后方可投入使用。

(6) 施工现场临时用电设备在 5 台以下和设备总容量在 50 kW 以下者，应制定安全用电和电气防火措施。

8.3.2 配送电负荷平衡要求

建设项目用电设备用电电压一般为 380 V 和 220 V，属于低压配电系统。根据《建设工程施工现场供用电安全规范》(GB 50194—2014)规定，低压配电系统的三相负荷宜保持平衡，最大相负荷不宜超过三相负荷平均值的 115%，最小相负荷不宜小于三相负荷平均值的 85%。用电设备端的电压偏差允许值宜符合下列规定：

(1) 一般照明：宜为 +5%、-10% 额定电压。

(2) 一般用途电机：宜为 ±5% 额定电压。

(3) 其他用电设备：当无特殊规定时宜为 ±5% 额定电压。

8.3.3 供配电系统的设置规则

三级配电是指施工现场从电源进线开始至用电设备之间，应经过三级配电装置配送电力。按照《施工现场临时用电安全技术规范》(JGJ 46—2005)的规定，即由总配电箱（一级箱）或配电室的配电柜开始，依次经由分配电箱（二级箱）、开关箱（三级箱）到用电设备，如图 8-2 所示。

图 8-2　三级配电线路梯级图

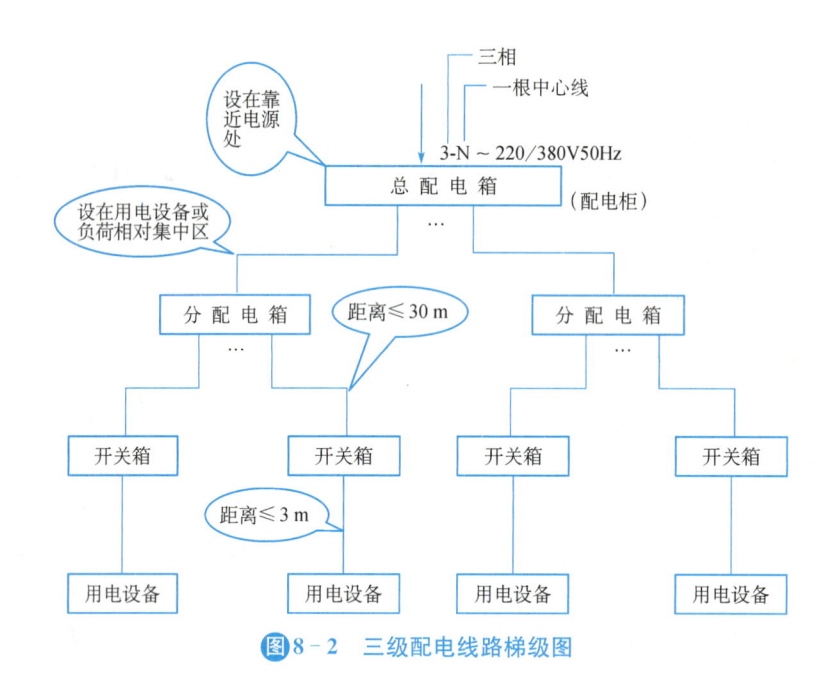

三级配电系统应遵守四项规则,即分级分路规则、动力和照明分设规则、压缩配电间距规则、环境安全规则。

1. 分级分路规则

(1) 从一级总配电箱(配电柜)向二级分配电箱配电可以分路,即一个总配电箱(配电柜)可以分若干分路向若干分配电箱配电,每一分路也可分支支接若干分配电箱。

(2) 从二级分配电箱向三级开关箱配电同样也可以分路,即一个分配电箱也可以分若干分路向若干开关箱配电,而其每一分路也可以支接若干开关箱。

(3) 从三级开关箱向用电设备配电实行"一机、一闸、一漏、一箱"制,不存在分路问题,即每一开关箱只能连接控制一台与其相关的用电设备(含插座),包括一组不超过 30 A 负荷的照明器,每一台用电设备必须有其独立专用的开关箱。

按照分级分路规则的要求,在三级配电系统中,任何用电设备均不得越级配电,即其电源线不得直接连接于分配电箱或总配电箱;任何配电装置不得挂接其他临时用电设备。否则,三级配电系统的结构形式和分级分路规则将被破坏。

2. 动力和照明分设规则

(1) 动力配电箱与照明配电箱宜分别设置;若动力与照明合置于同一配电箱内共箱配电,则动力与照明应分路配电。

(2) 动力开关箱与照明开关箱必须分箱设置,不存在共箱分路设置问题。

3. 压缩配电间距规则

压缩配电间距规则是指除总配电箱、配电室(配电柜)外,分配电箱与开关箱之间、开关箱与用电设备之间的空间间距应尽量缩短:

(1) 分配电箱应设在用电设备或负荷相对集中的场所。

(2)分配电箱与开关箱的距离不得超过 30 m。
(3)开关箱与其供电的固定式用电设备的水平距离不宜超过 3 m。

4. 环境安全规则

即配电系统对其设置和运行环境安全因素的要求。

8.3.4 配电箱的制作

(1)配电箱、开关箱应采用冷轧钢板或阻燃绝缘材料制作,钢板厚度应为 1.2～2.0 mm,其中开关箱箱体钢板厚度不得小于 1.2 mm,配电箱箱体网板厚度不得小于 1.5 mm,箱体表面应做防腐处理。

(2)配置电器安装板:配电箱、开关箱内配置的电器安装板用以安装所配置的电器和接线端子板等。当铁质电器安装板与铁质箱体之间采用折页作活动连接时,必须在两者之间跨接编织软铜线。

(3)加装 N、PE 接线端子板:配电箱、开关箱应分别设置独立的 N 线和 PE 线端子板,以防止 N 线和 PE 线混接、混用。

① N、PE 线端子板必须分别设置,固定安装在电器安装板上,并作符号标记,严禁合设在一起。其中 N 端子板与铁质电器安装板之间必须保持绝缘,而 PE 端子板与铁质电器安装板之间必须保持电气连接。当采用铁箱配装绝缘电器安装板时,PE 端子板应与铁质箱体作电气连接。

② PE 端子板的接线端子板数应与箱体内的进线和出线的总路数保持一致。

③ PE 端子板应采用紫铜板制作。

8.3.5 配电箱进出线

总配电箱、分配电箱内应分别设置中性导体(N)、保护导体(PE)汇流排,并有标识;保护导体(PE)汇流排上的端子数量不应少于进线和出线回路的数量。

配电箱内连接线绝缘层的标识色应符合下列规定:
(1)相导体 L_1、L_2、L_3 应依次为黄色、绿色、红色,相线涂色及排列顺序见表 8-1。

表 8-1 相线涂色

相别	颜色	垂直排列	水平排列	引下排列
L_1(A)	黄	上	后	左
L_2(B)	绿	中	中	中
L_3(C)	红	下	前	右
N	淡蓝	—	—	—

(2)中性导体(N)应为淡蓝色。
(3)保护导体(PE)应为绿、黄双色。
(4)上述标识色不应混用。

配电箱电缆的进线口和出线口应设在箱体的底面,配电箱的进线和出线不应承受外力,与金属尖锐断口接触时应有保护措施。移动式配电箱的进线和出线应采用橡套软电缆。

配电箱、开关箱的进、出线口应配置固定线卡,进出线应加绝缘护套并成束卡在箱体上,不得与箱体直接接触。移动式配电箱、开关箱的进、出线应采用橡皮护套绝缘电缆,不得有接头。

8.3.6 配电箱内连接线

配电箱、开关箱应有名称、用途、编号、系统图及分路标记,箱门应配锁,并应由专人负责。

配电箱内断路器相间绝缘隔板应配置齐全;防电击护板应阻燃且安装牢固。配电箱的电器安装板上必须分设 N 线端子板和 PE 线端子板。N 线端子板必须与金属电器安装板绝缘;PE 线端子板必须与金属电器安装板做电气连接。

配电箱内的连接线应采用铜排或铜芯绝缘导线,当采用铜排时应有防护措施;连接导线不应有接头、线芯损伤及断股。

配电箱内的导线与电器元件的连接应牢固、可靠。导线端子规格与芯线截面适配,接线端子应完整,不应减小截面积。

配电箱的金属箱体、金属电器安装板以及电器正常不带电的金属底座、外壳等应通过保护导体(PE)(采用编织软铜线)汇流排可靠接地。

当分配电箱直接供给末级配电箱时,可采用分配电箱设置插座方式供电,并应采用工业用插座,且每个插座应有各自独立的保护电器。当采用工业连接器时可在箱体侧面设置。

8.3.7 电器装置的选择

(1)总配电箱、分配电箱的电器应具备正常接通与分断电路,以及短路、过负荷、接地故障保护功能。电器设置应符合下列规定:

① 总配电箱、分配电箱进线应设置隔离开关、总断路器,当采用带隔离功能的断路器时,可不设置隔离开关。各分支回路应设置具有短路、过负荷、接地故障保护功能的电器。

② 总断路器的额定值应与分路断路器的额定值相匹配。

(2)总配电箱宜装设电压表、总电流表、电度表。

(3)漏电保护器应装设在总配电箱、开关箱靠近负荷的一侧,且不得用于启动电气设备的操作。

① 总配电箱中漏电保护器的额定漏电动作电流应大于 30 mA,额定漏电动作时间应大于 0.1 s,但其额定漏电动作电流与额定漏电动作时间的乘积不应大于 30 mA·s。

② 开关箱中漏电保护器的额定漏电动作电流不应大于 30 mA,额定漏电动作时间不应大于 0.1 s。

③ 使用于潮湿或有腐蚀介质场所的漏电保护器应采用防溅型产品,其额定漏电动作

电流不应大于 15 mA,额定漏电动作时间不应大于 0.1 s。

(4) 末级配电箱进线应设置总断路器,各分支回路应设置具有短路、过负荷、剩余电流动作保护功能的电器。

(5) 末级配电箱中各种开关电器的额定值和动作整定值应与其控制用电设备的额定值和特性相适应。

(6) 末级配电箱(开关箱)中的隔离开关只可直接控制照明电路和容量不大于 3.0 kW 的动力电路,但不应频繁操作。容量大于 3.0 kW 的动力电路应采用断路器控制,操作频繁时还应附设接触器或其他启动控制装置。开关箱中各种开关电器的额定值和动作整定值应与其控制用电设备的额定值和特性相适应。

8.3.8 配电箱布置

配电箱、开关箱应装设在干燥、通风及常温场所,不得装设在有严重损伤作用的瓦斯、烟气、潮气及其他有害介质中,亦不得装设在易受外来固体物撞击、强烈振动、液体浸溅及热源烘烤场所。否则,应予清除或做防护处理。

配电箱、开关箱周围应有足够 2 人同时工作的空间和通道,不得堆放任何妨碍操作、维修的物品,不得有灌木、杂草。

固定式配电箱的中心与地面的垂直距离宜为 1.4～1.6 m,安装应平正、牢固。户外落地安装的配电箱、柜,其底部离地面不应小于 0.2 m。

移动式配电箱、开关箱应装设在坚固、稳定的支架上。其中心点与地面的垂直距离宜为 0.8～1.6 m。

配电箱、开关箱外形结构应能防雨、防尘。配电箱、开关箱的箱体尺寸应与箱内电器的数量和尺寸相适应,箱内电器安装板板面电器安装尺寸可按照表 8-2 确定。

表 8-2 配电箱、开关箱内电器安装尺寸选择值

间距名称	最小净距/mm
并列电器(含单极熔断器)间	30
电器进、出线瓷管(塑胶管)孔与电器边沿间	15 A、30 20～30 A、50 60 A 及以上、80
上、下排电器进出线瓷管(塑胶管)孔间	25
电器进、出线瓷管(塑胶管)孔与板边	40
电器至板边	40

8.3.9 配电装置的使用

(1) 配电装置的箱(柜)门处均应有名称、用途、分路标记及内部电气系统接线图,以防误操作。

(2) 配电装置均应配锁,并由专人负责开启和关闭上锁。

(3)电工和用电人员工作时,必须按规定穿戴绝缘、防护用品,使用绝缘工具。

(4)配电装置送电和停电时,必须严格遵循下列操作顺序:

① 送电操作顺序为:总配电箱(配电柜)—分配电箱—开关箱;

② 停电操作顺序为:开关箱—分配电箱—总配电箱(配电柜)。

(5)若遇到人员触电或电气火灾的紧急情况,则允许就地、就近迅速切断电源。

(6)施工现场下班停止工作时,必须将班后不用的配电装置分闸断电并上锁。班中停止作业 1 h 及以上时,相关动力开关箱应断电上锁。暂时不用的配电装置也应断电上锁。

(7)配电装置必须按其正常工作位置安装牢固、稳定、端正。固定式配电箱、开关箱的中心点与地面的垂直距离应为 1.4~1.6 m;移动式配电箱、开关箱的中心点与地面的垂直距离宜为 0.8~1.6 m。

(8)配电箱、开关箱内的电器配置和接线严禁随意改动,并不得随意挂接其他用电设备。

(9)配电装置的漏电保护器应于每次使用时用试验按钮试跳一次,只有试跳正常才可继续使用。

任务 8.4　配电线路

8.4.1　一般规定

(1)施工现场配电线路路径选择应符合下列规定:

① 应结合施工现场规划及布局,在满足安全要求的条件下,方便线路敷设、接引及维护;

② 应避开过热、腐蚀以及储存易燃、易爆物的仓库等影响线路安全运行的区域;

③ 宜避开易遭受机械性外力的交通、吊装、挖掘作业频繁场所,以及河道、低洼、易受雨水冲刷的地段;

④ 不应跨越在建工程、脚手架、临时建筑物。

(2)配电线路的敷设方式应符合下列规定:

① 应根据施工现场环境特点,以满足线路安全运行、便于维护和拆除的原则来选择,敷设方式应能够避免受到机械性损伤或其他损伤;

② 供用电电缆可采用架空、直埋、沿支架等方式进行敷设;

③ 不应敷设在树木上或直接绑挂在金属构架和金属脚手架上;

④ 不应接触潮湿地面或接近热源;

⑤ 线缆敷设应采取有效保护措施,防止对线路的导体造成机械损伤和介质腐蚀。

(3)电缆选型应符合下列规定:

① 应根据敷设方式、施工现场环境条件、用电设备负荷功率及距离等因素进行选择;

② 低压配电系统的接地型式采用 TN-S 系统时,单根电缆应包含全部工作芯线和

用作中性导体(N)或保护接地导体(PE)或保护中性导体(PEN)的芯线。N 线和 PE 线截面不小于相线(L 线)截面的 50%，单相线路的零线截面与相线截面相同。

③ PE 和 PEN 外绝缘层应为黄绿双色；N 线外绝缘层应为淡蓝色；不同功能导体外绝缘色不应混用。

8.4.2 架空线路

(1) 电杆埋设应符合表 8-3 规定：

表 8-3 横担间的最小垂直距离　　　　　　　　　　　　　　　　单位：m

排列方式	直线杆	分支或转角杆
高压与低压	1.2	1.0
低压与低压	0.6	0.3

① 电杆埋设深度宜为杆长的 1/10 加 0.6 m。当电杆埋设在土质松软、流砂、地下水位较高的地带时，应采取加固杆基措施，遇有水流冲刷地带宜加围桩或围台；

② 电杆组立后，回填土时应将土块打碎，每回填 500 mm 应夯实一次，水坑回填前，应将坑内积水淘净；回填土后的电杆基坑应有防沉土台，培土高度应超出地面 300 mm。

(2) 施工现场架空线路的档距不宜大于 40 m，空旷区域可根据现场情况适当加大档距，但最大不应大于 50 m。

(3) 拉线的设置应符合下列规定：

① 拉线应采用镀锌钢绞线，最小规格不应小于 35 mm²；

② 拉线坑的深度不应小于 1.2 m，拉线坑的拉线侧应有斜坡；

③ 拉线应根据电杆的受力情况装设，拉线与电杆的夹角不宜小于 45°，当受到地形限制时不得小于 30°；

④ 拉线从导线之间穿过时应装设拉线绝缘子，在拉线断开时，绝缘子对地距离不得小于 2.5 m。

(4) 施工现场架空线路导线宜采用绝缘导线，相序排列应符合下列规定：

① 1 kV～10 kV 线路：面向负荷从左侧起，导线排列相序应为 L_1、L_2、L_3。

② 1 kV 以下线路：动力、照明线在同一横担上架设时，导线相序排列是：面向负荷从左侧起依次为 L_1、N、L_2、L_3、PE；动力、照明线在二层横担上分别架设时，导线相序排列是：上层横担面向负荷从左侧起依次为 L_1、L_2、L_3；下层横担面向负荷从左侧起依次为 L_1(L_2、L_3)、N、PE。上、下横担间距需满足表 7-3 要求。

③ 电杆上的中性导体(N)应靠近电杆。若导线垂直排列时，中性导体(N)应在下方。中性导体(N)的位置不应高于同一回路的相导体。在同一地区内，中性导体(N)的排列应统一。

④ 架空线路的线间距不得小于 0.3 m，靠近电杆的两导线的间距不得小于 0.5 m。

(5) 架空线路与空中和地面障碍物之间需保持足够的安全距离，具体限制见表 8-4。

表 8-4　架空线路与道路等设施的最小距离　　　　　　　　　单位:m

类　别	距　离	供用电绝缘线路电压等级	
		1 kV 及以下	10 kV 及以下
与施工现场道路	沿道路边敷设时距离道路边沿最小水平距离	0.5	1.0
	跨越道路时距路面最小垂直距离	6.0	7.0
与在建工程(包含脚手架工程)	最小水平距离	7.0	8.0
与临时建(构)筑物	最小水平距离	1.0	2.0
与外电电力线路	最小垂直距离　与 10 kV 及以下	2.0	
	最小垂直距离　与 220 kV 及以下	4.0	
	最小垂直距离　与 500 kV 及以下	6.0	
	最小水平距离　与 10 kV 及以下	3.0	
	最小水平距离　与 220 kV 及以下	7.0	
	最小水平距离　与 500 kV 及以下	13.0	

(6)架空线路穿越道路处,应在醒目位置设置最大允许通过高度警示标识。

8.4.3　室内配线

(1)以支架方式敷设的电缆线路应符合下列规定:

① 当电缆敷设在金属支架上时,金属支架应可靠接地;
② 固定点间距应保证电缆能承受自重及风雪等带来的荷载;
③ 电缆线路应固定牢固,绑扎线应使用绝缘材料;
④ 沿构、建筑物水平敷设的电缆线路,距地面高度不宜小于 2.5 m;
⑤ 垂直引上敷设的电缆线路,固定点每楼层不得少于 1 处。

(2)沿墙面或地面敷设电缆线路应符合下列规定:

① 电缆线路宜敷设在人不易触及的地方;
② 电缆线路敷设路径应有醒目的警告标识;
③ 沿地面明敷的电缆线路应沿建筑物墙体根部敷设,穿越道路或其他易受机械损伤的区域,应采取防机械损伤的措施,周围环境应保持干燥;
④ 在电缆敷设路径附近,当有产生明火的作业时,应采取防止火花损伤电缆的措施。

(3)临时设施的室内配线应符合下列规定:

① 室内配线在穿过楼板或墙壁时应用绝缘保护管保护;
② 明敷线路应采用护套绝缘电缆或导线,且应固定牢固,塑料护套线不应直接埋入抹灰层内敷设;
③ 当采用无护套绝缘导线时应穿管或线槽敷设。

(4)电缆中必须包含全部工作芯线和用作保护零线或保护线的芯线。需要三相四线制配电的电缆线路必须采用五芯电缆。

8.4.4　直埋线路

(1) 直埋敷设的电缆线路应符合下列规定：

① 在地下管网较多、有较频繁开挖的地段不宜直埋。

② 直埋电缆应沿道路或建筑物边缘埋设，并宜沿直线敷设，直线段每隔 20 m 处、转弯处和中间接头处应设电缆走向标识桩。

③ 电缆直埋时，其表面距地面的距离不宜小于 0.7 m，电缆上、下、左、右侧应铺以软土或砂土，其厚度及宽度不得小于 100 mm，上部应覆盖硬质保护层。直埋敷设于冻土地区时，电缆宜埋入冻土层以下，当无法深埋时可在土壤排水性好的干燥冻土层或回填土中埋设。

④ 直埋电缆的中间接头宜采用热缩或冷缩工艺，接头处应采取防水措施，并应绝缘良好。中间接头不得浸泡在水中。

⑤ 直埋电缆在穿越建筑物、构筑物、道路、易受机械损伤、腐介质场所及引出地面 2.0 m 高至地下 0.2 m 处，应加设防护套管。防护套管应固定牢固，端口应有防止电缆损伤的措施，其内径不应小于电缆外径的 1.5 倍。

⑥ 直埋电缆与外电线路电缆、其他管道、道路、建筑物等之间平行和交叉时的最小距离应符合表 8-5 的规定，当距离不能满足表 8-5 的要求时，应采取穿管、隔离等防护措施。

表 8-5　电缆之间，电缆与管道、道路、建筑物之间平行和交叉时的最小距离　　单位：m

电缆直埋敷设时的配置情况		平行	交叉
施工现场电缆与外电线路电缆		0.5	0.5
电缆与地下管沟	热力管沟	2.0	0.5
	油管或易(可)燃气管道	1.0	0.5
	其他管道	0.5	0.5
电缆与违筑物基础		躲开散水宽度	—
电缆与进路边、树木主干、1 kV 以下架空线电杆		1.0	—
电缆与 1 kV 以上架空线杆塔基础		4.0	—

(2) 电缆沟内敷设电缆线路应符合下列规定：

① 电缆沟沟壁、盖板及其材质构成，应满足承受荷载和适合现场环境耐久的要求；

② 电缆沟应有排水措施。

(3) 直埋线路宜采用有外护层的铠装电缆。

任务 8.5　临时用电保护、防火与防雷

8.5.1　漏电保护系统设置要点

(1) 采用二级漏电保护系统。二级漏电保护系统是指在施工现场基本供配电系统的

总配电箱(配电柜)和开关箱首、末二级配电装置中,设置漏电保护器。其中,总配电箱(配电柜)中的漏电保护器可以设置于总路,也可以设置于各分路,但不必重复设置。

(2) 实行分级、分段漏电保护原则。实行分级、分段漏电保护的具体体现是合理选择总配电箱(配电柜)、开关箱中漏电保护器的额定漏电动作参数。

(3) 漏电保护器相数和线数必须与负荷的相数和线数保持一致。

(4) 漏电保护器必须与用电工程合理的接地系统配合使用,才能形成完备、可靠的防触电保护系统。

(5) 漏电保护器的电源进线类别(相线或零线)必须与其进线端标记一一对应,不允许交叉混接,更不允许将 PE 线当 N 线接入漏电保护器。

(6) 漏电保护器在结构选型时,宜选用无辅助电源型(电磁式)产品,或选用辅助电源故障时能自动断开的辅助电源型(电子式)产品。不能选用辅助电源故障时不能断开的辅助电源型(电子式)产品。

8.5.2 接地

接地是指设备与大地作电气连接或金属性连接。电气设备的接地,通常的方法是将金属导体埋入地中,并通过导体与设备作电气连接(金属性连接)。接地按其作用分类,可分为功能性接地、保护性接地、兼有功能性和保护性的重复接地。在施工现场用电工程中,电力变压器二次侧(低压侧)中性点要直接接地,PE 线要做重复接地,桥梁主塔及高大建筑机械和高架金属设施要做防雷接地,产生静电的设备要做防静电接地。

埋入地中直接与地接触的金属物体称为接地体;连接设备与接地体的金属导体称为接地线;而接地体与接地线的连接组合就称为接地装置。

1. 接地装置

接地装置是构成施工现场用电基本保护系统的主要组成部分之一,是施工现场用电工程的基础性安全装置。

(1) 人工接地体的顶面埋设深不宜小于 0.6 m。

(2) 人工垂直接地体宜采用热浸镀锌圆钢、角钢、钢管,长度宜为 2.5 m;人工水平接地体宜采用热浸镀锌的扁钢或圆钢;圆钢直径不应小于 12 mm;扁钢、角钢等型钢截面不应小于 90 mm²,其厚度不应小于 3 mm;钢管壁厚不应小于 2 mm;人工接地体不得采用螺纹钢筋。

(3) 人工垂直接地体的埋设间距不宜小于 5 m。

(4) 接地装置的焊接应采用搭接焊接,搭接长度等应符合下列要求:

① 扁钢与扁钢搭接为其宽度的 2 倍,不应少于三面施焊;

② 圆钢与圆钢搭接为其直径的 6 倍,应双面施焊;

③ 圆钢与扁钢搭接为圆钢直径的 6 倍,应双面施焊;

④ 扁钢与钢管,扁钢与角钢焊接,应紧贴 3/4 钢管表面或角钢外侧两面,上下两侧施焊;

⑤ 除埋设在混凝土中的焊接接头以外,焊接部位应做防腐处理。

(5) 当利用自然接地体接地时,应保证其有完好的电气通路。

(6)接地线应直接接至配电箱保护导体(PE)汇流排;接地线的截面应与水平接地体的截面相同。

应当特别注意,金属燃气管道不能用作自然接地体或接地线,螺纹钢和铝板不能用作人工接地体。

2. 保护性接地

为防止电气设备的金属外壳因绝缘损坏带电而危及人、畜安全和设备安全,以及设置相应保护系统的需要,将电气设备正常不带电的金属外壳或其他金属结构进行保护接地。保护性接地分为保护接地、防雷接地、防静电接地等。

(1)电机、变压器、电器、照明器具、手持式电动工具的金属外壳。

(2)电气设备传动装置的金属部件。

(3)配电柜与控制柜的金属框架。

(4)配电装置的金属箱体、框架及靠近带电部分的金属围栏和金属门。

(5)电力线路的金属保护管、敷线的钢索、起重机的底座和轨道、滑升模板金属操作平台等。

(6)安装在电力线路杆(塔)上的开关、电容器等电气装置的金属外壳及支架。

3. 重复接地

在三相五线制系统中,为了增强接地保护系统接地的作用和效果,并提高其可靠性,在其接地线的另一处或多处(通过新增接地装置)再作接地。

采用剩余电流动作保护电器时应装设保护接地导体(PE)。

4. 保护导体(PE)严禁串联

保护导体(PE)上严禁装设开关或熔断器,用电设备的保护导体(PE)不应串联连接,应采用焊接、压接、螺栓连接或其他可靠方法连接。

5. 保护接地线必须采用绝缘导线

配电装置和电动机械相连接的 PE 线应为截面不小于 2.5 mm^2 的绝缘多股铜线。手持式电动工具的 PE 线应为截面不小于 1.5 mm^2 的绝缘多股铜线。PE 线所用材质与相线、工作零线(N线)相同时,其最小截面应符合表 8-6 的规定。

表 8-6 PE 线截面与相线截面的关系

相线芯线截面 S/mm^2	PE 线最小截面 $/mm^2$
$S \leqslant 16$	5
$16 < S \leqslant 35$	16
$S > 35$	$S/2$

6. 接地电阻限值

在 TN 系统中,保护零线每一处重复接地装置的接地电阻值不应大于 10 Ω。在工作接地电阻值允许达到 10 Ω 的电力系统中,所有重复接地的等效电阻值不应大于 10 Ω。

8.5.3 防雷

雷电是一种破坏力、危害性极大的自然现象,要想消除它是不可能的,但消除其危害却是可能的。即可通过设置一种装置,人为控制和限制雷电发生的位置,并使其不致危害到需要保护的人、设备或设施,这种装置称作防雷装置或避雷装置。

参照《建筑物防雷设计规范》(GB 50057—2010),施工现场需要考虑防直击雷的部位主要是塔式起重机、拌和楼、物料提升机、外用电梯等高大机械设备及钢脚手架、在建工程金属结构等高架设施,并且其防雷等级可按三类防雷(建筑物引下线间距宜小于 24 m)对待。防感应雷的部位则是设置施工现场变电所的进出线处。

首先应考虑邻近建筑物或设施是否有防直击雷装置,如果有,它们是在其保护范围以内,还是在其保护范围(接闪器对直击雷的保护范围)以外。如果施工现场的起重机、物料提升机、外用电梯等机械设备,以及钢脚手架和正在施工的在建工程等的金属结构,在相邻建筑物、构筑物等设施的防雷装置保护范围以外,则应按规定安装防雷装置,但需满足表 8-7 的规定。

表 8-7 施工现场内机械设备及高架设施需安装防雷装置的规定

地区平均雷暴日/d	机械设备高度/m
≤15	≥50
>15,<40	≥32
≥40,<90	≥20
≥90	≥12

施工现场机具设备的避雷接地应满足以下要求:

(1)施工现场和临时生活区的高度在 20m 及以上的钢脚手架、幕墙金属龙骨、正在施工的建筑物以及塔式起重机、井子架、施升降机、机具、烟囱、水塔等设施,均应设有防雷保护措施;当以上设施在其他建筑物或设施的防雷保护范围之内时,可不再设置。

(2)最高机械设备上避雷针(接闪器)的保护范围能覆盖其他设备,且又最后退出于现场,则其他设备可不设防雷装置。

(3)设有防雷保护措施的机械设备,其上的金属管路应与设备的金属结构体做电气连接;机械设备的防雷接地与电气设备的保护接地可共用同一接地体。

(4)塔式起重机电源进线的保护导体(PE)应做重复接地,塔身应做防雷接地。轨道式塔式起重机接地装置的设置应符合下列规定:

① 轨道两端头应各设置一组接地装置;

② 轨道的接头处做电气搭接,两头轨道端部应做环形电气连接;

③ 较长轨道每隔 20 m 应加一组接地装置。

(5)机械设备上的避雷针(接闪器)长度应为 1~2 m。塔式起重机可不另设避雷针(接闪器)。

(6)安装避雷针(接闪器)的机械设备,所有固定的动力、控制、照明、信号及通信线路,宜采用钢管敷设。钢管与该机械设备的金属结构体应做电气连接。

(7) 施工现场内所有防雷装置的冲击接地电阻值不得大于 30 Ω。

(8) 做防雷接地机械上的电气设备,所连接的 PE 线必须同时做重复接地,同一台机械电气设备的重复接地和机械的防雷接地可共用同一接地体,但接地电阻应符合重复接地电阻值的要求。

8.5.4 电气防火措施

编制电气防火措施应从技术措施和组织措施两个方面考虑,并要符合施工现场实际。

1. 电气防火技术措施要点

(1) 合理配置用电系统的短路、过载、漏电保护电器。
(2) 确保 PE 线连接点的电气连接可靠。
(3) 在电气设备和线路周围不堆放并清除易燃易爆物和腐蚀介质,或作阻燃隔离防护。
(4) 不在电气设备周围使用火源,特别在变压器、发电机等场所严禁烟火。
(5) 在电气设备相对集中场所,如变电所、配电室、发电机室等场所,配备可扑灭电气火灾的灭火器材。
(6) 按《施工现场临时用电安全技术规范》(JGJ 46—2005)的规定设置防雷装置。

2. 电气防火组织措施要点

(1) 建立易燃易爆物和腐蚀介质管理制度。
(2) 建立电气防火责任制,加强电气防火重点场所烟火管制,并设置禁止烟火标志。
(3) 建立电气防火教育制度,定期进行电气防火知识宣传教育,提高各类人员电气防火意识和电气防火知识水平。
(4) 建立电气防火检查制度,发现问题及时处理,不留任何隐患。
(5) 建立电气火警预报制度,做到防患于未然。
(6) 建立电气防火领导体系及电气防火队伍,并学会和掌握扑灭电气火灾的方法。
(7) 电气防火措施可与一般防火措施一并编制。

任务 8.6　临时用电管理与外电防护

8.6.1　建筑施工临时用电的安全管理的基本要求

(1) 项目经理部应当制定安全用电管理制度。
(2) 项目经理应当明确施工用电管理人员、电气工程技术人员和各分包单位的电气负责人。
(3) 电工必须经过按国家现行标准考核合格后,持证上岗工作;其他用电人员必须通过相关安全教育培训和技术交底,考核合格后方可上岗工作。
(4) 安装、巡检、维修或拆除临时用电设备和线路,必须由电工完成,并有人监护。电工等级应与工程的难易程度和技术复杂性相适应。

（5）各类用电人员应掌握安全用电基本知识和所用设备的性能，并符合下列规定：

① 使用电气设备前必须按规定穿戴和配备好相应的劳动防护用品，并检查电气装置和保护设施，严禁设备带"病"运转；

② 保管和维护所用设备，发现问题及时报告解决；

③ 暂时停用设备的开关箱必须分断电源隔离开关，并关门上锁；

④ 移动电气设备时，必须经电工切断电源并做妥善处理后进行。

（6）施工现场临时用电必须建立安全技术档案，并包括下列内容：

① 用电组织设计的全部资料；

② 修改用电组织设计的资料；

③ 用电技术交底资料；

④ 用电工程检查验收表；

⑤ 电气设备的试验、检验凭单和调试记录；

⑥ 接地电阻、绝缘电阻和漏电保护器漏电动作参数测定记录表；

⑦ 定期检（复）查表；

⑧ 电工安装、巡检、维修、拆除工作记录。

（7）临时用电工程应定期检查。定期检查时，应复查接地电阻值和绝缘电阻值。

（8）临时用电工程定期检查应按分部、分项工程进行，对安全隐患必须及时处理，并履行复查验收手续。

（9）工程项目部每周应对临时用电工程至少进行一次安全检查，对检查中发现的问题及时整改。

8.6.2　外电防护

如果施工现场距离外电线路较近，往往会因施工人员搬运物料、器具，尤其是金属料具或操作不慎意外触及外电线路，从而发生触电伤害事故。因此，当施工现场邻近外电线路作业时，为了防止外电线路对施工现场作业人员可能造成的触电伤害事故，施工现场必须对其采取相应的防护措施。

外电防护的技术措施包括：绝缘、屏护、安全距离、限制放电能量、24 V 及以下安全特低电压。

1. 保证安全操作距离

（1）在建工程不得在外电架空线路正下方施工、吊装、搭设作业棚、建造生活设施或堆放构件、架具、材料及其他杂物等。

（2）在建工程的周边与外电架空线路的边线之间的最小安全操作距离不应小于表8-8所列数值。施工现场的机动车道与架空线路交叉时的最小垂直距离不应小于表8-9所列数值。起重机与架空线路边线的最小安全距离不应小于表8-10所列数值。防护设施与外电线路之间的最小安全距离不应小于表8-11所列数值。

表 8-8　在建工程(含脚手架具)的周边与架空线路边线之间的最小安全操作距离

外电线路电压等级/kV	<1	1~10	35~110	220	330~500
最小安全操作距离/m	4.0	6.0	8.0	10	15

表 8-9　施工现场的机动车道与架空线路交叉时的最小垂直距离

外电线路电压等级/kV	<1	1~10	35
最小垂直距离/m	6.0	7.0	7.0

表 8-10　起重机与架空线路边线的最小安全距离

电压/kV		<1	10	35	110	220	330	500
安全距离/m	沿垂直方向	1.5	3.0	4.0	5.0	6.0	7.0	8.5
	沿水平方向	1.5	2.0	3.5	4.0	6.0	7.0	8.5

表 8-11　防护设施与外电线路之间的最小安全距离

外电线路电压等级/kV	10	35	110	220	330	500
最小安全距离/m	1.7	2.0	2.5	4.0	5.0	6.0

2. 架设安全防护设施

架设安全防护设施是一种绝缘隔离防护措施,宜采用木、竹或其他绝缘材料增设屏障、遮栏、围栏、保护网等与外电线路实现强制性绝缘隔离,并须在隔离处悬挂醒目的警告标志牌。

3. 安全特低压

现场照明采用低于 24 V 直流电 LED 灯带,临时宿舍中全部采用 24 V 电压配电。日常用电设备充电时,全部集中在充电间进行。

临时用电常见安全隐患

▶ 思考与拓展 ◀

1. 容易对人体造成用电伤害的主要因素有哪些?
2. 根据电击伤害的致因分析,简述施工现场用电防范的基本原则是什么?
3. 针对施工现场的钢筋加工场,编制一份临时供用电施工方案并绘制现场平面图。
4. 电力火灾产生的原因是什么? 应该如何切实采取措施进行防范呢?
5. 在使用手工电气设备时,如何有效地防范漏电伤害?
6. 结合实习的所见所闻,工地现场使用安全电压进行临时用电辅助工作的内容有哪些? 这种状态下,应该有哪些安全注意事项?

学习情境 9　施工现场消防安全技术

知识目标

了解施工企业依据《中华人民共和国消防法》制定的消防管理制度和预防火灾的技术规程；

熟悉施工现场消防平面布置要求；

熟悉施工现场临时用房需要具备的防火设计和建造技术要求；

熟悉施工现场布置的各种消防设施和灭火器材应急使用；

熟悉在建房屋临时防火布置的技术要求；

掌握施工现场用火或动火的安全技术要求。

职业技能目标

针对不同火灾选用对应灭火器，并掌握使用要领；

开展消防灭火应急演练，培养应急救援人员，布置疏散通道和消火栓、灭火器；

能在生产生活中培养良好的防火、灭火基本技能。

规范依据

《建设工程施工现场消防安全技术规范》(GB 50720—2011)

任务 9.1　施工企业的消防管理

我国消防工作实行"预防为主、防消结合、综合治理"的方针。按照政府统一领导、部门依法监管、单位全面负责、公民积极参与的原则，实行消防安全责任制，建立健全社会化的消防工作网络。

上海市静安区一高层居民住宅楼发生特大火灾（如图 9-1 所示）后，2010 年 11 月 16 日《国务院办公厅关于进一步做好消防工作坚决遏制重特大火灾事故的通知》（国办发明电〔2010〕35 号）发出，要求严格落实消防安全责任制，各单位负责人对本单位消防安全工作负总责。政府主要负责同志为第一责任人,分管负责同志为主要责任人。要加大火灾事故责任追究力度,实行责任倒查和逐级追查。城乡建设部门负责在建工程消防安全,督促建筑业企业的消防安全能力建设,切实提高企业检查消除火灾隐患、组织扑救初起火灾、组织人员疏散逃生、消防宣传教育培训等"四个能力",突出抓好电气焊作业、消防控制室值班等特殊岗位人员培训,确保持证上岗。要根据施工现场突发火灾的特点,有针对性地开展灭火和应急救援演练,最大限度地减少人员伤亡和财产损失。

图 9-1　2010.11.15 上海市静安区一高层住宅楼特大火灾

9.1.1　施工承包企业法定消防责任

根据《中华人民共和国消防法》(以下简称《消防法》)的规定,建筑施工活动中工程承包单位的消防安全职责如下:

(1) 落实消防安全责任制,制定本单位的消防安全制度(表 9-1)、消防安全操作规程,制定灭火和应急疏散预案。确定消防安全管理人,组织实施对疏散通道、安全出口、建筑消防设施和消防车通道的消防安全管理工作。

表 9-1　必须建立的消防安全管理制度

序号	消防安全管理制度	序号	消防安全管理制度
1	消防安全教育与培训制度	4	消防安全检查制度
2	可燃及易燃易爆危险品管理制度	5	应急预案演练制度
3	用火、用电、用气管理制度		

(2) 按照国家标准、行业标准配置消防设施、器材,设置消防安全标志,并定期组织检验、维修,确保完好有效。

(3) 项目施工现场实行每日防火巡查,并建立巡查检测记录,及时消除火灾隐患,确保完整准确、存档备查。

(4) 对职工进行岗前消防安全培训,定期组织消防安全培训和消防演练。消防安全教育和培训应包括下列内容:

① 施工现场消防安全管理制度、防火技术方案、灭火及应急疏散预案的主要内容;

② 施工现场临时消防设施的性能及使用、维护方法;

③扑灭初起火灾及自救逃生的知识和技能；
④报警、接警的程序和方法。

(5) 依照法律、行政法规、国家标准、行业标准和执业准则，接受委托提供消防技术服务，但消防产品质量认证、消防设施检测、消防安全监测等消防技术服务机构和执业人员，应当依法获得相应的资质、资格。

(6) 施工临时用房建成后应经消防救援机构进行消防安全检查验收，满足消防安全要求后，方可安排入住和使用。

9.1.2 防火的基本规定

燃烧的三要素：着火源、可燃物、助燃物。阻止三个要素结合在一起，即可有效防止火灾。概括起来，防火措施的基本原则即是"消灭着火源、控制可燃物、隔绝助燃物"。

《消防法》规定，禁止在具有火灾、爆炸危险的场所吸烟、使用明火。

(1) 因施工等特殊情况需要使用明火作业时，应当按照规定事先办理审批手续，采取相应的消防安全措施，作业人员应当遵守消防安全规定。

(2) 进行电焊、气焊等具有火灾危险作业的人员和自动消防系统的操作人员，必须持证上岗并遵守消防安全规程。

(3) 生产、储存、运输、销售、使用、销毁易燃易爆危险品，必须执行消防技术标准和管理规定。

(4) 建筑构件、建筑材料和室内装修、装饰材料的防火性能必须符合国家标准，没有国家标准的，必须符合行业标准。人员密集场所室内装修、装饰，应当按照消防技术标准的要求使用不燃、难燃材料。

(5) 任何单位、个人不得损坏、挪用或者擅自拆除、停用消防设施、器材，不得埋压、圈占、遮挡消火栓或者占用防火间距，不得占用、堵塞、封闭疏散通道、安全出口、消防车通道。

9.1.3 施工现场防火的总体要求

施工现场的消防安全管理应由施工单位负责。实行施工总承包时，应由总承包单位负责。分包单位应向总承包单位负责，并应服从总承包单位的管理，同时应承担国家法律、法规规定的消防责任和义务。

(1) 工地应当建立消防管理制度、动火作业审批制度和易燃易爆物品的管理办法。根据建设项目规模、现场消防安全管理的重点，在施工现场建立消防安全管理组织机构及义务消防组织，并应确定消防安全负责人和消防安全管理人员，同时应落实相关人员的消防安全管理责任。

(2) 工地应制定灭火及应急疏散预案，并经过专业培训和定期组织进行演习。灭火及应急疏散预案应包括下列主要内容：
①应急灭火处置机构及各级人员应急处置职责；
②报警、接警处置的程序和通讯联络的方式；
③扑救初起火灾的程序和措施；
④应急疏散及救援的程序和措施。

（3）项目施工承包单位应编制施工现场防火技术方案，并应根据现场情况变化及时对其修改、完善。防火技术方案应包括下列主要内容：

① 施工现场重大火灾危险源辨识；

② 施工现场防火技术措施；

③ 临时消防设施、临时疏散设施配备；

④ 临时消防设施和消防警示标识布置图。

（4）施工现场的消防安全管理人员应向施工人员进行消防安全教育和培训。消防安全教育和培训应包括下列内容：

① 施工现场消防安全管理制度、防火技术方案、灭火及应急疏散预案的主要内容；

② 施工现场临时消防设施的性能及使用、维护方法；

③ 扑灭初起火灾及自救逃生的知识和技能；

④ 报警、接警的程序和方法。

（5）施工作业前，施工现场的施工管理人员应向作业人员进行消防安全技术交底。消防安全技术交底应包括下列主要内容：

① 施工过程中可能发生火灾的部位或环节；

② 施工过程应采取的防火措施及应配备的临时消防设施；

③ 初起火灾的扑救方法及注意事项；

④ 逃生方法及路线。

（6）施工过程中，施工现场的消防安全负责人应定期组织消防安全管理人员对施工现场的消防安全进行检查，消防安全检查内容见表 9-2。

表 9-2 施工现场的消防安全检查表

序号	消防安全检查内容	序号	消防安全检查内容
1	可燃物及易燃易爆危险品的管理是否落实	4	电、气焊及保温防水施工是否存在违章操作
2	动火作业的防火措施是否落实	5	临时消防设施是否完好有效
3	用火、用电、用气是否存在违章操作	6	临时消防车道及临时疏散设施是否畅通

（7）当发生火险、工地消防人员不能及时扑救时，应当迅速准确地向当地消防部门报警，并清理通道障碍，查清消火栓位置，为消防灭火做好准备。

（8）项目部应及时保存施工现场消防安全管理的相关文件和记录，并应建立现场消防安全管理档案。

火灾致因、灭火与逃生常识

任务 9.2 施工现场消防平面布置

9.2.1 满足消防规定进行现场平面布置

(1) 下列临时用房和临时设施应纳入施工现场总平面布局:
① 施工现场的出入口、围墙、围挡;
② 场内临时道路;
③ 给水管网或管路和配电线路敷设或架设的走向、高度;
④ 施工现场办公用房、宿舍、发电机房、变配电房、可燃材料库房、易燃易爆危险品库房、可燃材料堆场及其加工场、固定动火作业场等;
⑤ 临时消防车道、消防救援场地和消防水源。

(2) 施工现场出入口的设置应满足消防车通行的要求,并宜布置在不同方向,其数量不宜少于 2 个。当确有困难只能设置 1 个出入口时,应在施工现场内设置满足消防车通行的环形道路。

(3) 工地应当按照办公、生活、生产、物料存贮等功能将施工现场总平面图划分防火责任区,根据作业条件合理配备灭火器材。当工程施工高度超过 30 m 时,应当配备有足够扬程的消防水源,且必须保障畅通的疏散通道。

(4) 固定动火作业场应布置在可燃材料堆场及其加工场、易燃易爆危险品库房等全年最小频率风向的上风侧,并宜布置在临时办公用房、宿舍、可燃材料库房、在建工程等全年最小频率风向的上风侧。

(5) 易燃易爆危险品库房应远离明火作业区、人员密集区和建筑物相对集中区。

(6) 可燃材料堆场及其加工场、易燃易爆危险品库房不应布置在架空电力线下。

9.2.2 防火间距

(1) 易燃易爆危险品库房与在建工程的防火间距不应小于 15 m,可燃材料堆场及其加工场、固定动火作业场与在建工程的防火间距不应小于 10 m,其他临时用房、临时设施与在建工程的防火间距不应小于 6 m。

(2) 施工现场主要临时用房、临时设施的防火间距不应小于表 9-3 的规定。当办公用房、宿舍成组布置时,其防火间距可适当减小,但应符合下列规定:
① 每组临时用房的栋数不应超过 10 栋,组与组之间的防火间距不应小于 8 m。
② 组内临时用房之间的防火间距不应小于 3.5 m;当建筑构件燃烧性能等级为 A 级(A 级:不燃性建筑材料;B_1 级:难燃性建筑材料;B_2 级:可燃性建筑材料;B_3:易燃性建筑材料)时,其防火间距可减少到 3 m。

表 9-3 施工现场主要临建设施相互间的最小防火间距　　　　　　　　　　单位：m

名称＼间距＼名称	办公用房、宿舍	发电机房、变配电房	可燃材料库房	厨房操作间、锅炉房	可燃材料堆场及其加工场	固定动火作业场	易燃易爆危险品库房
办公用房、宿舍	4	4	5	5	7	7	10
发电机房、变配电房	4	4	5	5	7	7	10
可燃材料库房	5	5	5	5	7	7	10
厨房操作间、锅炉房	5	5	5	5	7	7	10
可燃材料堆场及其加工场	7	7	7	7	7	10	10
固定动火作业场	7	7	7	7	10	10	12
易燃易爆危险品库房	10	10	10	10	10	12	12

注：1. 临时用房、临时设施的防火间距应按临时用房外墙外边线或堆场、作业场、作业棚边线间的最小距离计算。若临时用房外墙有突出可燃构件，应从其突出可燃构件的外缘算起。
　　2. 两座临时用房相邻较高一面的外墙为防火墙时，其防火间距不限。
　　3. 本表未规定的，可按同等火灾危险性的临时用房、临时设施的防火间距确定。

9.2.3　消防车道

（1）施工现场内应设置临时消防车道，临时消防车道与在建工程、临时用房、可燃材料堆场及其加工场的距离不宜小于 5 m，且不宜大于 40 m（如图 9-2 所示）；施工现场周边道路满足消防车通行及灭火救援要求时，施工现场内可不设置临时消防车道。

（2）临时消防车道的设置应符合下列规定：

① 临时消防车道宜为环形，设置环形车道确有困难时，应在消防车道尽端设置尺寸不小于 12 m×12 m 的回车场；

图 9-2　施工现场消防车道及设置要求

② 临时消防车道的净宽度和净空高度均不应小于 4 m；

③ 临时消防车道的右侧应设置消防车行进路线指示标识；

④ 临时消防车道路基、路面及其下部设施应能承受消防车通行压力及工作荷载。

（3）下列建筑应设置环形临时消防车道，设置环形临时消防车道确有困难时，除应按上一条的规定设置回车场外，尚应按下一条的规定设置临时消防救援场地：

① 建筑高度大于 24 m 的在建工程；

② 建筑工程单体占地面积大于 3 000 m² 的在建工程；

③ 超过 10 栋，且成组布置的临时用房。

（4）临时消防救援场地的设置应符合下列规定：

①临时消防救援场地应在在建工程装饰装修阶段设置;

②临时消防救援场地应设置在成组布置的临时用房场地的长边一侧及在建工程的长边一侧;

③临时救援场地宽度应满足消防车正常操作要求,且不应小于6 m,与在建工程外脚手架的净距不宜小于2 m,且不宜超过6 m。

任务9.3　临时用房防火

在施工现场建造的为建设工程施工服务的各种非永久性建筑物,称之为临时用房,包括办公用房、宿舍、厨房操作间、食堂、锅炉房、发电机房、变配电房、库房等。

9.3.1　宿舍、办公用房

办公用房、宿舍的防火设计应符合下列规定:

(1)建筑构件的燃烧性能应为A级。当采用金属夹芯板材时,其芯材的燃烧性能等级应为A级。

(2)层数不应超过3层,每层建筑面积不应大于300 m²。

(3)当层数为3层或每层建筑面积大于200 m²时,应至少设置2部疏散楼梯,房间疏散门至疏散楼梯的最大距离不应大于25 m。

(4)单面布置用房时,疏散走道的净宽度不应小于1 m;双面布置用房时,疏散走道的净宽度不应小于1.5 m。

(5)疏散楼梯的净宽度不应小于疏散走道的净宽度。

(6)宿舍房间的建筑面积不应大于30 m²,其他房间的建筑面积不宜大于100 m²。

(7)房间内任一点至最近疏散门的距离不应大于15 m,房门的净宽度不应小于0.8 m;当房间面积超过50 m²时,房门净宽度不应小于1.2 m。

(8)隔墙应从楼地面基层隔断至顶板基层底面。

9.3.2　火灾隐患较大辅助用房及库房

发电机房、变配电房、厨房操作间、锅炉房、可燃材料库房和易燃易爆危险品库房的防火设计应符合下列规定:

(1)建筑构件的燃烧性能等级应为A级。

(2)层数应为1层,建筑面积不应大于200 m²。

(3)可燃材料库房单个房间的建筑面积不应超过30 m²,易燃易爆危险品库房单个房间的建筑面积不应超过20 m²。

(4)房间内任一点至最近疏散门的距离不应大于10 m,房门的净宽度不应小于0.8 m。

9.3.3　综合建造临时用房

(1)宿舍、办公用房不应与厨房操作间、锅炉房、变配电房等组合建造。

(2) 会议室、娱乐室等人员密集房间应设置在临时用房的一层，其疏散门应向疏散方向开启。

任务 9.4　在建工程防火

作业场所应设置明显的疏散指示标志，其指示方向应指向最近的临时疏散通道入口，作业层的醒目位置应设置安全疏散示意图，如图 9-3。

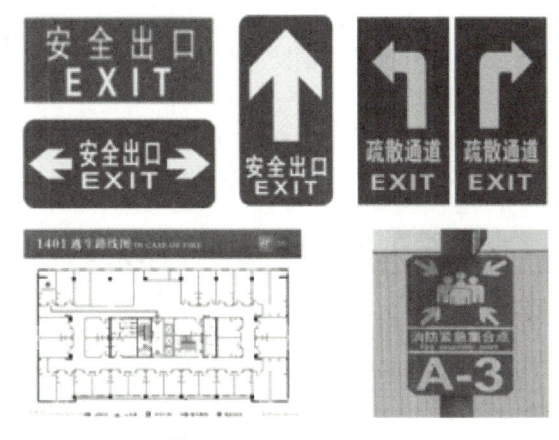

图 9-3　消防指示标识

9.4.1　临时疏散通道

施工现场发生火灾或意外事件时，供人员安全撤离危险区域并到达安全地点或安全地带所经的路径，称之为临时疏散通道。

在建工程作业场所的临时疏散通道应采用不燃或难燃材料建造，并与在建工程结构施工同步设置，也可利用在建工程施工完毕的水平结构、楼梯。

在建工程内临时疏散通道的设置应符合下列规定：

(1) 疏散通道的耐火极限不应低于 0.5 h。

(2) 设置在地面上的临时疏散通道，其净宽度不应小于 1.5 m；利用在建工程施工完毕的水平结构、楼梯作临时疏散通道时，其净宽度不宜小于 1.0 m；用于疏散的爬梯及设置在脚手架上的临时疏散通道，其净宽度不应小于 0.6 m。

(3) 临时疏散通道为坡道，且坡度大于 25°时，应修建楼梯或台阶踏步或设置防滑条。

(4) 临时疏散通道不宜采用爬梯。确需采用时，应采取可靠固定措施。

(5) 疏散通道的侧面若为临空面，应沿临空面设置高度不小于 1.2 m 的防护栏杆。

(6) 当临时疏散通道搭设在脚手架上时，脚手架应采用不燃材料搭设。

(7) 临时疏散通道应设置明显的疏散指示标识。

(8) 临时疏散通道应设置照明设施。

9.4.2 既有建筑建设施工防火

当既有建筑进行扩建、改建施工时,必须明确划分施工区和非施工区。施工区不得营业、使用和居住;非施工区继续营业、使用和居住时,应符合下列规定:

(1) 施工区和非施工区之间应采用不开设门、窗、洞口的耐火极限不低于3h的不燃烧体隔墙进行防火分隔。

(2) 非施工区内的消防设施应完好和有效,疏散通道应保持畅通,并应落实日常值班及消防安全管理制度。

(3) 施工区的消防安全应配有专人值守,发生火情应能立即处置。

(4) 施工单位应向居住和使用者进行消防宣传教育,告知建筑消防设施、疏散通道位置及使用方法,同时应组织疏散演练。

(5) 外脚手架搭设长度不应超过该建筑物外立面周长的1/2。

任务 9.5　现场用料防火

9.5.1 支撑与防护架及安全防护网

外脚手架、支模架的架体宜采用不燃或难燃材料搭设,高层建筑和既有建筑改造工程的外脚手架、支模架的架体应采用不燃材料搭设。

下列安全防护网应采用阻燃型安全防护网:

(1) 高层建筑外脚手架的安全防护网。

(2) 既有建筑外墙改造时,其外脚手架的安全防护网。

(3) 临时疏散通道的安全防护网。

9.5.2 可燃物及易燃易爆危险品防火

(1) 用于在建工程的保温、防水、装饰及防腐等材料的燃烧性能等级应符合设计要求。

(2) 可燃材料及易燃易爆危险品应按计划限量进场。进场后,可燃材料宜存放于库房内,露天存放时,应分类成垛堆放,垛高不应超过2 m,单垛体积不应超过50 m³,垛与垛之间的最小间距不应小于2 m,且应采用不燃或难燃材料覆盖;易燃易爆危险品应分类专库储存,库房内应通风良好,并应设置严禁明火标志。

(3) 室内使用油漆及其有机溶剂、乙二胺、冷底子油等易挥发产生易燃气体的物资作业时,应保持良好通风,作业场所严禁明火,并应避免产生静电。

(4) 施工产生的可燃、易燃建筑垃圾或余料,应及时清理。

(5) 裸露的可燃材料上严禁直接进行动火作业。

9.5.3 施工现场用气

（1）储装气体的罐瓶及其附件应合格、完好和有效；严禁使用减压器及其他附件缺损的氧气瓶，严禁使用乙炔专用减压器、回火防止器及其他附件缺损的乙炔瓶。

（2）气瓶运输、存放应符合下列规定：

① 气瓶应保持直立状态，并采取防倾倒措施，乙炔瓶严禁横躺卧放；

② 严禁碰撞、敲打、抛掷、滚动气瓶；

③ 气瓶应远离火源，与火源的距离不应小于 10 m，并应采取避免高温和防止曝晒的措施；

④ 燃气储装瓶罐应设置防静电装置；

⑤ 气瓶应分类储存，库房内应通风良好，各种设施符合防爆要求；

⑥ 空瓶和实瓶同库存放时，应分开放置，空瓶和实瓶的间距不应小于 1.5 m。

（3）气瓶使用时，应符合下列规定：

① 使用前，应检查气瓶及气瓶附件的完好性，检查连接气路的气密性，并采取避免气体泄漏的措施，严禁使用已老化的橡皮气管；

② 氧气瓶与乙炔瓶的工作间距不应小于 5 m，气瓶与明火作业点的距离不应小于 10 m；

③ 冬季使用气瓶，气瓶的瓶阀、减压器等发生冻结时，严禁用火烘烤或用铁器敲击瓶阀，严禁猛拧减压器的调节螺丝；

④ 氧气瓶内剩余气体的压力不应小于 0.1 MPa；

⑤ 气瓶用后应及时归库。

任务 9.6　临时消防设施

临时消防设施是指设置在建设工程施工现场，用于扑救施工现场火灾、引导施工人员安全疏散等的各类消防设施，包括灭火器、临时消防给水系统、消防应急照明、疏散指示标识、临时疏散通道等。施工现场应对各类灭火器材、消火栓及水带进行经常检查和维护保养，保证使用效果。

9.6.1 消防设施设置的一般规定

（1）临时消防设施的设置应与在建工程的施工保持同步。对于房屋建筑工程，临时消防设施的设置与在建工程主体结构施工进度的差距不应超过 3 层。

（2）在建工程可利用已具备使用条件的永久性消防设施作为临时消防设施。当永久性消防设施无法满足使用要求时，应增设临时消防设施。常用消防设施如图 9-4 所示。

(a) 消防桶、消防铲、灭火器等 　　(b) 室内消火栓

(c) 室外消防水池 　　(d) 消火栓泵

图 9-4　临时消防设施

（3）施工现场的消火栓泵应采用专用消防配电线路。专用配电线路应自施工现场总配电箱的总断路器上端接入，并应保持连续不间断供电。

（4）临时消防给水系统的贮水池、消火栓泵、室内消防竖管及水泵接合器等应设置醒目标识。

（5）地下工程的施工作业场所宜配备防毒面具。

9.6.2　灭火器配备

（1）常用灭火器及其适用

① 泡沫灭火器：适用于扑救一般火灾，比如油制品、油脂等无法用水来施救的火灾。不能扑救火灾中的水溶性可燃、易燃液体的火灾，如醇、酯、醚、酮等物质火灾；也不可用于扑灭带电设备的火灾。

② 干粉灭火器：可扑灭一般的火灾，还可扑油、气等燃烧引起的失火。主要用于扑救石油、有机溶剂等易燃液体、可燃气体和电气设备的初期火灾。

③ 二氧化碳灭火器：用来扑灭图书、档案、贵重设备、精密仪器、600 V 以下电气设备及油类的初起火灾。适用于扑救一般油制品、油脂等火灾，不能扑救水溶性可燃、易燃液体的火灾，如醇、酯、醚、酮等物质火灾，也不能扑救带电设备火灾。

④ 1211 灭火器：主要抑制燃烧的连锁反应，中止燃烧。适用扑灭一些初起火灾。

（2）在建工程及临时用房的下列场所应配置灭火器：

① 易燃易爆危险品存放及使用场所；

常用消防设备、器材及标志

② 动火作业场所；
③ 可燃材料存放、加工及使用场所；
④ 厨房操作间、锅炉房、发电机房、变配电房、设备用房、办公用房、宿舍等临时用房；
⑤ 其他具有火灾危险的场所。

(3) 灭火器的类型应与配备场所可能发生的火灾类型相匹配。灭火器应设置在位置明显、便于取用的地点，且不得影响安全疏散。灭火器的配备数量应按《建筑灭火器配置设计规范》(GB 50140—2005)的有关规定经计算确定，且每个场所灭火器数量不应少于2具。

① 一般临时设施区，每 100 m^2 配备 2 个 10 L 灭火器；大型临时设施总面积超过 1 200 m^2 的，应备有专供消防用的太平桶、积水桶(池)、黄沙池等器材设施。② 木工间、油漆间、机具间等，每 25 m^2 应配置 1 个合适的灭火器；油库、危险品仓库，应配备足够数量、种类的灭火器。

③ 仓库或堆料场内，应根据灭火对象的特性分组布置酸碱、泡沫、清水、二氧化碳等灭火器。每组灭火器不少于 4 个，每组灭火器之间的距离不大于 30 m。

9.6.3 临时消防给水系统

施工现场临时消防给水系统应与施工现场生产、生活给水系统合并设置，但应设置将生产、生活用水转为消防用水的应急阀门，并配置加压罐，应急阀门不应超过 2 个，且应设置在易于操作的场所，并应设置明显标识，如图 9-5 所示。

图 9-5 施工用水、消防水分开，消防水泵互为备用，并配置加压罐

临时用房建筑面积之和大于 1 000 m^2 或在建工程单体体积大于 10 000 m^3 时，应设置临时室外消防给水系统。

(1) 临时消防用水量应为临时室外消防用水量与临时室内消防用水量之和。临时室外消防用水量应按临时用房和在建工程临时室外消防用水量的较大者确定。施工现场火灾次数可按同时发生 1 次考虑。

(2) 临时用房的临时室外消防用水量、在建工程的临时室外消防用水量、在建工程的临时室内消防用水量应分别满足表 9-4～表 9-6 的要求。

表 9-4　临时用房的临时室外消防用水量

临时用房建筑面积之和	火灾延续时间(h)	消火栓用水量 (L·s^{-1})	每支水枪最小流量 (L·s^{-1})
1 000 m² ＜ 面积 ≤ 5 000 m²	1	10	5
面积 ＞ 5 000 m²		15	5

表 9-5　在建工程的临时室外消防用水量

在建工程(单体)体积	火灾延续时间(h)	消火栓用水量(L·s^{-1})	每支水枪最小流量(L·s^{-1})
10 000 m³ ＜ 体积 ≤ 30 000 m³	1	15	5
体积 ＞ 30 000 m³	2	20	5

表 9-6　在建工程的临时室内消防用水量

建筑高度、在建工程体积(单体)	火灾延续时间(h)	消火栓用水量(L·s^{-1})	每支水枪最小流量(L·s^{-1})
24 m ＜ 建筑高度 ≤ 50 m，或 30 000 m³ ＜ 体积 ≤ 50 000 m³	1	10	5
建筑高度 ＞ 50 m 或体积 ＞ 50 000 m³	1	15	5

(3) 施工现场临时室外消防给水系统的设置应符合下列要求：

① 给水管网宜布置成环状。

② 临时室外消防给水主干管的管径应根据施工现场临时消防用水量和干管内水流速度计算确定，且不应小于 DN100。

③ 室外消火栓沿在建工程、临时用房、可燃材料堆场及其加工场均匀布置，与在建工程、临时用房和可燃材料堆场及其加工场的外边线距离不应小于 5.0 m。

④ 消火栓的间距不应大于 120 m。

⑤ 消火栓的最大保护半径不应大于 150 m。

(4) 建筑高度大于 24 m 或体积超过 30 000 m³（单体）的在建工程，应设置临时室内消防给水系统。

1) 在建工程临时室内消防竖管的设置应符合下列规定：

① 消防竖管的设置位置应便于消防人员操作，其数量不应少于 2 根。当结构封顶时，应将消防竖管设置成环状。

② 消防竖管的管径应根据室内消防用水量、竖管给水压力或流速进行计算确定，且管径不应小于 DN 100。

2) 室内消防给水系统应设置消防水泵接合器。消防水泵接合器应设置在室外便于消防车取水的部位，与室外消火栓或消防水池取水口的距离宜为 15～40 m。

3) 各结构层均应设置室内消火栓接口及消防软管接口，并应符合下列规定：

① 消火栓接口及软管接口应设置在位置明显且易于操作的部位；

② 消火栓接口的前端应设置截止阀；

③ 消火栓接口或软管接口的间距,多层建筑不应大于 50 m,高层建筑不应大于 30 m。

4) 每层楼梯处应设置消防水枪、水带及软管,且每个设置点不应少于 2 套。

5) 高度超过 100 m 的在建工程,应在适当楼层增设临时中转水池及加压水泵。中转水池的有效容积不应少于 10 m³,上、下两个中转水池的高差不宜超过 100 m。

6) 临时消防给水系统的给水压力应满足消防水枪充实水柱长度不小于 10 m 的要求;给水压力不能满足要求时,应设置消火栓泵,消火栓泵不应少于 2 台,且应互为备用;消火栓泵宜设置自动启动装置。

7) 当外部消防水源不能满足施工现场的临时消防用水量要求时,应在施工现场设置临时贮水池。临时贮水池宜设置在便于消防车取水的部位,其有效容积不应小于施工现场火灾延续时间内一次灭火的全部消防用水量。

任务 9.7　施工现场用火管理

9.7.1　动火许可

动火作业应办理动火许可证。动火许可证的签发人收到动火申请后,应前往现场查验并确认动火作业的防火措施落实情况,然后再签发动火许可证。

(1) 施工现场动火作业包括:

① 各种气焊、电焊、铅焊、锡焊、塑料焊等各种焊接作业及气割、等离子、切割机、砂轮机、磨光机等各种金属切割作业;

② 使用喷灯、液化气炉、火炉、电炉等明火作业;

③ 烧、烤、煨管线、熬沥青、炒砂子、铁锤击物件、喷砂和产生火花的其他作业;

④ 生产装置和罐区连接临时电源并使用非防爆电器设备和电动工具;

⑤ 使用雷管、炸药等进行爆破作业。

动火作业等级划分见表 9-7。

表 9-7　动火作业等级分类

现场动火作业等级	动火作业内容
一级动火	禁火区域内
	油罐、油箱、油槽车和储存过可燃气体、易燃液体的容器及与其连接在一起的辅助设备
	各种受压设备
	危险性较大的登高焊、割作业
	比较密封的室内、容器内、地下室等场所
	现场堆有大量可燃和易燃物质的场所

(续表)

现场动火作业等级	动火作业内容
二级动火	在具有一定危险因素的非禁火区域内进行临时焊、割等用火作业
	小型油箱等容器
	登高焊、割等用火作业
三级动火	在非固定的、无明显危险因素的场所进行用火作业

一级动火作业由项目负责人组织编制防火安全技术方案，填写动火申请表，报企业安全管理部门审查批准后，方可动火。二级动火作业由项目责任工程师组织拟定防火安全技术措施，填写动火申请表，报项目安全管理部门和项目负责人审查批准后，方可动火。三级动火作业由所在班组填写动火申请表，经项目责任工程师和项目安全管理部门审查批准后，方可动火。

（2）动火证

动火证上应明确：用火部位、用火作业起止时间、用火原因及防火的主要安全措施和配备的消防器材、动火人员及看火（监护）人员签字、审批人签字。

动火证当日有效，如动火地点发生变化，则需重新办理动火审批手续。

动火审批人员要认真负责，严格把关。审批前要深入动火地点查看，确认无火险隐患后再行审批。批准动火应当采取定时（时间）、定位（层、段、档）、定人（操作人、看火人）、定措施（应当采取的具体防火措施）的办法。

（3）监火人的职责

① 监火人在接到许可证后，应逐项检查落实防火措施；

② 检查用火现场的情况；

③ 用火过程中发现异常情况应及时采取措施；

④ 监火时应佩戴明显标志；

⑤ 用火过程中不得离开现场，确需离开时，由监火人收回许可证，暂停用火。

（4）动火操作人员应具有相应资格。

（5）具有火灾、爆炸危险的场所严禁明火，裸露的可燃材料上严禁直接进行动火作业。

（6）动火作业后，应对现场进行检查，并在确认无火灾危险后，动火操作人员再离开。

9.7.2 电焊、气割作业

（1）严格执行动火审批程序和制度。操作前应当办理动火申请手续，经单位领导同意及消防或者安全技术部门审查批准后方可进行作业。

（2）焊接、切割、烘烤或加热等动火作业应配备灭火器材，并设置动火监护人进行现场监护，每个动火作业点均应设置1个监护人。

（3）在焊接、切割、烘烤或加热等动火作业前，应对作业现场的可燃物进行清理；作业现场及其附近无法移走的可燃物，应采用不燃材料覆盖或隔离。

（4）5级（含5级）以上风力时，应停止焊接、切割等室外动火作业。确需动火作业时，应采取可靠的挡风措施。

（5）从事电焊、气割操作人员，应当经专门培训，掌握焊割的安全技术、操作规程，经考试合格，取得特种作业人员操作资格证书后方可持证上岗。学徒工不能单独操作，应当在师傅的监护下进行作业。

（6）进行电焊、气割前，应当由施工员或者班组长向操作、看火人员进行消防安全技术措施交底，任何领导不能以任何借口让电焊、气割工人进行冒险操作。

（7）装过或者有易燃、可燃液体、气体及化学危险物品的容器、管道和设备，在未清洗干净前，不得进行焊割。

（8）严禁在有可燃气体、粉尘或者禁止明火的危险性场所焊割。在这些场所附近进行焊割时，应当按有关规定保持防火距离。

（9）要合理安排工艺和编排施工进度。安排施工作业时，宜将动火作业安排在使用可燃建筑材料施工作业之前进行；确需在可燃建筑材料施工作业之后进行动火作业的，应采取可靠的防火保护措施。

（10）必要时，应当在工艺安排和施工方法上采取严格的安全防护措施。焊割不准与油漆、喷漆、脱漆、木工等易燃操作同时间、同部位上下交叉作业。在有可燃材料保温的部位，不准进行焊割作业。

（11）焊割结束或者离开操作现场时，应当切断电源、气源。赤热的焊嘴、焊条头等，禁止放在易燃、易爆物品和可燃物上。

（12）禁止使用不合格的焊割工具和设备。电焊的导线不能与装有气体的气瓶接触，也不能与气焊的软管或者气体的导管放在一起。焊把线和气焊的软管不得从生产、使用、储存易燃、易爆物品的场所或者部位穿过。

（13）焊割现场应当配备灭火器材，危险性较大的应当有专人现场监护。

9.7.3 油漆作业防火管理

（1）喷漆、涂漆的场所应当有良好的通风，防止形成爆炸极限浓度，引起火灾或者爆炸。

（2）喷漆、涂漆的场所内禁止一切火源，应当采用防爆型电器设备。

（3）禁止与焊工同时间、同部位的上下交叉作业。

（4）油漆工不能穿着易产生静电的工作服。接触涂料、稀释剂的工具应当采用防火花型。

（5）浸有涂料、稀释剂的破布、纱团、手套和工作服等，应当及时清理，防止因化学反应而生热，发生自燃。

（6）在油漆作业中，应当严格遵守操作规程和程序。

（7）使用脱漆剂时，应当采用不燃性脱漆剂（如 TQ-2 或 840 脱漆剂）。若因工艺或者技术上的要求使用易燃性脱漆剂时，一次涂刷脱漆剂量不宜过多，控制在能使漆膜起皱膨胀为宜，清除掉的漆膜要及时妥善处理。

（8）对使用中能分解、发热自燃的物料，要妥善管理。

9.7.4 木工操作间防火管理

（1）操作间建筑应当采用阻燃材料搭建。

（2）冬季宜采用暖气（水暖）供暖。若用火炉取暖，应当在四周采取挡火措施；不准燃烧劈柴、刨花代煤取暖。每个火炉都要有专人负责，下班时将余火熄灭。

（3）电气设备的安装要符合防火要求。抛光、电锯等部位的电气设备应当采用密封式或者防爆式。刨花、锯末较多部位的电动机，应当安装防尘罩。

（4）操作间内严禁吸烟和用明火作业。

（5）操作间只能存放当班的用料，成品及半成品及时运走。木工做到活完场地清，刨花、锯末下班时要打扫干净，堆放在指定地点。

（6）严格遵守操作规程，对旧木料，经检查起出铁钉等后，方可上锯。

（7）配电盘、刀闸下方不能堆放成品、半成品及废料。

（8）工作完毕应当拉闸断电，并经检查确认无火险后方可离开。

9.7.5 电工作业防火管理

（1）放置及使用易燃液体、气体的场所，应当采用防爆型电气设备及照明灯具。

（2）定期检查电气设备的绝缘电阻是否符合不低于 1 kΩ/V（如对地 220 V 绝缘电阻应当不低于 0.22 MΩ）的规定，发现隐患及时排除。

（3）不能用纸、布或者其他可燃材料做无骨架的灯罩，灯泡距可燃物应当保持一定距离。

（4）变（配）电室保持清洁、干燥。变电室要有良好的通风；配电室内禁止吸烟、生火及保存与配电无关的物品。

（5）作业现场严禁私自使用电炉、电热器具。

（6）当电线穿过墙壁、苇蓆或与其他物体接触时，应当在电线上套有瓷管等非燃材料加以隔绝。

（7）电气设备和线路应当经常检查，当发现可能引起火花、短路、发热和绝缘损坏等情况时，应立即进行修理。

（8）各种机械设备的配电箱内应保持清洁，不得存放其他物品，配电箱应当配锁。

9.7.6 仓库防火管理

（1）熟悉存放物品的性质、防火要求及灭火方法，严格按照其性质、包装、灭火方法、储存防火要求和密封条件等分别存放。性质相抵触的物品不得混存。

（2）严格按照"五距"储存物资，即：

① 垛与垛间距不小于 1 m；

② 垛与墙间距不小于 0.5 m；

③ 垛与梁、柱的间距不小于 0.3 m；

④ 垛与散热器、供暖管道的间距不小于 0.3 m；

⑤ 照明灯具垂直下方与垛的水平间距不得小于 0.5 m。

（3）库存物品应当分类、分垛储存，主要通道的宽度不小于 2 m。

（4）露天存放物品应当分类、分堆、分组和分垛，并留出必要的防火间距。甲、乙类桶装液体不宜露天存放。

（5）物品入库前应当进行检查，确定无火种等隐患后方可入库。

(6) 库房的门窗等应当严密，物资不能储存在预留孔洞的下方。

(7) 库房内照明灯具不准超过 60 W，并做到人走断电、锁门。

(8) 库房内严禁吸烟和使用明火。

(9) 库房管理人员在每日下班前，应当对经管的库房巡查一遍，确认无火灾隐患后关好门窗、切断电源，方可离开。

(10) 随时清扫库房内的可燃材料，保持地面清洁。

(11) 严禁在仓库内兼设办公室、休息室或更衣室、值班室以及进行各种加工作业等。

9.7.7 其他防火管理

(1) 施工现场的重点防火部位或区域应设置防火警示标识（如图 9-6）。

图 9-6 防火警示标识

(2) 施工单位应做好施工现场临时消防设施的日常维护工作，对已失效、损坏或丢失的消防设施应及时更换、修复或补充。

(3) 临时消防车道、临时疏散通道、安全出口应保持畅通，不得遮挡、挪动疏散指示标识，不得挪用消防设施。

(4) 施工期间，不应拆除临时消防设施及临时疏散设施。

(5) 厨房操作间炉灶使用完毕后，应将炉火熄灭，排油烟机及油烟管道应定期清理油垢。

(6) 施工现场不应采用明火取暖。

▶ 思考与拓展 ◀

1. 施工现场有哪些着火源？有哪些易燃材料？
2. 一级动火证申办时，防火安全措施都有哪些内容？
3. 现场发生火灾的第一时间该怎么做？是立即拨打 119 吗？
4. 施工项目部是否有必要配备消防工程师、成立临时消防队？该如何开展应急灭火呢？
5. 现场临时宿舍应如何有效避免发生火灾呢？

学习情境 10　建筑起重机械与起重吊装安全技术

知识目标

了解塔吊和升降机作为特种机械在进入市场、出租、安装、使用、拆除和维保，必须接受政府的行政许可监督管理；

了解塔吊和升降机使用前检查验收的内容；

熟悉塔吊和升降机在施工现场安拆过程中的安全技术要求；

熟悉起重机械吊装前的安全技术准备工作；

掌握构配件起吊作业的安全技术要求。

职业技能目标

充分认识特种作业，尊重并聘用起重机械专业人员进行专项检查验收；

加强作业环境隐患分析排查，确保起重机械能发挥其主要性能；

自觉遵守起重机械的安全技术操作规程；

掌握起吊作业的日常管理规定，并严格遵守。

规范依据

《建筑施工起重吊装工程安全技术规范》(JGJ 276—2012)

《建筑机械使用安全技术规程》(JGJ 33—2012)

《建筑施工塔式起重机安装、使用、拆卸安全技术规程》(JGJ 196—2010)

《建筑施工升降机安装、使用、拆卸安全技术规程》(JGJ 215—2010)

施工起重机械，是指施工中用于垂直升降或者垂直升降并水平移动重物的机械设备，如塔式起重机、施工外用电梯、物料提升机等；自升式架设设施，是指通过自有装置可将自身升高的架设设施，如整体提升式脚手架、模板等。

起重作业包括：桥式起重机、龙门起重机、门座起重机、塔式起重机、悬臂起重机、桅杆起重机、铁路起重机、汽车吊、电动葫芦、千斤顶等作业。

起重伤害事故是指在进行各种起重作业（包括吊运、安装、检修、试验）中发生的重物

学习情境 10　建筑起重机械与起重吊装安全技术

（包括吊具、吊重或吊臂）坠落、夹挤、物体打击、起重机倾翻、触电等事故。如：起重作业时脱钩砸人、钢丝绳断裂抽人、移动吊物撞人、钢丝绳刮人、滑车碰人等伤害，也包括起重设备在使用和安装过程中的倾翻事故及提升设备过卷、蹲罐等事故。

任务 10.1　建筑施工起重机械的监督管理规定

2008 年 1 月 28 日，建设部发布《建筑起重机械安全监督管理规定》（建设部令第 166 号），规定国务院建设行政主管部门对全国的建筑起重机械的租赁、安装、拆卸、使用实施监督管理，县级以上地方人民政府建设行政主管部门对本行政区域内的建筑起重机械的租赁、安装、拆卸、使用实施监督管理。

2009 年 1 月 24 日，《国务院关于修改〈特种设备安全监察条例〉的决定》（国务院令第 549 号）规定："房屋建筑工地和市政工程工地用起重机械、场（厂）内专用机动车辆的安装和使用的监督管理，由建设行政主管部门依照有关法律、法规的规定执行。"

2013 年 6 月 29 日，全国人民代表大会常务委员会通过了《中华人民共和国特种设备安全法》，自 2014 年 1 月 1 日起施行。该法明确起重机械和场（厂）内专用机动车辆属于特种设备，进一步规定了房屋建筑工地、市政工程工地用起重机械和场（厂）内专用机动车辆的安装、使用的监督管理，由建设行政主管部门依照本法和其他有关法律的规定实施。

为贯彻《安全生产法》对安全生产主体责任的监管，建筑起重机械作为特种设备，针对其生产、租赁、安装、拆卸和检测单位的监督管理主要内容详见图 10-1。

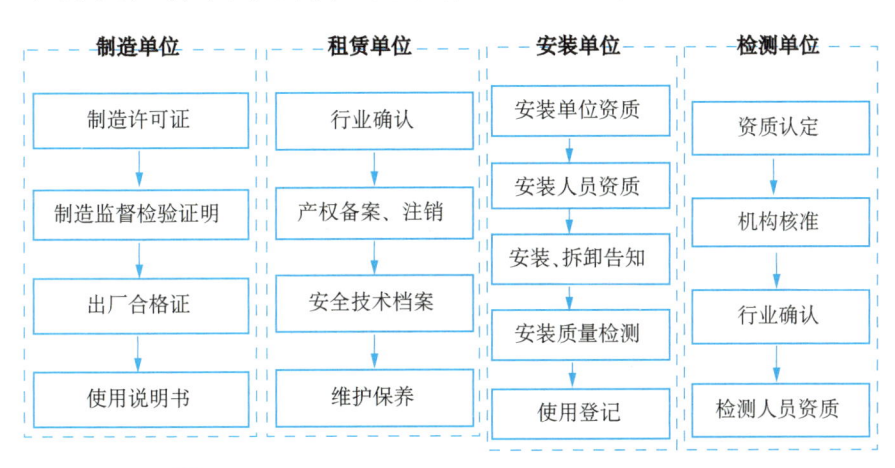

制造单位	租赁单位	安装单位	检测单位
制造许可证	行业确认	安装单位资质	资质认定
制造监督检验证明	产权备案、注销	安装人员资质	机构核准
出厂合格证	安全技术档案	安装、拆卸告知	行业确认
使用说明书	维护保养	安装质量检测	检测人员资质
		使用登记	

图 10-1　建筑起重机械相关主体单位履行的责任内容

10.1.1　建筑施工起重机械设备登记管理

建筑起重机械登记管理工作由省建设行政主管部门负责。设区的市和县（市）建设（筑）行政主管部门负责本行政区域内建筑起重机械的登记管理。登记管理事项包括产权备案、安装拆卸告知、使用登记和使用登记注销。

10.1.2 产权备案

建筑起重机械出租单位或者自购建筑起重机械使用单位(即设备产权单位)在建筑起重机械首次出租或安装前,应当向本单位工商注册所在地县级以上地方人民政府建设行政主管部门办理备案。建筑起重机械产权登记手续由设备产权单位在购机后到企业注册所在地登记部门办理。建筑起重机械登记部门应当对符合登记条件的设备进行编号,向产权单位核发《××省建筑施工起重机械设备产权登记证》。起重机械产权登记编号实行一机一号终身编号制度。登记后,任何单位和个人不得随意更改登记文件和编号。

产权单位办理产权登记手续时,应当向登记部门提交以下资料:

(1) 产权单位法人营业执照副本。
(2) 特种设备制造许可证(如图 10-2)。
(3) 产品合格证。
(4) 建筑起重机械设备购销合同、发票或相应有效凭证。
(5) 设备备案机关规定的其他资料。

所有资料复印件应当加盖产权单位公章。

图 10-2 特种设备制造许可证

10.1.3 不予备案起重机械

建筑起重机械存在下列情形时,设备备案机关不予备案:

(1) 属国家和地方明令淘汰或者禁止使用的。

简易临时吊架、自制简易吊篮,禁止用于房屋建筑施工;井架简易塔式起重机、自制简易的或用摩擦式卷扬机驱动的钢丝绳式物料提升机,禁止用于建筑施工现场。

(2) 超过制造厂家或者安全技术标准规定的使用年限的。
(3) 经检验达不到安全技术标准规定的。
(4) 没有完整安全技术档案的。
(5) 没有齐全有效的安全保护装置的。

10.1.4 限制使用的设备

(1) 起重公称力矩在 400 kN·m(含 400 kN·m)以下出厂超过 8 年的塔式起重机。
(2) 起重公称力矩在 630 kN·m(不含 630 kN·m)以下出厂超过 10 年的塔式起重机。
(3) 公称力矩在 630~1 250 kN·m(不含 1 250 kN·m)出厂超过 13 年的塔式起重机。
(4) 公称力矩在 1 250 kN·m 以上出厂超过 18 年的塔式起重机,必须进行安全评估和结构应力测试,合格的方可进行安装质量检验。

(5) SC 型施工升降机出厂超过 8 年,SS 型施工升降机出厂超过 5 年,必须进行安全评估和结构应力测试,合格的方可进行安装质量检验。

任务 10.2　建筑起重机械的安装与拆卸

10.2.1　起重机械设备和施工机具及配件的出租管理

(1) 出租单位(应有行业确认书,如图 10-3 所示)应当对出租的机械设备和施工机具及配件的安全性能进行检测,在签订租赁协议时,应当出具检测合格证明。

(2) 不得出租使用国家明令淘汰或者禁止使用的、超过安全技术标准或者制造厂家规定的使用年限的、经检验达不到安全技术标准规定的、没有完整安全技术档案的,没有齐全有效的安全保护装置的建筑起重机械。

(3) 保持机械设备的使用处于安全完好状态。

《建设工程安全生产管理条例》规定,为建设工程提供机械设备和配件的单位,应当按照安全施工的要求配备齐全有效的保险、限位等安全设施和装置。

图 10-3　租赁企业行业确认书

施工现场所使用的机械设备产品质量不容乐观,有的安全保险和限位装置不齐全或是失灵,有的在设计和制造时存在重大质量缺陷,导致施工安全事故时有发生。施工机械设备的保险、限位等安全设施和装置灵敏可靠,可以保障施工机械设备的安全使用,减少施工机械设备事故的发生。

10.2.2　起重机械设备安拆业务的分包

《建设工程安全生产管理条例》规定,在施工现场安装、拆卸施工起重机械和整体提升脚手架、模板等自升式架设设施,必须由具有相应资质的单位承担。

施工起重机械和自升式架设设施等的安装、拆卸是特殊专业施工具有高度的危险性,与相关分部分项工程的施工安全具有较大关系,稍有不慎极易造成群死群伤的重大安全事故。因此,按照《建筑业企业资质管理规定》和《建筑业企业资质等级标准》的规定,从事起重设备安装、附着升降脚手架等施工活动的单位,应当按照资质条件申请资质,经审查合格,取得专业承包资质证书后,方可在其资质等级许可的范围内从事安装、拆卸活动。

10.2.3　安装拆卸告知

《建筑起重机械备案登记办法》规定,安装单位应当在建筑起重机械安装(拆卸)前 2

个工作日内通过书面形式、传真或者计算机信息系统告知工程所在地县级以上地方人民政府建设行政主管部门,同时按表10-1规定提交经施工总承包单位、监理单位审核合格的有关资料。

表 10-1 安装拆卸提交审核资料表

编号	审核资料
1	建筑起重机械产权登记备案证明,应具有生产(制造)许可证、产品合格证
2	安装单位资质证书、安全生产许可证副本
3	安装单位特种作业人员证书
4	建筑起重机械安装(拆卸)工程专项施工方案
5	安装单位与使用单位签订的安装(拆卸)合同及安装单位与施工总承包单位签订的安全协议书
6	安装单位负责建筑起重机械安装(拆卸)工程专职安全生产管理人员、专业技术人员名单
7	建筑起重机械安装(拆卸)工程生产安全事故应急救援预案
8	辅助起重机械资料及其特种作业人员证书
9	施工总承包单位、监理单位要求的其他资料

10.2.4 安拆施工技术要求

1. 拟定专项施工方案

《建设工程安全生产管理条例》规定,安装、拆卸施工起重机械和整体提升脚手架、模板等自升式架设设施,应当编制拆装方案,制定安全施工措施,并由专业技术人员现场监督。

《危险性较大的分部分项工程安全管理规定》规定,作为危险性较大项目的起重机械安装与拆除工程,应当由安装拆除的专业分包单位组织编制专项施工方案。

施工起重机械的安装单位在进行安装、拆卸作业前,应当根据施工起重机械的安全技术标准、使用说明书、施工现场环境(由建筑施工总承包单位向安装单位提供拟安装设备位置的基础施工资料)、辅助起重机械设备条件等,制定施工方案和安全技术措施。

专项施工方案应由编制单位(安拆分包单位)技术负责人签字,再提交呈报施工总承包单位和监理单位审核,最后上报工程所在地县级以上地方人民政府建设行政主管部门备案。

2. 组织技术交底

起重机械和自升式架设设施在安装拆卸前应当由编制人员或者技术负责人向全体作业人员按照施工方案要求进行安全技术交底并签字确认。安装、拆卸单位专业技术人员应按照自己的职责,在作业现场实行全过程监控。

3. 起重机械设备安装

(1)施工现场应提供符合起重机械作业要求的通道和电源等工作场地和作业环境。

(2)安装单位应当按照建筑起重机械安装、拆卸工程专项施工方案及安全操作规程组织安装、拆卸作业。作业时,安装单位的专业技术人员、专职安全生产管理人员应当进行现场监督,技术负责人应当定期巡查。项目专职安全生产管理人员应当对专项施工情况进行现场监督,对未按照专项施工方案施工的,应当要求立即整改,并及时报告项目负责人,项目负责人应当及时组织整改。

(3) 建筑起重机械安装完毕后,安装单位应当按照安全技术标准及安装使用说明书的有关要求对零部件、构件、总成、安全保护装置等按照安全技术规范进行严格的自检、调试和试运转。

(4) 建筑起重机械的变幅限制器、力矩限制器、重量限制器、防坠安全器、钢丝绳防脱装置、防脱钩装置以及各种行程限位开关等安全保护装置必须齐全有效,严禁随意调整或拆除。严禁利用限制器和限位装置代替操纵机械。

(5) 自检应当有记录,填写检验记录表。安装单位自检合格后应当向项目施工单位出具检验合格证明,并以书面形式将有关安全性能和使用过程中应注意的安全事项向施工单位作出说明,填写安全的技术交底书。安装单位和施工单位应当按照国家有关标准、规程所规定的检验项目进行双方验收,做好验收记录,并由双方负责人签字。

(6) 安装单位应当建立建筑起重机械安装、拆卸工程档案。建筑起重机械安装、拆卸工程档案应当包括以下资料:安装、拆卸合同及安全协议书,安装、拆卸工程专项施工方案,安全施工技术交底的有关资料,安装工程验收资料,安装、拆卸工程生产安全事故应急救援预案。

10.2.5 起重机械的检测

(1)《特种设备安全监察条例》规定,特种设备的监督检验、定期检验、型式试验和无损检测应当由经核准的特种设备检验检测机构进行。

2011 年 7 月 20 日,江苏省住房和城乡建设厅、江苏省质量技术监督局联合发出《关于加强建筑起重机械检验检测工作的通知》(苏建质安〔2011〕514 号)规定,建筑起重机械检验检测机构应当取得江苏省质量技术监督局核准的资质。

(2) 特种设备检验检测机构进行特种设备检验检测,发现严重事故隐患或者能耗严重超标的,应当及时告知特种设备使用单位,并立即向特种设备安全监督管理部门报告。

(3) 特种设备检验检测机构和检验检测人员,出具虚假的检验检测结果、鉴定结论或者检验检测结果、鉴定结论严重失实,造成损害的,应当承担赔偿责任。

检验检测机构和检验检测人员对检验检测结果、鉴定结论依法承担法律责任。

特种设备检验检测机构和检验检测人员利用检验检测工作故意刁难特种设备生产、使用单位,由特种设备安全监督管理部门责令改正;拒不改正的,撤销其检验检测资格。

(4) 经建筑起重机械检验检测机构检测合格的起重机械设备,应当将合格标志置于或者附着于该设备的显著位置。

任务 10.3 建筑起重机械使用安全管理

10.3.1 使用登记

建筑起重机械使用单位在建筑起重机械安装验收合格之日起 30 日内,向工程所在地县级以上地方人民政府建设行政主管部门办理使用登记。使

建筑起重机械使用管理

用单位在办理建筑起重机械使用登记时,应当向使用登记机关提交下列资料:

(1) 建筑起重机械备案证明。

(2) 建筑起重机械租赁合同。

(3) 建筑起重机械检验检测报告和安装验收资料。

(4) 使用单位特种作业人员资格证书(如图10-4)。

图 10-4　部颁特种作业操作资格证书

(5) 建筑起重机械维护保养等管理制度。

(6) 建筑起重机械生产安全事故应急救援预案。

(7) 使用登记机关规定的其他资料。

有下列情形之一的建筑起重机械,登记机关不予办理使用登记,并有权责令使用单位立即停止使用或者拆除:

(1) 属于产权备案不予备案的设备情形的。

(2) 未经检验检测或者经检验检测不合格的。

(3) 未经安装验收或者经安装验收不合格的。

使用登记机关在安装单位办理建筑起重机械拆卸告知手续时,注销建筑起重机械使用登记证明。

10.3.2　起重机械使用统一要求

(1) 建筑起重机械经出租、安装、监理、使用等有关单位验收合格后方可投入使用,未经验收或者验收不合格的不得使用。实行施工总承包的,由施工总承包单位组织验收。建筑起重机械在验收前应当经有相应资质的检验检测机构检验合格。表10-2是塔式起重机使用前的验收记录。

表 10–2 塔式起重机安装验收记录表

塔式起重机	工程名称							
	型号		设备编号		起升高度		m	
	幅度	m	起重力矩	kN·m	最大起重量	t	塔高	m
	与建筑物水平附着距离			m	各道附着间距	m	附着道数	

验收部位	验收要求	结果
塔式起重机结构	部件、附件、连接件安装齐全,位置正确	
	螺栓拧紧力矩达到技术要求,开口销完全撬开	
	结构无变形、开焊、疲劳裂纹	
	压重、配重的重量与位置符合使用说明书要求	
基础与轨道	地基坚实、平整,地基或基础隐蔽工程资料齐全、准确	
	基础周围打排水措施	
	路基箱或枕木铺设符合要求,夹板、道钉使用正确	
	钢轨顶面纵、横方向上的倾斜度不大于 1‰	
	塔式起重机底架平整度符合使用说明书要求	
	止挡装置距钢轨两端距离>1 m	
	行走限位装置距止挡装置距离>1 m	
	轨接头间距不大于 4 mm,接头高低差不大于 2 mm	
机构及零部件	钢丝绳在卷筒上面缠绕整齐、润滑良好	
	钢丝绳规格正确,断丝和磨损未达到报废标准	
	钢丝绳固定和琵琶头编插符合国家及行业标准	
	各部位滑轮转动灵活、可靠,无卡塞现象	
	吊钩磨损未达到报废标准、保险装置可靠	
	各机构转动平稳、无异常响声	
	各润滑点润滑良好、润滑油牌号正确	
	制动器动作灵活可靠,联轴节连接良好,无异常	
附着锚固	锚固框架安装位置符合规定要求	
	塔身与锚固框架固定牢靠	
	附着框、撑杆、附着装置等各处螺栓、销轴齐全、正确、可靠	
	垫铁、锲块等零部件齐全可靠	
	最高附着点下塔身轴线对支承固垂直度不得大于相应高度的 2‰	
	独立状态或附着状态下最高附着点以上塔身轴线对支撑面垂直度不得大于 4‰	
	附着点以上塔式起重机悬臂高度不得大于规定要求	

（续表）

验收部位	验收要求	结果
电气系统	供电系统电压稳定、正常工作、电压(380±10%)V	
	仪表、照明、报警系统完好、可靠	
	控制、操作装置动作灵活、可靠	
	电气按要求设置短路和过电流、失压及零位保护，切断总电源的紧急开关符合要求	
	电气系统对地的绝缘电阻不大于 0.5 MΩ	
安全限位与保险装置	起重量限制器灵敏可靠，其综合误差不大于额定值的±5%	
	力矩限制器灵敏可靠，其综合误差不大于额定值的±5%	
	回转限位器灵敏可靠	
	行走限位器灵敏可靠	
	变幅限位器灵敏可靠	
	超高限位器灵敏可靠	
	顶升横梁防脱装置完好可靠	
	吊钩上的钢丝绳防脱钩装置完好可靠	
	滑轮、卷筒上的钢丝绳防脱装置完好可靠	
	小车断绳保护装置灵敏可靠	
	小车断轴保护装置灵敏可靠	
环境	布设位置合理，符合施工组织设计要求	
	与架空线最小距离符合规定	
	塔式起重机的尾部与周围建(构)筑物及其外围施工设施之间的安全距离不小于 0.6 m	
其他	对检测单位意见复查	

出租单位验收意见
签章：　　　　日期：

出租单位验收意见
签章：　　　　日期：

使用单位验收意见
签章：　　　　日期：

监理单位验收意见
签章：　　　　日期：

总承包单位验收意见

　　　　　　　　签章：　　　　日期：

（2）根据不同施工阶段、周围环境以及季节、气候的变化，对建筑起重机械采取相应的安全防护措施。在风速达到 9.0 m/s 及以上或大雨、大雪、大雾等恶劣天气时，严禁进行建筑起重机械的安装拆卸作业。在风速达到 12.0 m/s 及以上或大雨、大雪、大雾等恶劣天气时，应停止露天的起重吊装作业。重新作业前，应先试吊，并确认各种安全装置灵敏可靠后方可进行作业。

（3）在建筑起重机械活动范围内设置明显的安全警示标志，对集中作业区做好安全防护。建筑起重机械作业时，应在臂长的水平投影范围内设置警界区域，并有监护措施。

（4）操作人员进行起重机械回转、变幅、行走和吊钩升降等动作前，应发出音响信号示意。

（5）设置相应的设备管理机构或者配备专职的设备管理人员。指定专职设备管理人员、专职安全生产管理人员进行现场监督检查。

（6）施工现场有多台塔式起重机作业时，应当组织制定并实施防止塔式起重机相互碰撞的安全措施。

（7）起吊载荷达到起重机械额定起吊重量的 90% 及以上时，应先将重物吊离地面不大于 200 mm。检查起重机械的稳定性和制动可靠性，并在确认重物绑扎牢固平稳后再继续起吊。对大体积或易晃动的重物应拴拉绳。

（8）建筑起重机械作业时，在遇突发故障或突然停电时，应立即把所有控制器拨到零位，并及时断开电源总开关，然后进行检修，消除故障和事故隐患后方可重新投入使用。

（9）使用单位应当对在用的建筑起重机械及其安全保护装置、吊具、索具等进行经常性和定期的检查、维护和保养，并做好记录。使用单位在建筑起重机械租期结束后，应当将定期检查、维护和保养记录移交出租单位。建筑起重机械租赁合同对建筑起重机械的检查、维护、保养另有约定的，从其约定。

（10）起吊物不得长时间悬挂在空中，应采取措施将重物降落到安全位置。

（11）塔式起重机安全监控系统应具有数据存储功能，其监视内容应包含起重量、起重力矩、起升高度、幅度、回转角度、运行行程等信息。塔式起重机有运行危险趋势时，控制回路电源应能自动切断。

任务 10.4 起重吊装作业

10.4.1 作业前准备

（1）必须编制吊装作业的专项施工方案，并进行安全技术措施交底；作业中，未经技术负责人批准，不得随意更改。

（2）起重机操作人员、起重信号工、司索工等特种作业人员，必须持特种作业资格证书上岗。严禁非起重机驾驶人员驾驶、操作起重机。

（3）起重作业人员必须穿防滑鞋、戴安全帽，高处作业应佩挂安全带，

垂直运输机械安全规程

并应系挂可靠,高挂低用。

(4) 起重设备通行的道路应平整,承载力应满足设备通行要求。吊装作业区四周应设置明显标志,严禁非操作人员入内。夜间不宜作业,确需夜间作业时应有足够的照明。

(5) 登高梯子的上端应固定,高空用的吊篮和临时工作台应牢固可靠,并设不低于 1.2 m 的防护栏杆。吊篮和工作台的脚手板应铺平绑牢,严禁出现探头板。吊移操作平台时,平台上面严禁站人。当构件吊起时,所有人员不得站在吊物下方(如图 10-5),并应保持一定的安全距离。

(6) 准备必要的吊装用辅助工具,应检查所使用的机械、滑轮、吊具和地锚等,必须符合安全要求。

(7) 绑扎所用的吊索、卡环、绳扣等(如图 10-6)的规格应根据计算确定。起吊前,应对起重机钢丝绳、连接部位和吊具进行检查。

图 10-5　吊物下方严禁站人

图 10-6　常见吊索与吊具

(8) 构件吊点应符合设计规定。对异型构件或当无设计规定时,应经计算确定,保证构件起吊平稳。

(9) 安装所使用的螺栓、钢楔、木楔、钢垫板和垫木等的材质应符合设计要求及国家现行标准的有关规定。

10.4.2　构件起吊作业

(1) 高空吊装屋架、梁和采用斜吊绑扎吊装柱时,应在构件两端绑扎溜绳,由操作人员控制构件的平衡和稳定。

(2) 吊装大、重构件和采用新的吊装工艺时,应先进行试吊,确认安全后方可正式起吊。

塔式起重机

(3) 大雨天、大雾天、大雪天及风速达到 12.0 m/s 及以上等恶劣天气,应停止吊装作业。雨雪后进行吊装作业时,应及时清理冰雪,并采取防滑和防漏电措施,先试吊,确认制动器灵敏可靠后方可进行作业。

(4) 吊起的构件应确保在起重机吊杆顶的正下方,严禁采用斜拉、斜吊,严禁起吊埋于地下或黏结在地面上的构件(如图 10-7)。

(5) 起重机靠近架空输电线路作业(如图 10-8)或在架空输电线路下行走时,与架空输电线的安全距离必须符合《施工现场临时用电安全技术规范》(JGJ 46—2005)和其他相关标准的规定。

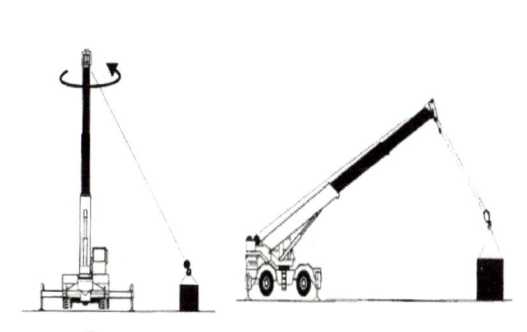

图 10-7　吊装作业斜拉、斜吊示意图　　图 10-8　吊装作业靠近并触及架空电缆

(6) 当采用双机抬吊时,宜选用同类型或性能相近的起重机,负载分配应合理,单机载荷不得超过额定起重量的 80%。两机应协调工作,起吊的速度应平稳缓慢。

(7) 起吊过程中,在起重机行走、回转、俯仰吊臂、起落吊钩等动作前,起重司机应鸣声示意。一次只宜进行一个动作,待前一动作结束后,再进行下一动作。

(8) 开始起吊时,应先将构件吊离地面 200～300 mm 后暂停,检查起重机的稳定性、制动装置的可靠性、构件的平衡性和绑扎的牢固性等,确认无误后,方可继续起吊。已吊起的构件不得长久停滞在空中。严禁超载和吊装重量不明的重型构件和设备。

(9) 严禁在吊起的构件上行走或站立,不得用起重机载运人员,不得在构件上堆放或悬挂零星物件。严禁在已吊起的构件下面或起重臂下旋转范围内作业或行走。起吊时应匀速,不得突然制动。回转时动作应平稳,回转未停稳前不得做反向动作。

(10) 暂停作业时,对吊装作业中未形成空间稳定体系的部分,必须采取临时固定措施。

(11) 高处作业所使用的工具和零配件等应放在工具袋(盒)内,严禁上下抛掷。

(12) 吊装中的焊接作业应有严格的防火措施,并设专人看护。在作业部位下面周围 10 m 范围内不得有人。

(13) 已安装好的结构构件,未经有关设计和技术部门批准不得随意凿洞开孔。严禁在其上堆放超过设计荷载的施工荷载。

(14) 对临时固定的构件,必须在完成了永久固定并经检查确认无误后,方可解除临时固定措施。

(15) 对起吊物进行移动、吊升、停止、安装时的全过程应用旗语或通用手势信号进行指挥,信号不明不得启动。上下相互协调联系也可采用通信工具。

10.4.3　装配式 PC 构件的施工

(1) 构件的运输应符合下列规定:

① 构件运输应严格执行所制定的运输技术措施;

②运输道路应平整,有足够的承载力、宽度和转身半径;

③高宽比较大的构件的运输,应采用支承框架、固定架支撑或用捯链等予以固定,不得悬吊或堆放运输,支承架应进行设计计算,应稳定、可靠和装卸方便;

④当大型构件采用半托或平板车运输时,构件支承处应设转向装置;

⑤运输时,各构件应拴牢于车厢上。

(2) 构件的堆放应符合下列规定:

①构件堆放场地应压实平整,周围应设排水沟;

②构件应按设计支承位置堆放平稳,底部应设置垫木,对不规则的柱、梁、板,应专门分析确定支承和加垫方法;

③剪力墙板等重心较高的构件,应直立采用插放法放置,除设支承垫木外,应在其两侧设置支撑使其稳定,支撑不得少于2道;

④重叠堆放的构件应采用垫木隔开,上下垫木应在同一垂线上;梁、柱堆放高度不宜超过2层;叠合板板不宜超过6层;堆垛间应留2 m宽的通道。

(3) 吊点设置和构件起吊应符合下列规定:

①构件翻身和起吊的吊点一般在深化设计时即经计算确定,构件车间生产时已经预先留设,在出厂时进行复核检验并作为产品质量证明书的一部分交付在建项目的施工方;

②构件起吊前,其强度应符合设计规定,并应将其上的模板、灰浆残渣、垃圾碎块等全部清除干净;

③构件安装吊索之前,应再次校核吊索与起吊构件的符合性,且吊索与物体间的水平夹角应为:构件起吊时不得小于45°,构件扶直时不得小于60°;

④构件吊装宜按照构件传力的逆序进行安装,同一类别构件一般宜先吊中间,后吊两侧,再吊角部,且应对称进行;

⑤框架柱和剪力墙板等竖向构件多采用套筒连接,起吊时应保持构件处于垂直状态方能使套筒对准连接钢筋,索具需要借助横吊梁与吊索;框架柱一般采用钢板横吊梁(如图10-9),剪力墙板一般选用横吊梁(如图10-10);

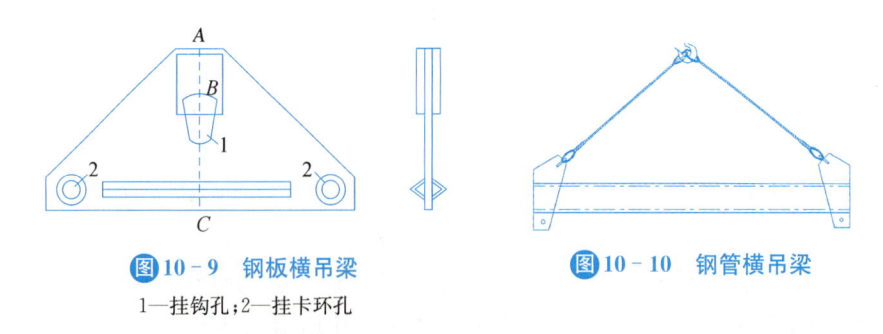

图10-9 钢板横吊梁
1—挂钩孔;2—挂卡环孔

图10-10 钢管横吊梁

⑥楼梯的固定铰支座设置了连接插筋,因此起吊应保证楼梯板处于水平状态来选配吊索;

⑦叠合梁长度较大,保证吊索与水平面夹角在45°~60°之间且能有效缩短吊索长度,需要借助于可调节长度的横吊梁以适合于不同长度的叠合梁起吊;

⑧ 厚度较小、面积较大的叠合板，为避免不同吊点起吊力差别带来叠合板承受内力不均匀而造成叠合板开裂，吊装时需要用整根吊索穿过在横吊架下方设置的定滑轮串联起各吊点的吊钩。

10.4.4 钢结构吊装

(1) 钢构件应按规定的吊装顺序配套供应，装卸时，装卸机械不得靠近基坑行走。

(2) 钢构件的堆放场地应平整，构件应平放、放稳，避免变形。

(3) 钢结构厂房的吊装应满足以下规定：

① 钢柱起吊至柱脚离地脚螺栓 300～400 mm 后，应对准螺栓缓慢就位，经初校后立即进行临时固定，然后方可脱钩；柱校正后应立即紧固地脚螺栓，将承重垫板点焊固定，并随即对柱脚进行永久固定。

② 吊车梁吊装应在钢柱固定后、混凝土强度达到 75% 以上和柱间支撑安装完后进行；吊车梁的校正应在屋盖吊装完成并固定后方可进行。

③ 钢屋架确定的绑扎点应对屋架刚度进行验算，不满足时应进行临时加固；屋架吊装就位后，应在校正和可靠的临时固定后方可摘钩，并按设计要求进行永久固定；天窗架宜采用预先与屋架拼装的方法进行一次吊装。

(4) 高层钢结构的吊装应满足以下规定：

① 钢柱起吊前应在其上将登高扶梯和操作挂篮或平台等固定好，起吊时柱根部不得着地拖拉，柱垂直吊装，就位时应待临时固定可靠后方可脱钩。

② 钢梁吊装前应按规定装好扶手杆和扶手安全绳，一般采用两点吊，起吊后钢梁水平，校正完毕，应及时进行临时固定。

(5) 门式刚架吊装应符合下列规定：

① 轻型门式刚架可采用一点绑扎，但吊点应通过构件重心，中型和重型门式刚架应采用两点或三点绑扎。

② 门式刚架就位后的临时固定，除在基础杯口打入 8 个楔子楔紧外，悬臂端应采用工具式支撑架在两面支撑牢固。在支撑架顶与悬臂端底部之间，应采用千斤顶或对角楔垫实，并在门式刚架间作可靠的临时固定后方可脱钩。

③ 支撑架应经过设计计算，且应便于移动并有足够的操作平台。

④ 第一榀门式刚架应采用缆风或支撑作临时固定，以后各榀可用缆风、支撑或屋架校正器作临时固定。

⑤ 已校正好的门式刚架应及时装好柱间永久支撑。当柱间支撑设计少于两道时，应另增设两道以上的临时柱间支撑，并应沿纵向均匀分布。

⑥ 基础杯口二次灌浆的混凝土强度应达到 75% 及以上方可吊装屋面板。

起重机械作业的"十不吊"

思考与拓展

1. 个人购置一台塔吊直接用于项目施工，应依法履行哪些程序呢？
2. 现场租用一台施工电梯，租用协议中应明确双方承担有关施工电梯的哪些安全责任？
3. 起重吊装作业人员各自需要持有哪些特种作业上岗证？
4. 起重吊装作业前，吊装作业分包单位的专职安全员需要向总包单位项目安全人员提交哪些安全资料以证明其具备安全施工条件？
5. 起重作业前，针对参与起重吊装作业人员的安全技术交底应由谁来进行？分析一下，PC装配式结构叠合板安装的安全技术交底内容包括哪些？

学习情境 11　基坑工程安全技术

知识目标

了解基坑工程安全管理内容；
了解基坑工程专项施工方案编审及实施的主要技术要求；
熟悉基坑工程施工监测的主要内容；
熟悉基础工程作业中存在的危险源及防范对策；
掌握土方开挖、降排水和桩基工程施工的安全注意事项。

职业技能目标

将测量技能进一步提高，应用于基坑的变形监测；
通过危险源辨识与评价，评审和完善基坑施工专项施工方案，加强施工前的技术交底。

规范依据

《建筑基坑工程监测技术标准》(GB 50497—2019)
《建筑深基坑工程施工安全技术规范》(JGJ 311—2013)
《建筑施工土石方工程安全技术规范》(JGJ 180—2009)
《建筑与市政施工现场安全卫生与职业健康通用规范》(GB 55034—2022)

任务 11.1　基础工程安全隐患防范

基础工程施工容易发生基坑坍塌、中毒、触电、机械伤害等类型生产安全事故，坍塌事故尤为突出。

基础工程分部中，危险性较大的分项工程主要有：基坑支护工程、降排水工程、桩基工程、土方开挖工程以及涉及的爆破工程等。

11.1.1 基础工程施工安全隐患的主要表现形式

(1) 挖土机械作业无可靠的安全距离。
(2) 没有按规定放坡或设置可靠的支撑。
(3) 设计的考虑因素和安全可靠性不够。
(4) 地下水没做到有效控制。
(5) 土体出现渗水、开裂、剥落。
(6) 在底部进行掏挖。
(7) 沟槽内作业人员过多。
(8) 施工时地面上无专人巡视监护。
(9) 堆土离坑槽边过近、过高。
(10) 邻近的坑槽有影响土体稳定的施工作业。
(11) 基础施工离现有建筑物过近,其间土体不稳定。
(12) 防水施工无防火、防毒措施。
(13) 灌注桩成孔后未覆盖孔口。
(14) 人工挖孔桩施工前不进行有毒气体检测。

11.1.2 基础施工地质等客观环境危险源辨识与一般性对策

基础工程作业中客观存在的危险源辨识与对策,见表 11-1。

表 11-1 基础工程作业中客观存在的危险源辨识与对策

作业因素	危险源	对策	伤害类型
自然条件	地表及地下水渗流作用,造成的流砂、涌泥、涌水等	项目经理部对操作人员进行安全培训和交底	坍塌
	地质异常造成支护变形	当挖土深度超过 5m 或发现有地下水一级土质发生特殊变化时,根据实际情况计算其稳定性,再确定边坡坡度及支护	坍塌
结构特征	土质不好,开挖过深,边坡不稳	应根据图纸情况和实际条件采取边坡防护措施,以保护支护结构稳定性	坍塌
	基坑底土因卸载而隆起	及时加速施作基础和主体,以代替挖去土体的重量	多种伤害
	支护结构设计存在缺陷	基坑开挖深度超过 3m 必须编制专项安全方案,并经过专家论证	坍塌
施工因素	支护结构的强度、刚度或者稳定性不足,引起支护结构破坏		坍塌
	开挖方式,施工顺序,土方调配不当	项目经理部对操作人员进行安全培训和交底	机械伤害,坍塌
	坑边堆载过大		机械伤害

(续表)

作业因素	危险源	对策	伤害类型
施工因素	临边防护措施不完善	按照临边防护规定设置1~1.2 m,扫地离地面10 cm的保护栏杆并加固,符合安全要求后方能投入使用	高处坠落、物体打击
	作业人员没有戴安全帽或没有正确戴安全帽	按照《职业健康安全管理制度》的规定进行处理,加强安全教育及佩戴防护用品的教育	物体打击
	作业人员没有穿防水鞋或光脚作业		高处坠落、其他伤害
	是否对基坑开挖实施监控	安排专人负责对基坑开挖实施监控	坍塌
周边环境	基坑周围地下管线(上水、下水、电缆、煤气等)泄露、中断	土石方作业前,应查明施工场地明、暗设置物(电线、地下电缆、管道、坑道等),严禁在电缆敷设区1 m内作业。如发生意外及时处理	水、电、气泄漏,中毒,触电
	周围临近的地下构筑物及设施破坏	制定专业方案,对原有建(构)筑物的情况做标记、拍片、绘图,形成原始资料文件。并采取必要措施防止周围建(构)筑物遭到破坏,发现有一场情况,应及时上报项目部及有关部门做相应处理	坍塌
	周围的道路损坏、变形;道路交通同状况及重要程度影响了土方运输	可按施工实际情况修筑临时运行道路,主要临时运输道路宜结合永久性道路的布置修筑	交通事故

11.1.3 土方开挖工程

1. 土方工程施工危险源及防范对策

土方工程施工危险源及防范对策见表11-2。

表11-2 土方工程施工危险源及对策

项目	危险源	对策	伤害类型
土方开挖	开挖前未摸清地下管线,未制定应急措施	施工前应查明基坑周边的各类地下设施的分布和性状,并做好记录及应急措施	多种伤害
	挖土时发现未明管线未加处理	施工中发现未明管线及时与项目部、业主等部门联系,协商解决	多种伤害
	人员和机械之间没有一定的距离	施工中,任何人不得在机械回转半径范围内逗留或作业	机械伤害
	挖土过程中土体产生裂缝	发现问题及时加固或采取相应措施	坍塌
	雨后作业前未检查土体和支护的情况	雨后作业应先对边坡土体及支护进行检查,必要时需对边坡加固	坍塌
	在支护和支撑上行走、堆物	严禁在支护和支撑上行走、堆物,发现此现象及时制止并对相关人员进行安全教育、交底	高处坠落

(续表)

项目	危险源	对策	伤害类型
土方开挖	基坑周围未设置栏杆	基坑四周设置防护栏杆,工人上下基坑应先搭设稳固的阶梯及安全立足点	高处坠落
	场内道路损坏未整修	可按施工实际情况修筑临时运行道路,场内道路损害及时整修	坍塌
	进出口的地下管线未加固保护	对进出口的地下管线应制定相应的保护措施,防止遭到破坏	多种伤害
	基坑内无确实可靠的排水设施	施工区域内设置临时性或永久性排水,疏通原有排泄水系统,场地内不得积水	坍塌
	基坑边堆土堆载超过规定要求	坑(槽)边 1 m 内不得堆土、堆料和停放机具,危险时要加固。在编制施工方案时,应对周边堆载进行限定。	坍塌
土方机械	制动欠佳,有溜坡现象	机电人员检查,并做好检查记录,损坏的及时更新或修护,符合安全要求后方能投入使用	机械伤害
	在不明承载能力时通过桥梁、涵洞	确定桥梁、涵洞的承载能力,符合要求方可通过	机械伤害
	在电缆 1 m 范围内作业	土石方作业前,应查明施工场地明、暗设置物(电线、地下电缆、管道、坑道等),严禁在电缆敷设区 1 m 内作业。如发生意外及时处理	触电
	设备修理时,悬空部件未采取固定措施	设备修理中,悬空部件应采取固定措施,防止机械伤害	机械伤害
	设备在架空输电线路下作业,小于安全距离	施工前对现场线路进行勘察,与高压线路保持距离不得小于 2 m	触电
	土体不稳定,有发生危险时仍继续作业	项目经理部对操作人员进行安全培训和交底;严格按要求进行施工	坍塌
	在爆破警戒区内作业		机械伤害
	工作面净空不足以保证安全作业		机械伤害
	施工标志,防护设施损毁失效时仍继续作业	施工标志、防护设施修护经检查合格方可施工	机械伤害

2. 明(盖)挖施工常见危险源及对策

明(盖)挖施工常见危险源及防范对策,见表 11-3。

表 11-3　明(盖)挖施工危险源及防范对策

危险源	对　策	伤害类型
基坑支护无方案	项目经理部管理人员编制基坑支护专项施工方案,并依法经过审批审核	坍塌
施工方案针对性不强	进行基坑支护设计前,需对施工现场情况和工程地质、水文地质情况进行调查研究,做出针对性方案	坍塌
深度超过 5 m 无专项支护方案,未经过专家论证	深度超过 5 m 的基坑支护方案,必须经过专家论证,方可施工	坍塌
深度超过 2 m 的基坑施工无临边防护	深度超过 2 m 的基坑施工,需设置临边防护措施	高处坠落
其他临边和防护不符合要求	项目经理部对操作人员进行安全培训和交底,严格按要求进行施工	高处坠落
坑槽开挖设置安全边坡不符合安全要求		多种伤害
支护设计和方案未经上级审批	支护方案和设计必须依法经过批准,方可施工	坍塌
支护设施已有变形未有措施调整	工程施工应设置专人进行检测,发现支护结构变形立即进行调整	坍塌
基础施工无有效排水措施	施工区域内设置临时性或永久性排水,疏通原有排泄水系统,场地内不得积水	坍塌
深基坑施工无防止邻近建筑物沉降措施	施工前勘察场地,对邻近建筑做好防沉降措施	坍塌
基坑边堆放物大于有关规定	坑(槽)边 1 m 内不得堆土、堆料和停放机具,危险时要加固	坍塌
机器设备在坑边小于安全距离	项目经理部对操作人员进行安全培训和交底	坍塌
人员上下无专用或不合要求的通道	设置人员上下专用通道,经检查验收合格方可使用	高处坠落
未按规定进行支护变形检测	项目经理部对操作人员进行安全培训和交底;严格按要求进行施工	坍塌
未按规定对毗邻管线道路进行沉降检测	施工前对周围环境进行勘察并记录,并作出相应保护措施	其他伤害
基坑内作业人员无安全立足点	基坑四周设置防护栏杆、工人上下基坑应先搭设稳固的阶梯及安全立足点	高处坠落
垂直作业上下无隔离	垂直作业设置防护隔离措施,避免物体打击伤人	物体打击

3. 暗挖施工常见危险源及对策

暗挖施工常见危险源识别,见表 11-4。

表 11-4　暗挖施工安全风险因素识别一览表

序号	风险类别	危险源和危害因素
1	地质风险	① 地质条件复杂多变、地层中存在空洞疏松、土质自稳性差,导致坍塌事故;② 地层含水量大、补给源多且不明,降水措施不到位引起坍塌事故
2	超前支护	2.1　超前小导管注浆 ① 小导管材质、规格、长度及花眼不符合设计和方案要求;② 注浆压力未按要求分级逐步升压;③ 未达到注浆终压或注浆量标准即结束注浆;④ 浆液配置或存放过程中未设专人管理 2.2　超前大管棚 ① 大管棚材质、规格、长度及花眼不符合设计和方案要求;② 未达到注浆终压或注浆量标准即结束注浆
3	隧道开挖	3.1　土方开挖不当导致坍塌事故 ① 开挖前未核实施工涉及的地下管线情况,未制定相应的保护、加固措施;② 开挖进尺过大,超过设计及规范要求;③ 核心土留置不符合要求;④ 台阶长度、导洞间距不符合要求 3.2　石方爆破开挖 ① 隧道开挖及凿孔时,未使用湿式凿岩机;② 爆破器材运送过程中,炸药和雷管未装在专用箱(袋)内分开携带引起爆炸事故;③ 一次引爆的炮孔,未全部钻孔后装药,向炮孔内装炸药和雷管不符合规定;④ 爆破器材加工房设置不符合规范要求;⑤ 爆破后通风排烟时间不够(15 min),检查人员就直接进入隧道造成中毒;⑥ 爆破后未检查四周有无松动石块、支护有无损坏变形即开始施工;⑦ 运送爆破器材未按有关规定进行;⑧ 爆破器材未由爆破工专人护送,引起爆炸;⑨ 用凿岩机或风钻钻孔时,操作人员未戴口罩和风镜使得碎石溅入口鼻伤人
4	隧道运输	4.1　竖井垂直运输 ① 垂直运输采用龙门架等起重设备时,无专人指挥;② 土斗或材料升降过程中,井下作业人员未撤离至安全地带;③ 材料、堆土等荷载距竖井边距离不应小于 2 m,高度不应超过 1.5 m;④ 起吊重物时钢丝绳不垂直或超过电动葫芦额定载重;⑤ 吊物落地后未确认稳固的情况下摘钩 4.2　洞内运输 ① 洞内运输车辆状态欠佳、制动失效、人料混载、超载、超宽、超高运输;② 有轨运输洞内洞外曲线半径不符合规定;双线运输时车辆错车净距及车辆距坑壁或支撑边缘的净距不符合规定;单线运输时未设人行道和错车道;③ 线路尽头未设挡车装置、标志及卸车平台,运输线路无专人维修、养护、清理杂物;④ 洞内倒车与转向时未开灯鸣号或设专人指挥,洞内车辆相遇或有行人通行时未关闭大灯光改用近光引起交通事故;⑤ 无轨运输洞内车速不符合规定,未设置防止运输车辆碰撞的标识

(续表)

序号	风险类别	危险源和危害因素
5	初期支护	5.1 钢架制作及安装 ① 钢架未按设计文件要求加工制作引起坍塌；② 安装前未清理作业面松土和危石引起坠落伤人；③ 连接板间未密贴；④ 连接筋间距、搭接长度及焊缝等不符合设计文件要求；⑤ 拱脚虚土未清理 5.2 锁脚锚管 ① 锁脚锚管材质、规格、长度及花眼不符合设计和方案要求；② 未按设计要求注浆 5.3 挂网及喷射混凝土 ① 挂网前未清理作业面松土和危石，未确认土壁稳定性；② 钢筋网片之间搭接长度不符合规范要求，且未与钢架牢固焊接；③ 非作业人员进入喷射作业区；④ 喷射作业中断或结束后未按规定要求的顺序进行停料、停风；⑤ 未采取有效措施通风、降尘 5.4 回填注浆 ① 注浆材料的配比、压力等不符合设计及施工方案要求；② 注浆材料为有毒有害物质，不符合环保要求并引起施工人员中毒；③ 回填注浆离掌子面距离小于 5 m
6	二次衬砌	6.1 钢筋工程 ① 切割机无火星挡板，附近堆放易燃物品；② 起吊钢筋规格、长短不一造成物体碰击；③ 钢筋回转碰到电线引发触电伤害；④ 起吊钢筋下方站人；⑤ 起吊钢筋捆扎不牢 6.2 模板及支架 ① 模板台车导轨不坚实，组装后未进行定位复核；② 衬砌强度尚未达到规范要求即进行模板拆除；③ 台车两端未设安全标志和警示灯 6.3 二衬混凝土 ① 高处混凝土施工作业缺少防护、无安全带引发高处坠落；② 插入式振动器电缆线被挤压引起漏电伤人；③ 对混凝土输送未制定针对性的安全措施；④ 用电缆线拖拉或吊挂插入式振动器触电；⑤ 混凝土滑槽未固定牢靠；⑥ 泵送混凝土架子搭设不牢靠 6.4 二衬背后注浆 ① 注浆材料的配比、压力等不符合设计及施工方案要求；② 二衬强度未达到规范要求即回填注浆引起其他伤害 6.5 防水工程(卷材复合防水层) 热风口、射钉枪枪口冲人引起人体伤害
7	地下水控制	① 井口及井点管的位置未设置标识引发坠落伤害；② 井点施工前未对地下和空中的障碍物、管线位置进行确认；③ 过量抽水，造成周边建(构)筑物下沉

(续表)

序号	风险类别	危险源和危害因素
8	穿越建(构)筑物	① 地面建筑(包括房屋、桥梁等)结构属于危房或与隧道拱部垂直距离过小,造成沉降、开裂等;② 地下管线及构筑物位于隧道结构的周围甚至侵入净空内,造成沉降、开裂等
9	穿越江河	河流位于隧道施工影响范围且与隧道拱部垂直距离过小,造成河水侵入隧道,危及作业人员安全引起其他伤害

11.1.4 降排水工程安全隐患及对策

降排水工程施工的危险源及防范的对策,见表11-5。

地下降水井点与基坑降水方法选择

表11-5 降排水工程

作业项目	危险源	对策	伤害类型
井点降水	井点管的排放位置未明显标识	降水井点排放位置设置标志牌及警戒标志	多种伤害
	相关的机械设备未通过验收取得相关证明	机械设备进场执行严格的检验制度,不符合要求的机械设备严禁入场作业	机械伤害
	配合用电不合规范	机电人员进行检查,并做好检查记录,符合安全要求后方能投入使用	触电
	冲孔前未对地下障碍和空中管线做确认	冲孔前应对地下及空中障碍、管线调查并做记录,施工中应及时清除障碍,防止破坏管线	多种伤害
井点降水	冲孔时周围人员在吊车回转范围内	施工过程中,任何人不得在机械回转半径内及起吊物移动范围内的下部逗留或作业	机械伤害
			机械伤害
	滑轮、井管未固定牢靠	项目经理部对操作人员进行安全培训和交底,严格按要求进行施工	高处坠落
	冲孔时沟槽上未铺设跳板		
排水	未设置有效的排水措施	边坡坡顶、基坑顶部及底部应采取截水或排水措施。施工区域内设置临时性或永久性排水,疏通原有排水系统,场地内不得积水	坍塌

11.1.5 桩基工程存在的重大危险源与其防范对策

1. 打桩工程

机械沉设预制桩作业,既有施工机械、吊运构件等危险源,又可能给周边环境带来危险,施工前应对施工中存在的重大危险源予以必要公示,具体内容见表11-6。

表 11-6　打桩工程重大危险源公示牌

作业项目	危险源	对策	伤害类型
桩架的装、拆、移动和使用	桩架的地基不平或承载力不够	按《建筑桩基础技术规范》的要求对地基进行平整、加固或采取其他相应措施	坍塌
	组装时把手指伸入螺孔	项目经理部对操作人员进行安全培训和交底；发现该现象及时制止并对操作人员进行教育	机械伤害
	打桩作业区内有高压线路	施工前对现场线路进行勘察，与高压线路保持距离不得小于2 m	机械伤害
	作业区无明显标志和围栏或有非工作人员进入	作业区设置警示牌，夜间加设红色灯标志；禁止非作业人员进入	机械伤害
	在施工过程中监视人员在距桩锤中心5 m内	施工机械一切服从指挥，人员尽量远离施工机械，如有必要，先通知操作人员，待回应后方可接近	机械伤害
	桩架多种动作同时运行	施工机械一切服从指挥，尽量避免多种动作同时运行	坍塌
	桩机在吊有桩锤的情况下操作人员离开岗位	施工中，操作人员不得离开工作岗位	各类伤害
	悬挂振动桩锤的起重机吊钩上无防松脱的保护装置	机电人员定期检查，并做好检查记录，损坏的及时更新，符合安全要求后方能投入使用	机械伤害
	振动桩锤悬挂钢架的耳环上无加装的保险钢丝绳	机电人员定期检查，并做好检查记录，损坏的及时更新，符合安全要求后方能投入使用	机械伤害
	组装时未锁住履带或夹紧轨道	项目经理部对操作人员进行安全培训和交底，严格按要求进行施工	坍塌
	移动桩架和停止作业时桩锤不在最低位置		各类伤害
	吊装时桩锤在一定高度未固定		机械伤害
	起吊时吊点不正确，速度不均匀、过快		机械伤害
	起吊后人员在桩底下通过	桩机起吊后，任何人不得在机械回转半径内及起吊物移动范围内的下部逗留或作业	机械伤害
	插桩时手脚伸入龙门和桩之间	项目经理部对操作人员进行安全培训和交底，严格按要求进行施工	机械伤害
	用撬棒校正桩时用力过猛		
	吊机的地基承载力不够	基础作夯实硬化处理，场地无积水，承载力满足吊机吊装作业要求	机械伤害
	吊索具不符合要求	机电人员定期检查，并做好检查记录，损坏及不符合要求的及时更换，符合安全要求后方能投入使用	机械伤害

(续表)

作业项目	危险源	对策	伤害类型
桩的运放	堆桩部位未做好硬化处理	项目经理部对操作人员进行安全培训和交底,严格按要求进行施工	坍塌倒塌
桩的运放	堆桩超过规定的层数	项目经理部对操作人员进行安全培训和交底,严格按要求进行施工	起重伤害
桩的运放	层与层之间的垫木放置部位不妥	项目经理部对操作人员进行安全培训和交底,严格按要求进行施工	起重伤害
桩的运放	底座未垫平、垫实有倾斜现象	项目经理部对操作人员进行安全培训和交底,严格按要求进行施工	起重伤害
桩的运放	堆桩未用合乎要求的枕木	材料进场入库执行严格的检验制度,不符合要求的材料严禁入场	坍塌
打入桩	打桩时未使用相适应的桩帽和垫子	项目经理部对操作人员进行安全培训和交底,严格按要求进行施工	物体打击
打入桩	送桩时未控制同轴度	项目经理部对操作人员进行安全培训和交底,严格按要求进行施工	物体打击
打入桩	拔送桩杆时用力过猛	项目经理部对操作人员进行安全培训和交底,严格按要求进行施工	物体打击
打入桩	地面孔洞未及时回填和加盖	项目经理部对操作人员进行安全培训和交底,严格按要求进行施工	高处坠落
灌注桩和其他沉桩工程	桩管道深度后未对提升的桩帽桩锤固定就检查桩管或浇捣混凝土	项目经理部对操作人员进行安全培训和交底,严格按要求进行施工	机械伤害
灌注桩和其他沉桩工程	耳环落下时未用控制绳	项目经理部对操作人员进行安全培训和交底,严格按要求进行施工	物体打击
灌注桩和其他沉桩工程	浇捣混凝土前孔口未加板加栏防护	项目经理部对操作人员进行安全培训和交底,严格按要求进行施工	高处坠落
灌注桩和其他沉桩工程	骑马弹簧螺丝未用钢丝绳绑牢	机电人员定期检查,并做好检查记录,不符合要求的及时处理,符合安全要求后方能投入使用	机械伤害
灌注桩和其他沉桩工程	泥浆水排放未按有关规定做好相应的措施	设置专门排水通道	多种伤害
灌注桩和其他沉桩工程	静力压桩作业时非作业人员在桩机 10 m 范围内	项目经理部对操作人员进行安全培训和交底,严格按要求进行施工	物体打击

打桩施工安全注意事项:预制桩施工桩机作业时,严禁吊装、吊锤、回转、行走动作同时进行;桩机移动时,必须将桩锤落至最低位置;施打过程中,操作人员必须距桩锤 5 m 以外监视。

2. 人工挖孔桩重大危险源

人工挖孔桩重大危险源公示牌的内容见表 11-7。

表 11-7 人工挖孔桩工程重大危险源公示牌

序号	危险源	可能导致事故	监控与应急措施
1	孔口石块或杂物掉入孔内砸伤正在孔中的施工人员	物体打击	孔口护壁高于地面 20 cm,弃渣远离井口 1 m 以外
2	孔内施工人员发生有毒、有害气体中毒或者缺氧窒息	窒息中毒	下井钱对孔底空气进行检测,每天下井施工前,对孔底通风 10 分钟以上,作业人员在孔内连续作业不能超过 2 小时

(续表)

序号	危险源	可能导致事故	监控与应急措施
3	孔壁支护不当或开挖时发生坍塌事故	坍塌	严格控制护壁施工质量及开挖深度
4	漏电保护器损坏,未使用安全电压,孔内电缆、电线磨损漏电,导致施工人员触电	触电	孔底照明应使用橡胶软电缆,不许有接头,必须36 V以下安全电压,孔内抽水时,桩孔内人员必须撤出孔内安装或检修必须有专职电工来完成,其他任何人不得私自操作
5	深孔中突然涌水涌砂淹没孔桩	透水淹溺	挖孔施工中,井下、井上要保持联络畅通,班组长要随时查看各个桩孔安全作业情况,如有险情,及时发出联络信号,迅速撤离,并采取有效措施排除险情
6	孔桩边施工人员不慎堕入孔内	高处坠落	在孔口设不低于 1.2 m 高的护栏,护栏上留一个 1 m 左右宽的作业口,在作业口旁,地面作业人员须系好安全带。每天班收工前,孔内作业人员上至地面后应将孔口封闭,平时暂不施工的孔口都应加盖封闭
7	孔内发生涌砂,造成施工场地两边城市道路坍塌,危及过往车辆安全	坍塌	挖孔遇有流砂层,应减少挖孔深度,开挖和护壁施工工序应以最快速度连续施工。发生事故应立即封闭城市道路,并立即上报,采取有效措施处理险情
8	提升机构(如电动绞架)、钢丝绳等缺陷	机械伤害	工作开始前和施工过程中,工作人员留心察看钻辘轴、支架、吊绳、挂钩、保险装置和吊桶等设备和工具是否完好无损,严禁带病作业。发现问题,及时向机电人员报告

施工安全注意事项:

(1)各种大直径桩的成孔,应首先采用机械成孔。当采用人工挖孔或人工扩孔时,必须经上级主管部门批准后方可施工。

(2)应由熟悉人工挖孔桩施工工艺、遵守操作规定和具有应急监测自防护能力的专业施工队伍施工。

(3)开挖桩孔应从上自下逐层进行,挖一层土及时浇筑一节混凝土护壁。第一节护壁应高出地面 300 mm。

(4)距孔口顶周边 1 m 搭设围栏。孔口应设安全盖板,当盛土吊桶自孔内提出地面时,必须将盖板关闭孔口后,再进行卸土。孔口周边 1 m 范围内不得有堆土和其他堆积物。

(5)提升吊桶的机构其传动部分及地面扒杆必须牢靠,制作、安装应符合施工设计要求。人员不得乘盛土吊桶上下,必须另配钢丝绳及滑轮并有断绳保护装置,或使用安全爬梯上下。

(6)应避免落物伤人,孔内应设半圆形防护板,随挖掘深度逐层下移。吊运物料时,作业人员应在防护板下面工作。

(7) 每次下井作业前应检查井壁和抽样检测井内空气,当有害气体超过规定时,应进行处理和用鼓风机送风。严禁用纯氧进行通风换气。

(8) 井内照明应采用安全矿灯或 12 V 防爆灯具。桩孔较深时,上下联系可通过对讲机等方式,地面不得少于 2 名监护人员。井下人员应轮换作业,连续工作时间不应超过 2 h。

(9) 挖孔完成后,应当天验收,并及时将桩身钢筋笼就位和浇注混凝土。正在浇注混凝土的桩孔周围 10 m 半径内,其他桩不得有人作业。

3. 其他灌注桩施工注意事项

当桩基成孔施工中发现斜孔、弯孔、缩孔、塌孔或沿护筒周围冒浆及地面沉陷等现象时,应及时采取处理措施。

4. 破桩头存在的危险源及对策

钢筋混凝土桩高于基底设计标高以上部分,需要采用人工或机械破除到设计标高,凿桩头的危险源及对策详见表 11-8。

表 11-8 凿桩工程危险源及对策

危险源	对　策	伤害类型
桩头露出超过 2 m 还未进行凿除	项目经理部对操作人员进行安全培训和交底;严格按要求进行施工	物体打击
施工人员未进行交底		多种伤害
人员站在桩顶作业	设置作业平台,用密目式安全网防护	高处坠落
凿下的碎块放置在基坑边		物体打击

任务 11.2　基坑工程安全管理

11.2.1　基坑工程安全等级

基坑工程指的是为保证基坑施工、主体地下结构的安全和周围环境不受损害而采取的支护、地下水与地表水控制、土方开挖与回填等措施,包括勘察、设计、施工、监测、检测等相关的工作内容。基坑工程安全等级有两类:一是设计安全等级;二是施工安全等级。

基坑工程设计安全等级指的是基坑支护设计时,应综合考虑基坑周边环境和地质条件的复杂程度、基坑深度等因素所采用的支护结构安全等级。《建筑基坑支护技术规程》(JGJ 120—2012)规定可按照表 11-9 来确定。对同一基坑的不同部位,可采用不同的安全等级。

表 11-9　支护结构的设计安全等级

安全等级	破 坏 后 果
一级	支护结构失效、土体过大变形对基坑周边环境或主体结构施工安全的影响很严重
二级	支护结构失效、土体过大变形对基坑周边环境或主体结构施工安全的影响严重
三级	支护结构失效、土体过大变形对基坑周边环境或主体结构施工安全的影响不严重

11.2.2　建筑基坑施工安全等级

建筑基坑施工安全等级指的是根据工程地基基础设计等级，结合基坑本体安全、工程桩基与地基施工安全、基坑侧壁土层与荷载条件、环境安全等因素综合确定的基坑工程安全标准，是基坑施工安全技术与管理的基本依据。基坑工程施工安全等级分两级，符合下列条件之一的基坑工程为一级，其余为二级。

（1）复杂地质条件及软土地区的二层及二层以上地下室的基坑工程。
（2）开挖深度大于 15 m 的基坑工程。
（3）基坑支护结构与主体结构相结合的基坑工程。
（4）设计使用年限超过 2 年的基坑工程。
（5）侧壁为填土或软土，场地因开挖施工可能引起工程桩基发生倾斜、地基隆起等改变桩基、地铁隧道运营性能的工程。
（6）基坑侧壁受水浸湿可能性大或基坑工程降水深度大于 6 m 或降水对周边环境有较大影响的工程。
（7）地基施工对基坑侧壁土体状态及地基产生挤土效应较严重的工程。
（8）在基坑影响范围内存在较大交通荷载，或大于 34 kPa 短期作用荷载的基坑工程。
（9）基坑周边环境条件复杂，对支护结构变形控制要求严格的工程。
（10）采用型钢水泥土墙支护方式，需要拔除型钢对基坑安全检查可能产生较大影响的基坑工程。
（11）采用逆作法上下同步施工的基坑工程。
（12）需要进行爆破施工的基坑工程。

11.2.3　基坑工程从业企业资质管理

1. 设计单位从业资质

根据基坑工程设计安全等级，基坑设计单位从业资质可按表 11-10 执行。

表 11-10　基坑设计单位从业资质及从业设计范围

基坑设计单位从业资质	从业设计范围
工程勘察综合类甲级	所有设计安全等级的基坑工程
工程勘察专业类岩土工程甲级	所有设计安全等级的基坑工程
工程勘察专业类岩土工程（设计）甲级	所有设计安全等级的基坑工程

(续表)

基坑设计单位从业资质	从业设计范围
工程勘察专业类岩土工程乙级	设计安全等级为三级的基坑工程
工程勘察专业类岩土工程(设计)乙级	设计安全等级为三级的基坑工程
其他勘察资质证书	无

2. 施工单位从业资质

《建筑业企业资质标准》(建市〔2014〕159号)规定,取得施工总承包资质的企业可以对所承接的施工总承包工程内各专业工程全部自行施工,领取了施工许可证的施工总承包单位可以自行施工总承包合同上的所有专业工程内容,不再需要额外的资质。

地基基础工程专业承包资质设一级、二级和三级,一级最高。具体各等级地基基础工程专业承包资质业务范围是:一级资质,不限;二级资质,开挖深度15 m以下;三级资质,开挖深度12 m以下。

3. 监测单位从业资质

基坑工程施工前,建设单位应委托具备相应资质的第三方对基坑工程实施现场监测。基坑监测单位从业资质及从业监测范围见表11-11。

表11-11 基坑监测单位从业资质及从业监测范围

基坑监测单位从业资质	基坑工程监测范围
工程勘察综合类甲级	所有设计安全等级的基坑工程
工程勘察专业类岩土工程甲级	所有设计安全等级的基坑工程
工程勘察专业类岩土工程(物探测试检测监测)甲级	所有设计安全等级的基坑工程
工程勘察专业类岩土工程乙级	设计安全等级为二级和三级的基坑工程
工程勘察专业类岩土工程(物探测试检测监测)乙级	设计安全等级为二级和三级的基坑工程
其他勘察资质证书	无

11.2.4 基坑工程前期安全管理

基坑工程的前期安全管理是指工程施工前安全管理的准备工作。前期工作的优劣直接关系施工过程的安全。前期工作涉及建设单位、勘察设计单位和与建设工程周边相关的企事业单位,建设单位是前期工作的主导单位。

(1) 建设单位在基坑工程勘察前,应当对基坑开挖影响范围内的相邻建(构)筑物、道路、地下管线等设施和隐蔽工程(以下简称"相邻设施")的现状和相邻工程的施工情况进行调查,并且应当将调查资料及时提供给勘察、设计、施工、监理、监测单位。鉴于基坑工程的设计单位可能与主体结构工程的设计单位不是同一单位,建设单位要做好基坑工程的勘察单位、设计单位和主体结构工程设计单位之间的协调和沟通工作。在基坑工程开工前,建设单位应当会同设计、施工、监理、监测单位以及基坑开挖影响范围内的市政公用、供电、通信等设施的管理单位,商讨设计、施工方案以及施工可能对周围环境产生的影响等情况。基坑工程施工可能对相邻设施造成影响的,建设单位应当会同相邻设施的管理单位做好安全现状记录,或者共同委托具有资质的有关单位(机构)对相邻设施出具安全鉴定报告,并采取相应的安全措施,确保施工安全和相邻设施的安全。基坑工程的周围有相邻多项建设工程相继施工时,各建设单位应当采取措施,共同做好工程施工的沟通、协调和配合工作。后开工工程的建设单位应当制定相应的施工安全措施,并会同基坑开挖影响范围内的相邻建设工程的建设、设计、施工、监理等单位及有关专家共同对安全技术措施进行审定。基坑工程开工前,建设单位应当组织设计、施工、监理、监测单位进行技术交底。

(2) 基坑工程的勘察单位应当严格执行国家颁布的法规、标准和规范,按规定及合同约定提供各项参数和技术指标,保证其满足基坑支护设计、地下水处理和保护周边环境的需要。一般而言,勘察单位除提供正确、完整的建筑场区地质勘察文件外,还应当提供基坑开挖的边坡稳定计算和支护设计所需的岩土技术参数,论证其对周围已有建筑物和地下设施的影响;提供基坑施工降水的有关技术参数及施工降水方法的意见;提供用于计算地下水浮力的设计水位。软土地基区域的建设工程勘察,除了满足承载力外,基坑工程还应当进行稳定性验算、地基变形验算、基坑开挖与支护稳定性验算,以及按有关规定进行坑底抗隆起验算和抗渗漏稳定的验算。

(3) 基坑工程的设计单位应当遵守有关法规、标准和规范的规定,按照设计文件的编制深度要求,向建设单位提交符合设计合同约定的设计文件。设计文件应当包括设计计算书、施工图纸和其他文字资料等。一般而言,基坑工程设计计算和分析应当充分考虑地面附加荷载、地表水、地下水和相邻设施的影响等不利因素,提出对周围环境保护和避免对相邻建(构)筑物、道路、地下管线等造成损害的技术要求和措施。

勘察、设计人员应当做好勘察设计文件提交后的技术交底和跟踪服务工作。当基坑工程施工中出现异常情况或者险情时,应当做好配合工作。

任务 11.3 基坑工程专项施工方案

11.3.1 基坑围护结构

1. 护壁、支护结构的选型

表 11-12 基坑围护结构类型

结构类型	适应条件	具体支护结构形式
放坡开挖	(1) 场地周边开阔,开挖深度较浅 (2) 地质条件适宜时设置多级放坡与坡体平台 (3) 坡体表面应设置砼面层 (4) 坡体应设置降、排水措施	(1) 自然放坡 (2) 坡面与坡脚处理 (3) 放坡土钉墙

(续表)

结构类型	适应条件	具体支护结构形式
自立式挡墙	(1) 浅坑的首选型式 (2) 止水帷幕解决土体的自立性、隔水性 (3) 不能超出规划红线范围	(1) 复合土钉墙 (2) 重力式挡墙 (3) 悬臂挡墙
板式支护体系挡土与内支撑(或外拉锚)结合体系	(1) 复杂工程地质与水文地质条件 (2) 深、大与平面形体复杂 (3) 环境保护要求高	(1) 挡土结构 (2) 内支撑(或外拉锚)结构

2. 板式支护体系的挡土结构

板式支护体系中的基坑挡土结构常用类型,见表 11-13。

表 11-13 板式支护体系中基坑围护体常用类型

类型	结构形式	特点	适用范围
钢板桩	采用定型轧制的钢板桩构件连续布置,并通过构件边缘设置的通长锁口,相互咬合形成既能止水又能共同承力的连续壁	施工简单、投资经济;结构本身刚度相对较小,变形控制能力较弱	可用于开挖深度不超过 10 m 的基坑工程
型钢水泥土搅拌桩	在水泥土搅拌桩(单轴或三轴成型机械)中插入型钢形成的复合式围护墙(SMW)	插入的型钢主要有 H、槽钢或拉森钢板桩,用后还可以拔出重复使用,具有方便、经济的特点	一般适用于深度不超过 13 m 的基坑工程
钻孔灌注桩	以队列式间隔布置钢筋混凝土钻孔灌注桩作为挡土结构	围护结构刚度较大,缺点是透水。实际中需要配置水泥土止水帷幕以复合应用	开挖深度超过 15 m 的基坑中较少采用
地下连续墙	泥浆护壁成型的单元槽段相互连接形成地下连续的钢筋混凝土围护墙	可以兼做地下室外墙,具有挡土、承重、止水和防渗综合作用,但投资造价较高	最深适用于 35 m 基坑,墙厚有 0.6 m、0.8 m、1.0 m、1.2 m
水泥土墙钻挖钢筋混凝土桩复合墙	先施工足够厚度的水泥土墙,然后在其中钻挖施工钢筋混凝土灌注排桩	弥补了排桩支护结构的渗透水缺点	适用于对渗漏水及周边变形有较高要求的基坑工程

注:表中支护结构单独使用,开挖基坑深度比较小,一般需要辅之以坑内支撑或坑外预应力拉锚杆才能达到表中适用范围的深度。

3. 板式支护体系的撑锚

开挖深度超过 5 m(含 5 m)的深基坑(槽)不仅需要采用支护结构施工,当地质条件和周围环境复杂、地下水位在坑底以上的基坑工程还需要采取撑锚措施以减少边坡支护结构的变形。

基坑撑锚体系按照受力方式的不同分为坑外拉锚式和坑内支撑式两种,其中坑外拉锚式又分为顶部拉锚和土层锚杆拉锚;坑内支撑根据选用材料的不同分为钢筋混凝土支撑和钢支撑。支护结构的安装与拆除应符合设计工况及专项施工方案要求。必须严格遵守先支撑、后开挖的原则。

11.3.2 基坑专项工程的实施

1. 基坑工程专项施工方案编审规定

施工单位应当根据勘察报告、设计文件及周围环境资料,结合工程实际,编制基坑工程专项施工方案,并附具安全验算结果。深基坑工程属于超过一定规模的危险性较大的分部分项工程的范围,其专项施工方案应当组织专家组进行技术论证。专家组对专项施工方案进行论证后,必须提出书面论证审查报告。施工单位应当根据专家组的论证审查报告完善施工方案,并经建设单位项目负责人、施工单位技术负责人、总监理工程师签字后方可组织实施。

2. 基坑工程专项施工方案的内容

(1) 基坑侧壁选用的安全系数。
(2) 护壁、支护结构型。
(3) 地下水控制方法及验算。
(4) 承载能力极限状态和正常状态的设计和验算。
(5) 支护结构计算和验算。
(6) 质量检测及施工监控要求,采取的方式、方法。
(7) 安全防护设施的设置。
(8) 安全作业注意事项。
(9) 施工及材料费用的总体估算。
(10) 基坑工程施工的其他要求(如监测、土方开挖的进度控制、应急措施等)。

3. 基坑开挖前准备工作

施工单位应当按照专项施工方案的要求,对有关措施进行全面检查,确保毗邻建筑物、构筑物和地下管线等重要部位的专项防护措施落实到位。严禁在不具备安全生产条件下强令违章作业、盲目施工。

4. 基坑周边特殊加固处理

在基坑深度 2 倍距离的范围内如果确需设置塔式起重机或搭设办公用房、堆放料具等,必须经基坑工程设计单位验算设计,并出具书面同意意见。当书面意见书中明确对基坑应进行特殊加固处理时,基坑工程施工单位应对基坑按照书面意见书要求做相应特殊加固处理。加固方案应当经原专家组论证。

5. 制订防范事故的应急预案

基坑工程质量安全事故不仅会引起群死群伤,还严重威胁周边环境安全,必须事先制定应急预案。一旦事故发生,施工、建设、监理单位必须迅速采取措施控制事态发展,并立即按有关规定向工程所在地建设行政主管部门报告,严禁拖延或者隐瞒不报。

6. 基坑工程施工过程质量与安全保证

(1) 基坑施工活动中工程施工总承包单位的总工程师、项目经理、项目技术负责人和专业承包单位的项目负责人、技术负责人处于核心地位,应肩负起各自的安全生产责任制要求。

(2) 工程施工总承包单位的总工程师和项目技术负责人在基坑工程开挖深度达到住房和城乡建设部《危险性较大的分部分项工程安全管理规定》(住建部令第 37 号)规定的标准时,应当常驻施工现场,随时处置施工过程中的安全隐患和安全技术问题。

(3) 基坑围护结构施工完工后、地下结构工程施工前,必须由建设、设计、施工、监理单位对基坑工程进行联合验收,对基坑开挖与支护工程的稳定性、时效性等方面出具书面意见,并报工程所在地建筑工程质量、安全监督部门备案,合格后方可进行地下结构施工。基坑工程应当在基坑围护结构有效时限内和主体结构满足抗浮要求时,及时进行基坑回填工作。严禁基坑长时间暴露。

(4) 基坑开挖或者支护工程完成后,因特殊原因可能造成基坑长期暴露或者超过支护设计安全期而危及周边环境安全和施工安全的,应当及时回填或者采取有效加固措施。

11.3.3 特殊性土基坑工程安全技术

(1) 特殊性土基坑工程施工应根据气候条件、地基的胀缩等级、场地的工程地质及水文地质情况和支护结构类型,结合建筑经验和施工条件,因地制宜采取安全技术措施。

(2) 土方开挖前,完成地表水系导引措施,并按设计要求完成基坑四周坡顶防渗层、截流沟施工。

(3) 开挖应尽量避开雨天施工,并根据作业面周边的地形条件采取地表水截排措施,避免施工期间各类地表水进入工作面。

(4) 开挖施工过程中,应对设计开挖面进行保护,防止雨淋冲刷或坡面土体失水。

(5) 基坑周边必须进行有效防护,并设置明显的警示标志;基坑周边要设置堆放物料的限重牌,严禁堆放大量的物料。

(6) 对土石方开挖后不稳定或欠稳定的边坡,应根据边坡的地质特征和可能发生的破坏等情况,采取自上而下、分段跳槽、及时支护的逆作法或部分逆作法施工。严禁无序大开挖、大爆破作业。

(7) 在土石方施工过程中,当发现不能辨认的液体、气体及弃物时,应立即停止作业,做好现场保护,并报有关部门处理后方可继续施工。

(8) 边坡施工过程中现场发现危及人身安全和公共安全的隐患时,必须立即停止作业,排除隐患后方可恢复施工。

(9) 场地排水应符合下列要求:

① 施工前及施工过程中应及时合理地布置好排水系统,使场地及其附近无积水。

② 排水困难场地或基坑有被水淹没可能时,应在场地外设置排水系统、护坡或挡土墙。

③ 在地下水位较高场地,除阻挡表面水外,应在坑底设置集水井、排水沟,以降低场地的地下水位。

(10) 对基坑进行开挖和施工应符合下列规定:

① 基坑开挖时,应及时采取措施防止坑壁坍塌;基坑挖土接近基底设计标高时,宜在其上部预留 150~300 mm 土层,待下一工序开始前继续挖除。

② 当基坑挖至设计规定的深度或标高时,应进行验槽。验槽后,应及时浇混凝土垫层或采取封闭坑底措施,封闭方法可选用喷(抹)1∶3 水泥砂浆或土工塑料膜覆盖。

(11) 基坑工程完成使用寿命后,应及时回填。

(12) 地下工程施工超出设计地坪后,应进行回填,并宜将散水和室内地面施工完毕后,再进行地上工程的施工。

(13) 基坑使用单位必须对排水和防护措施进行有效的定期检查和记录,保证各种措施发挥正常作用。

(14) 各种地面排水、防水设施的检查和维护应符合下列规定:

① 每年雨季或山洪到来前,对山前防洪截水沟、缓洪调节池、排水沟、集水井等均应进行检查,清除淤积物,保证排水畅通。

② 对建筑物防护范围内的防水地面、排水沟、散水的伸缩缝和散水与外墙的交接处,室内生产、生活用水多的室内地面及水池、水槽等,均应定期检查,若有缝隙应及时修补。

③ 建筑物的室外地面应经常保持原设计的排水坡度,若有积水应及时疏导、填平。

④ 建筑物周围 6 m 以内不得堆放阻碍排水的物品或垃圾,保持排水畅通。

⑤ 每年冻结前,均应对有可能冻裂的水管采取保温措施。

(15) 开挖过程中若出现特殊地段(包括软弱层、多岩隙层、涌水段、有管网段、附近有建筑物或构筑物段),应立即停止施工,根据现场实际情况,会同建设单位、监理单位、设计单位进行专题研究,制定相应的施工措施,按制定的措施组织实施。

11.3.4 基坑作业时的安全防护措施

(1) 当基坑施工深度达到 2 m 时,对坑边作业已构成危险,应当按照高处作业和临边作业的规定搭设临边防护设施。

(2) 基坑周边搭设的防护设施,其选材、搭设方式及牢固程度都应符合《建筑施工高处作业安全技术规范》(JGJ 80—2016)的规定。

(3) 施工现场应按总平面设计的要求布置各项临时设施,根据环境特点和条件设置安全防护设施,堆放材料和机具设备不得侵占场内道路或影响安全防护设施使用。

(4) 作业人员必须有安全立足点,脚手架、防护棚和防护架应按施工组织设计和规范的要求搭设。

(5) 基坑施工作业人员上下必须设置专用通道,不准攀爬模板、脚手架,以确保安全。专用通道应在施工组织设计中确定,并符合《建筑施工高处作业安全技术规范》(JGJ 80—2016)中攀登作业的要求。

(6) 施工现场用电线路、用电设施的安装和使用应符合《施工现场临时用电安全技术规范》(JGJ 46—2005)的要求,并按施工组织设计进行架设。施工现场必须设有保证施工安全要求的夜间照明;危险潮湿场所的照明以及手持照明灯具,必须采用符合安全要求的电压。

(7) 雨季施工时,应对施工现场的排水系统进行检查和维护,保证排水畅通。在傍山、沿河地区施工时,应采取必要的防洪、防泥石流措施。基坑特别是稳定性差的土质边坡、顺向坡，施工方案应充分考虑雨季施工等诱发因素，提出预案措施。

（8）基坑临边、临空位置及周边危险部位，应设置明显的安全警示标识，并安装可靠围挡和防护。

（9）基坑内应设置作业人员上下坡道或爬梯，数量不应少于2个。作业位置的安全通道应畅通。

任务11.4　基坑工程施工监测

11.4.1　基坑工程安全使用

（1）基坑开挖完毕后，应组织验收；经验收合格并进行安全使用与维护技术交底后，方可使用。基坑使用与维护过程中，应按使用安全专项方案要求落实安全措施。

（2）基坑使用与维护中进行工序交接时，应办理移交签字手续。

（3）应进行基坑安全使用与维护技术培训，定期开展应急处置演练。

（4）基坑使用中应针对暴雨、冰雹、台风等灾害天气，及时对基坑安全进行现场检查。

（5）主体结构施工过程中，不应损坏基坑支护结构。

（6）基坑工程应按设计要求进行地面硬化，并在周边设置防水围挡和防护栏杆。对膨胀性土及冻土的坡面和坡顶3 m以内，应采取防水及防冻措施。

（7）基坑周边使用荷载不应超过设计限值。

（8）基坑临边、临空位置及周边危险部位，应设置明显的安全警示标识，并安装可靠围挡和防护。

（9）基坑内应设置作业人员上下坡道或爬梯，数量不应少于2个。作业位置的安全通道应畅通。

（10）大型基坑工程中栈桥的使用荷载应予以明确，控制栈桥上材料堆载和土方车辆的吨位及运行路线。

（11）使用单位应有专人对基坑安全进行定期巡查，雨期应增加巡查次数，并应做好记录；发现异常情况应立即报告建设、设计、监理等单位。

（12）基坑工程超过设计使用年限（设计使用年限一般不少于1年）时，应提前进行安全评估，基坑工程安全评估应组织建设单位、基坑设计单位、基坑施工单位、监测单位等共同参加。对需要加固的，应由原基坑设计单位、基坑施工单位进行复核，并由建设单位或总承包单位组织专家进行论证。

某大厦基坑坍塌录像

11.4.2　基坑工程监测

基坑工程必须实行监测。建设单位应当委托甲级资质的工程勘察（岩土工程）或者基坑勘察设计专项甲级资质单位承担监测任务。监测单位应当根据勘察报告、设计文件和施工组织设计等有关监测要求，制订监测方案，并经委托方审核后实施。

边坡及基坑开挖作业过程中,应根据设计和施工方案进行监测。基坑工程监测一般应从基坑开挖前的准备工作开始,直至基坑土方回填完毕为止。监测范围应包括有地下室或者地下结构的建(构)筑物基坑及基坑邻近的建筑物、构筑物、道路、地下设施、地下管线、岩土体及地下水体等周边环境等。监测单位与施工单位不能有隶属关系或者同属一家上级主管单位。

遇台风、大雨及地下水位涨落大、地质情况复杂等情形,建设单位、工程施工总承包单位、基坑工程专业施工单位、监理单位、监测单位应当安排专人24小时值班,加强对基坑和周围环境的沉降、变形、地下水位变化等观察工作,有异常情况应当及时报告,并采取有效措施及时消除事故隐患。

监测单位应当及时向施工、建设、监理单位通报监测分析情况,提出合理建议。监测采集数据已达报警界限时,应当及时通知有关各方采取措施。基坑监测内容及检测仪器选用,见表11-14。

表11-14 基坑监测的内容与仪器关系

监测类别	内容	仪器(精度)
变形监测	地下管线、设施,道路和建筑物的沉降与位移	经纬仪和水准仪(精度不低于1 mm)
	基坑外土体测斜	测斜仪(精度不低于1 mm)
变形监测	围护桩(墙)体侧斜	测斜仪(埋设测斜管精度不低于1 mm) 滑动测微计
	立柱桩顶沉降	水准仪(精度不低于1 mm)
	坑外地下土层的分层沉降	沉降仪(埋设分层沉降管精度不低于1 mm)
	基坑内坑底回弹	沉降仪(埋设分层沉降管精度不低于1 mm)
内力	围护桩(墙)体内力	钢筋应力计 滑动测微计
	支撑轴力	轴力传感器 钢筋应力计 混凝土应变计 应变片(钢支撑)
	锚杆拉力	钢筋应力计
	立柱轴力	应变片
土压力	围护桩(墙)两侧土压力监测	土压力盒(分辨率不低于5 kPa)
孔隙水压力	围护桩(墙)两侧水压力监测	孔隙水压力计(气压式、水管式、电测仪式)
水位	基坑内、外的地下水位监测	量尺(适于浅水位) 水位计(测深钟、电测水位计、自动水位仪)

思考与拓展

1. 汇总整理造成基础施工中容易发生群死群伤事故的主要原因是什么？
2. 确定基坑工程安全等级的主要因素有哪些？
3. 深基坑土方开挖为何严格控制顺序和每层开挖土层厚度？
4. 基坑降水分为坑内和坑外两部分，施工中如何开展坑内外地基中水位变化的监测呢？
5. 为何开挖至设计基底标高时需要立即进行垫层和基础的施工？

学习情境 12　拆除、爆破及季节性施工安全技术

知识目标

了解拆除施工安全技术要求；
了解爆破施工安全技术要求；
了解施工中可能遇到的有毒有害气体及预防安全技术措施；
熟悉夏季、雨季和冬季施工的安全专项技术要求。

职业技能目标

识别拆除、爆破施工中可能的危险源，并划定施工警戒区域进行防护；
加强季节性施工准备的检查和应急方案落实工作，备足安全防护用品。

规范依据

《建筑拆除工程安全技术规范》（JGJ 147—2016）
《爆破安全规程》（GB 6722—2014）
《建筑与市政施工现场安全卫生与职业健康通用规范》（GB 55034—2022）

任务 12.1　建筑拆除工程安全技术

建筑拆除工程分为人工拆除和机械拆除两种方式。人工拆除指的是施工人员使用小型机具或手持工具，将拟拆除物拆解、破碎、清除的作业，如图 12-1 所示；机械拆除指的是采用机械设备，将拟拆除物拆解、破碎、清除的作业，如图 12-2 所示。

图 12-1 人工拆除　　　　图 12-2 机械拆除

12.1.1 拆除作业主体单位的安全责任

(1) 建设单位应将拆除工程发包给具有相应资质等级的施工单位。建设单位应在拆除工程开工前 15 日,将下列资料报送建设工程所在地的县级以上地方人民政府建设行政主管部门备案:

① 施工单位资质登记证明;
② 拟拆除建筑物、构筑物及可能危及毗邻建筑的说明;
③ 拆除施工组织方案或安全专项施工方案;
④ 堆放、清除废弃物的措施。

(2) 建设单位应向施工单位提供下列资料:

① 拆除工程的有关图纸和资料;
② 拆除工程涉及区域的地上、地下建筑及设施分布情况资料。

(3) 建设单位应负责做好影响拆除工程安全施工的各种管线的切断、迁移工作。

(4) 施工单位应当对拟开挖的区域和拆除的建筑物、构筑物工程进行详细的调查和现场实地勘察,编制施工方案。拆除房屋建筑和水塔、烟囱等构筑物工程,必须编制施工组织设计。施工方案或者施工组织设计应当经施工企业的技术负责人审核批准。采用爆破作业方法拆除建筑物、构筑物时,其施工方案或施工组织设计应当经公安部门批准。

(5) 在编制施工方案或施工组织设计时,应当制定预防拆除、开挖事故的安全技术措施,制定生产安全事故应急救援预案。

(6) 施工作业前,施工技术负责人或方案编制人应当对现场管理人员及作业人员进行书面的安全技术交底,告知该项作业的基本要求和安全技术操作规程。被交底人应当了解作业要求和操作规程并在相关文件上签字。施工作业时,拆除、开挖施工单位的项目经理、技术负责人、安全员必须在现场指挥、监督。

12.1.2 拆除作业的施工条件准备

(1) 当建筑外侧有架空线路或电缆线路时,应与有关部门取得联系,采取防护措施,确认安全后方可施工。

(2) 拆除位于主次干道两侧及城区繁华区域和居民区的建筑物、构筑物时,防护架搭设应当采取全封闭形式,并做到节点可靠、固定点合理,能满足抗倾覆的要求。

(3)当拆除工程对周围相邻建筑安全可能产生危险时,必须采取相应保护措施,对建筑内的人员进行撤离安置。

(4)在拆除作业前,施工单位应检查建筑内各类管线情况,确认全部切断后方可施工。

(5)拆除工程施工区域应设置硬质封闭围挡及醒目警示标志,围挡高度不应低于1.8 m,非施工人员不得进入施工区。当临街的被拆除建筑与交通道路的安全距离不能满足要求时,必须采取相应的安全隔离措施。

(6)施工现场应当在主要出入口设置施工标志牌,写明建设单位、施工单位名称及项目经理、项目技术负责人、安全员姓名,拆除、开挖工程备案编号,监督电话等,接受社会监督。施工现场的危险区域和临街、临路的危险地段,应当悬挂警示标志,夜间用红灯警示。

(7)施工单位进行管道、容器拆除时,应查清管道、容器的用途,采取相应措施清除废气、废液后方可施工。采用电、气焊(割),应严格执行明火作业的有关规定,配备监护人员和灭火器材。

(8)根据拆除工程施工现场作业环境,应制定相成的消防安全措施,施工现场应设置消防车通道,保证充足的消防水源,配备足够的灭火器材。

12.1.3 拆除作业安全基本要求

(1)施工单位不得将未拆除的建筑物、构筑物等作为临时办公、住宿及仓库使用。

(2)施工作业应当严格执行国家制定的强制性标准和安全技术规程。拆除建筑物、构筑物应当自上而下按对称顺序逐层进行,不得逆向操作。当部分拆除建筑物、构筑物时,应当采取相应的防范措施,防止另一部分建筑物、构筑物倒塌,造成安全事故。

(3)可以分段拆除,但上部结构拆除过程中应保证剩余结构的稳定,拆除施工严禁立体交叉作业。作业人员使用手持机具时,严禁超负荷带故障运转。

(4)当施工作业发现文物、爆炸物以及不明的电缆、管道和构筑物时,应当停止施工,保护现场,并向建设单位和有关主管部门报告。经有关主管部门同意,并采取相应补救措施确认安全后,方可恢复施工。

(5)在拆除工程作业中,发现不明物体,应停止施工,采取相应的应对措施,保护现场,及时向有关部门报告。

(6)施工作业时,严禁从高处向下抛掷废弃物,应当采取降尘措施,减少对环境的污染。拆卸的各种材料、构件应当及时清理,堆放整齐。楼层内的建筑垃圾,应采用封闭的垃圾道或垃圾袋运下,不得向下抛掷。建筑垃圾应当及时清运至市容环卫部门指定的场所倾倒。禁止在施工现场焚烧废弃物。

(7)遇有雨、雪、大雾及6级(含6级)以上大风等恶劣天气时,应当停止拆除施工。

(8)施工作业结束后,应当及时平整场地,做到场清地平,并修复因施工损坏的市政公用设施。

(9)拆除工程施工必须建立安全技术档案,并应包括下列内容:

① 拆除工程施工合同及安全管理协议书;

② 拆除工程安全施工组织设计或安全专项施工方案;

③ 安全技术交底；
④ 脚手架及安全防护设施检查验收记录；
⑤ 劳务用工合同及安全管理协议书；
⑥ 机械租赁合同及安全管理协议书。
(10) 拆除建筑时应先拆除非承重结构，再拆除承重结构。

12.1.4 人工拆除安全措施管理

(1) 进行人工拆除作业时，水平构件上严禁人员聚集或物料集中堆放，作业人员应站立在稳定的结构或专用设备上操作，被拆除的构件应有安全的放置场所。

(2) 人工拆除施工应从上至下、逐层分段进行，不得垂直交叉作业。作业面的孔洞应封闭。

(3) 人工拆除建筑墙体时，严禁采用底部掏掘或推倒的方法。

(4) 拆除建筑的栏杆、楼梯、楼板等构件，应与建筑结构整体拆除进度相配合，不得先行拆除。建筑的承重梁、柱，应在其所承载的全部构件拆除后，再进行拆除。

(5) 拆除梁或悬挑构件时，应采取有效的下落控制措施，方可切断两端的支撑。

(6) 拆除柱子时，应沿柱子底部剔凿出钢筋，使用手动倒链定向牵引，再采用气焊切割柱。

(7) 拆除管道及容器时，必须在查清残留物的性质并采取相应措施确保安全后，方可进行拆除施工。

12.1.5 机械拆除安全措施管理

(1) 当采用机械拆除建筑时，应从上至下、逐层分段进行。应先拆除非承重结构，再拆除承重结构。拆除框架结构建筑，必须按楼板、次梁、主梁、柱子的顺序进行施工。对只进行部分拆除的建筑，必须先将保留部分加固，再进行分离拆除。

(2) 施工中必须由专人负责监测被拆除建筑的结构状态，做好记录。当发现有不稳定状态的趋势时，必须停止作业，采取有效措施消除隐患。

(3) 拆除施工时，应按照施工组织设计选定的机械设备及吊装方案进行施工，严禁超载作业或任意扩大使用范围。供机械设备使用的场地必须保证足够的承载力。作业中机械不得同时回转、行走。

(4) 进行高处拆除作业时，对较大尺寸的构件或沉重的材料，必须采用起重机具及时吊下。拆卸下来的各种材料应及时清理，分类堆放在指定场所，严禁向下抛掷。

(5) 拆除钢屋架时，必须采用绳索将其拴牢，待起重机吊稳后，方可进行气焊切割作业。吊运过程中，应采用辅助措施使被吊物处于稳定状态。

(6) 拆除桥梁时，应先拆除桥面的附属设施及挂件、护栏等。

12.1.6 安全防护措施

(1) 拆除施工采用的脚手架、安全网，必须由专业人员按设计方案搭设，由有关人员验收合格后方可使用。水平作业时，操作人员应保持安全距离。

(2) 安全防护设施验收时，应按类别逐项查验，并有验收记录。

(3) 作业人员必须配备相应的劳动防护用品,并正确使用。

(4) 施工单位必须依据拆除工程安全施工组织设计或安全专项施工方案,在拆除施工现场划定危险区域,设置警戒线和相关的安全标志,并派专人监督。

(5) 施工单位必须落实防火安全责任制,建立义务消防组织,明确责任人,负责施工现场的日常防火安全管理工作。

任务 12.2 爆破作业的安全管理

12.2.1 爆破工程重大危险源及对策

爆破工程施工危险源及对策,详见表 12-1。

表 12-1 爆破工程施工危险源及对策

危险源	对策	伤害类型
无安全技术措施、施工方案	项目经理部管理人员编制土方爆破专项施工方案,并经过上级审批通过,方可施工	物体打击/爆炸伤人等
安全技术措施未授权人员审批就施工	爆破工程安全技术措施应由相应的主管部门审批方可施工	
允许无资格的人员进行爆破操作	爆破工程应严格按照《爆破安全规程》施工,严禁无资质人员进行爆破操作	
未对爆破人员进行安全技术交底	项目经理部对操作人员进行安全培训和交底;严格按要求进行施工	
爆破器材的保管、使用不当		
违反安全技术措施方案施工		
炸药和雷管没有分库存放或安全距离不够	爆破工程应严格按照《爆破安全规程》存放,严禁乱堆乱放	
库房内吸烟、带入火种或穿钉鞋入库	爆破工程严格按照《爆破安全规程》进行检查,并由具有专业资质人员进行操作	
爆破操作未按要求经专人进行安全检查	爆破时,设置警戒线、悬挂警戒牌,由专人指挥	
起爆前电爆网路未经检测就起爆		
爆破时,无专人指挥,没有设立警戒线	爆破工程严格按照《爆破安全规程》进行检查,确定爆破网路及起爆顺序,进行爆破前模拟试爆	
拆除爆破前没进行模拟试爆	库房严禁吸烟、携带火种及穿钉鞋进入。严禁非工作人员进入	

12.2.2 爆破拆除安全措施管理

爆破拆除指的是使用民用爆炸物品,将拟拆除物解体、破碎、清除的作业,如图 12-3

所示,爆破拆除安全措施管理主要包括以下几方面:

(1) 爆破拆除工程应根据周围环境作业条件、拆除对象、建筑类别、爆破规模,按照《爆破安全规程》(GB 6722—2014)将工程分级(A、B、C 三级)管理,并采取相应的安全技术措施。爆破拆除工程应做出安全评估,并经当地有关部门审核批准后方可实施。

(2) 从事爆破拆除工程的施工单位必须持有工程所在地法定部门核发的《爆炸物品使用许可证》,承担相应等级的爆破拆除工程。爆破拆除设计人员应具有承担爆破拆除作业范围和相应级别的爆破工程技术人员作业证。从事爆破拆除施工的作业人员应持证上岗。

图 12-3　爆破拆除

(3) 爆破器材必须向工程所在地法定部门申请《爆炸物品购买许可证》,到指定的供应点购买。爆破器材严禁赠送、转让、转卖、转借。

(4) 运输爆破器材时,必须向工程所在地法定部门申请领取《爆炸物品运输许可证》,派专职押运员押送,按照规定路线运输。

(5) 爆破器材临时保管地点必须经当地法定部门批准。严禁同室保管与爆破器材无关的物品。

(6) 爆破拆除的预拆除施工应确保建筑的安全和稳定。预拆除施工可采用机械和人工方法拆除非承重的墙体或不影响结构稳定的构件。预拆除工作应在装药前完成。预拆除和装药作业不应同时进行。

(7) 对烟囱、水塔类构筑物采用定向爆破拆除工程时,爆破拆除设计应控制建筑倒塌时的触地振动。必要时,应在倒塌范围铺设缓冲材料或开挖防振沟。

(8) 爆破拆除施工时,应对爆破部位进行覆盖和遮挡,覆盖材料和遮挡设施应牢固可靠。装药前,应对爆破器材进行性能检测。试验爆破和起爆网路模拟试验应在安全场所进行。

▶ 12.2.3　静力破碎安全措施管理

静力破碎指的是利用静力破碎剂水化反应的膨胀力,将拟拆除物胀裂、破碎、清除的作业,如图 12-4 所示,静力破碎安全措施管理主要包括以下几方面:

图 12-4　静力破碎

(1) 进行建筑基础或局部块体拆除时,宜采用静力破碎的方法。

(2) 采用具有腐蚀性的静力破碎剂作业时,灌浆人员必须戴防护手套和防护眼镜。孔内注入破碎剂后,作业人员应保持安全距离,严禁在注孔区域行走。

(3) 静力破碎剂严禁与其他材料混放。

(4) 在相邻的两孔之间,严禁钻孔与注入破碎剂同步进行施工。

(5) 静力破碎时,发生异常情况必须停止作业,待查清原因并采取相应措施确保安全后,方可继续施工。

任务 12.3　建筑施工有毒有害气体预防

12.3.1　有毒有害气体的种类与富集场所

有毒有害气体是指对人体产生危害,能够致人中毒的气体。常见的有毒有害气体有一氧化碳、一氧化氮、硫化氢、二氧化硫、氯气、化学毒气、光气、双光气、氰化氢、芥子气、路易斯毒气、维克斯毒气(VX)、沙林(甲氟磷异丙酯)、毕兹毒气(BZ)、塔崩(tabun)、梭曼(soman)等。

常见有毒有害气体按其毒害性质的不同,可分为刺激性气体和窒息性气体两类。刺激性气体是指对眼和呼吸道黏膜有刺激作用的气体,常见的有氯、氨、氮氧化物、光气、氟化氢、二氧化硫、硫酸二甲酯等。窒息性气体是指能造成机体缺氧的有毒气体,如氮气、甲烷、乙烷、乙烯、一氧化碳、氰化氢、硫化氢等。建筑施工中引起作业人员中毒的有毒有害气体主要是硫化氢气体。该气体有臭鸡蛋味,能使人窒息性死亡。施工现场所有人员要特别警惕和预防。

建筑施工相关的有毒有害气体主要富集场所有污水池、排水管道、集水井、电缆井、地窖、沼气池、化粪池、酒糟池、发酵池和工业企业废弃的管网、井池等。

12.3.2　施工作业安全责任

建筑施工企业在进行市政工程施工和废弃的工业厂区建筑物及地下管网拆除施工时,应当做好有毒有害气体的预防工作和致害时的救护工作。施工作业单位应当根据法律法规和标准规范的规定,制定本单位有毒有害施工场所的安全管理规定和操作规程;向从业人员告知作业场所和工作岗位存在的危险因素、防范措施以及发生事故时的应急措施;为作业人员和监护人员配备必要的作业防护器材。按照"谁作业,谁负责"的原则,施工作业单位全面负责施工作业现场有毒有害气体防范措施的落实工作。

建筑施工企业应当对施工作业的负责人、现场安全人员和施工作业人员进行有毒有害气体防范知识的专门培训,经考核合格,方可从事有毒有害气体作业场所的施工作业。培训的内容应当包括:硫化氢等有毒有害气体的危害特征、产生危险因素的原因、有毒有害气体中毒的症状、职业禁忌证、防范措施、防护器具的正确使用以及中毒急救知识等。

作业人员应正确使用劳动防护用品,严格遵守有毒有害危险场所作业安全管理规定;发现安全防范措施不落实或不具备作业安全条件,有权拒绝施工作业;施工过程中发现紧急情况,有权停止作业并撤离作业场所。

12.3.3　施工作业的安全设备与安全措施

(1) 从事有毒有害危险场所作业时,施工单位应当配备必要的安全设备、设施。主要有:

① 硫化氢等有毒有害气体、氧气、可燃气体检测分析仪器。
② 机械送风（排风）设备。
③ 3 套以上空气呼吸器。
④ 必要的通信工具和抢救器具，如呼吸器、梯子、绳缆及其他必要的器具设备。

(2) 施工人员进入有毒有害危险场所作业，必须落实安全防范措施。主要措施有：
① 企业可实行工作票制度，经项目负责人批准后方可作业。
② 采取充分的通风换气措施，并经检测分析合格方可作业。作业过程中要不间断采样、分析，防止突发情况对人员的危害。
③ 对受作业环境限制而不易达到通风换气的场所，作业人员必须配备并使用空气呼吸器或者软管面具等隔离式呼吸保护器具。严禁使用过滤式面具。
④ 发现硫化氢等有毒有害气体危险时，必须立即停止作业，监护人员应当督促作业人员迅速撤离作业现场。
⑤ 井下作业严禁明火。
⑥ 低于地下 2 m 作业时，作业人员必须使用安全带以便于井上监护人员救护。
⑦ 作业时，应当配备 2 名经培训合格、熟悉情况的监护人员监视作业，配备 2 套空气呼吸器为救护之用。
⑧ 作业现场设置警示标志，严禁无关人员入内。

(3) 发生意外事故施救时，施救人员必须使用隔离式呼吸保护器具方可施救。防止因施救不当引发死亡事故。

任务 12.4　季节性施工安全技术

季节性施工是指每年在不同季节定时出现对施工造成很大影响的施工，主要包括冬季、雨季的施工，也包括高温季节施工、沙尘暴天气施工等。

12.4.1　夏季施工安全技术

(1) 施工单位应当落实下列高温作业劳动保护措施：
① 优先采用有利于控制高温的新技术、新工艺、新材料、新设备，从源头上降低或者消除高温危害。对于生产过程中不能完全消除的高温危害，应当采取综合控制措施，使其符合国家职业卫生标准的要求。
② 存在高温职业病危害的施工单位，应当实施由专人负责的高温日常监测，并按照有关规定进行职业病危害因素检测、评价。
③ 施工单位应当依照有关规定对从事接触高温危害作业劳动者组织上岗前、在岗期间和离岗时的职业健康检查，将检查结果存入职业健康监护档案并书面告知劳动者。
④ 施工单位不得安排怀孕女职工和未成年工从事《工作场所职业病危害作业分级 第 3 部分：高温》(GBZ/T 229.3—2010) 中第三级以上的高温工作场所作业。
(2) 在高温天气期间，施工单位应当根据施工生产特点和具体条件，采取合理安排工

作时间、轮换作业、适当增加高温工作环境下劳动者的休息时间和减轻劳动强度、减少高温时段室外作业等措施对劳动者进行保护。

(3)施工单位应当根据工程项目所在地气象主管部门所属气象台当日发布的预报气温,调整作业时间(因人身财产安全和公众利益需要紧急处理的除外):

① 日最高气温达到 40 ℃以上,应当停止当日室外露天作业。

② 日最高气温达到 37 ℃以上、40 ℃以下时,施工单位全天安排劳动者室外露天作业时间累计不得超过 6 h,连续作业时间不得超过国家规定,且在气温最高时段 3 h 内不得安排室外露天作业。

③ 日最高气温达到 35 ℃以上、37 ℃以下时,施工单位应当采取换班轮休等方式,缩短劳动者连续作业时间,并且不得安排室外露天作业劳动者加班。

(4)施工单位应当对劳动者进行上岗前职业卫生培训和在岗期间的定期职业卫生培训,普及高温防护、中暑急救等职业卫生知识。

(5)施工单位应当为高温作业、高温天气作业的劳动者提供足够的、符合卫生标准的防暑降温饮料及必需的药品。不得以发放钱物替代提供防暑降温饮料。防暑降温饮料不得充抵高温津贴。

(6)施工单位应当在高温工作环境设立休息场所。休息场所应当设有座椅,保持通风良好或者配有空调等防暑降温设施。

(7)施工单位应当制定高温中暑应急预案,定期进行应急救援的演习,并根据从事高温作业和高温天气作业的劳动者数量及作业条件等情况,配备应急救援人员和足量的急救药品。

(8)劳动者出现中暑症状时,施工单位应当立即采取救助措施,使其迅速脱离高温环境,到通风阴凉处休息,供给防暑降温饮料,并采取必要的对症处理措施;病情严重者,施工单位应当及时送医疗卫生机构治疗。

12.4.2 雨季施工安全技术

(1)现场使用的中小型机械设备应当搭设防雨棚,加盖防雨罩,防止设备受潮而导致发生漏电事故。

(2)要加强电箱、电缆、电缆支架的检查,防止电箱内电气元件受潮而影响功效;电缆线接头部位要做好防水处理;电缆支架与电缆接触部位的绝缘情况要保持良好。

(3)现场应当配备相应的防汛物资,如:雨衣、雨伞、雨鞋、绝缘手套、编织袋、沙、铁锹、十字镐、运输工具、水泵、水带、电箱、电缆、警示灯、警戒线、对讲机、五金件等。

(4)现场应当设置排水设施,并应定期进行清理,保证排水畅通。

(5)雨季要加强对临时围挡的检查,防止因雨水冲刷及浸泡围挡基础而发生围挡倒塌事故。

(6)雨季应当连续进行基坑监测,直至连续 3 天的监测数值稳定。若出现异常的监测结果,应当立即采取措施进行控制。基坑周边应当设置截水沟、集水井或设置散水及挡水墙,防止雨水倒灌基坑。

(7)雨季要加强对落地脚手架基础的检查,出现基础下沉要及时采取措施进行加固。

（8）大雨天禁止进行构件吊装及人工搬运材料工作。

（9）台风季节现场应当密切关注有关天气预报信息，在台风来临之前对现场的脚手架、大型设备、围挡、工人宿舍、架空线路等进行检查，发现问题的，及时进行加固处理或采取其他措施消除隐患。

（10）施工现场和临时生活区的高度在20 m及以上的钢脚手架、幕墙金属龙骨、正在施工的建筑物以及塔式起重机、井字架、施工升降机、机具、烟囱、水塔等设施，均应设有防雷保护措施。当以上设施在其他建筑物或设施的保护范围之内时，可不再设置。

（11）夏季遇有雷雨天气时，应当停止露天和高处作业，防止发生雷击事故。

12.4.3 冬季施工安全技术

（1）冬季施工，混凝土采用电热法进行保温时应当注意防止发生触电，浇水养护时应当进行断电。

（2）采用蒸汽进行混凝土养护时，应当注意防止烫伤。

（3）冬季施工室内保温采取火炉加热时，火炉应当设置烟囱，室内要注意通风，防止一氧化碳中毒。

（4）工人宿舍应当采取措施进行保暖，宿舍内禁止超负荷使用大功率电器取暖。严禁使用碘钨灯、电炉、油汀等大功率设备进行取暖，防止因供电线路超负荷而导致火灾。

（5）冬季施工雨雪天气过后，现场要进行场地道路积雪清理工作，防止道路结冰引起人员滑跌；现场作业面积雪也需及时清理，同时要注意清理作业安全。

某工程季节性施工方案

（6）冬季雨雪天气条件下应当停止露天高处作业、大型设备装拆、起重吊装等作业活动。

（7）施工现场严禁使用裸线。电线铺设要防砸、防碾压，防止电线冻结在冰雪之中。大风雪后，应对供电线路进行检查，防止断线造成触电事故。

（8）汽车及轮胎式机械在冰雪路面上行驶时，应安装防滑链。

思考与拓展

1. 拆除作业容易引发的事故伤害有哪些？拆除作业是否有必要编制专项施工方案？
2. 尝试编制施工现场拆除作业安全管理制度。
3. 如何及时发现有毒有害气体？
4. 项目建设施工阶段如何有效规避雪崩、洪水、滑坡等自然灾害？
5. 冬季严寒天气容易引发哪些事故伤害？重点开展哪些安全检查？

学习情境 13　安全生产标准化管理

知识目标

了解企业安全生产标准化管理的国家规定要求；
了解企业安全生产标准化创建的流程；
了解安全色及现场设置安全标志的技术要求；
熟悉建筑施工安全检查定量评价的技术要求；
熟悉建筑文明施工管理的具体内容；
熟悉施工安全技术资料管理的具体要求；
掌握施工现场环境保护的具体技术要求。

职业技能目标

制作并张贴安全宣传画和安全警示标志；
整理安全检查评定资料，并遵照技术资料编写规范要求归档；
培养环境保护技能，注重施工现场环境监测。

规范依据

《建筑施工安全检查标准》(JGJ 59—2011)
《建设工程施工现场环境与卫生标准》(JGJ 146—2013)
《安全标志及其使用导则》(GB 2894—2008)
《建筑与市政施工现场安全卫生与职业健康通用规范》(GB 55034—2022)

任务 13.1　国家推行企业安全生产标准化管理

13.1.1　推进企业安全生产标准化建设的意义

《国务院安委会关于深入开展企业安全生产标准化建设的指导意见》(安委〔2011〕4

号)明确指出了开展企业安全生产标准化建设的重要意义。

(1) 安全生产标准化建设是落实企业安全生产主体责任的必要途径。企业是安全生产的责任主体,也是安全生产标准化建设的主体,通过加强企业每个岗位和环节的安全生产标准化建设,不断提高安全管理水平,将促进企业安全生产主体责任落实到位。

(2) 安全生产标准化建设是强化企业安全生产基础工作的长效制度。安全生产标准化建设涵盖了增强机制、人员素质、装备设施、作业管理、岗位责任落实等各个方面,是一项长期的、基础性的系统工程,有利于全面促进企业提高安全生产保障水平。

(3) 安全生产标准化建设是政府实施安全生产分类指导、分级监管的重要依据。实施安全生产标准化建设考评,将企业划分为不同等级,能够客观真实地反映出各地区企业安全生产状况和不同安全生产水平的企业数量,为加强安全监管提供有效的基础数据。

(4) 安全生产标准化建设是有效防范事故发生的重要手段。深入开展安全生产标准化建设,能够进一步规范从业人员的安全行为,提高机械化和信息化水平,促进现场各类隐患的排查治理,推进安全生产长效机制建设,有效防范和坚决遏制事故发生,促进安全生产状况持续稳定好转。

13.1.2　企业安全生产标准化建设的目标任务

(1) 要建立健全各行业(领域)企业安全生产标准化评定标准和考评体系。
(2) 进一步加强企业安全生产规范化管理,推进全员、全方位、全过程安全管理。
(3) 加强安全生产科技装备,提高安全保障能力。
(4) 严格把关,分行业(领域)开展达标考评验收。

13.1.3　建筑施工安全生产标准化考评

《住房和城乡建设部关于印发〈建筑施工安全生产标准化考评暂行办法〉的通知》(建质〔2014〕111号)指出,建筑施工安全生产标准化考评包括建筑施工项目安全生产标准化考评和建筑施工企业安全生产标准化考评。

(1) 县级以上地方人民政府住房城乡建设主管部门负责本行政区域内建筑施工安全生产标准化考评工作。县级以上地方人民政府住房城乡建设主管部门可以委托建筑施工安全监督机构具体实施建筑施工安全生产标准化考评工作。

(2) 建筑施工企业应当建立健全以项目负责人为第一责任人的项目安全生产管理体系,依法履行安全生产职责,实施项目安全生产标准化工作。建筑施工项目实行施工总承包的,施工总承包单位对项目安全生产标准化工作负总责。施工总承包单位应当组织专业承包单位等开展项目安全生产标准化工作。

(3) 工程项目应当成立由施工总承包及专业承包单位等组成的项目安全生产标准化自评机构,在项目施工过程中每月主要依据《建筑施工安全检查标准》(JGJ 59—2011)等开展安全生产标准化自评工作。

(4) 建设、监理单位应当对建筑施工企业实施的项目安全生产标准化工作进行监督检查,并对建筑施工企业的项目自评材料进行审核并签署意见。

(5) 项目完工后办理竣工验收前,建筑施工企业应当向项目考评主体提交项目安全生产标准化自评材料。项目自评材料主要包括:

① 项目建设、监理、施工总承包、专业承包等单位及其项目主要负责人名录;

② 项目主要依据《建筑施工安全检查标准》(JGJ 59—2011)等进行自评结果及项目建设、监理单位审核意见;

③ 项目施工期间因安全生产受到住房城乡建设主管部门奖惩情况(包括限期整改、停工整改、通报批评、行政处罚、通报表扬、表彰奖励等);

④ 项目发生生产安全责任事故情况;

⑤ 住房城乡建设主管部门规定的其他材料。

建筑施工安全监督机构收到建筑施工企业提交的材料后,经查验符合要求的,以项目自评为基础,结合日常监管情况对项目安全生产标准化工作进行评定,在 10 个工作日内向建筑施工企业发放项目考评结果告知书。评定结果为"优良""合格"及"不合格"。

13.1.4 项目安全生产标准化自评与考评

《江苏省建筑施工安全生产标准化考评实施细则》明确了项目安全生产标准化自评与考评工作如下:

(1) 建筑施工企业安全生产管理机构应当适时对项目安全生产标准化工作进行监督检查,一般项目在每年 3 月、7 月和 11 月不少于 3 次,特殊项目应适当增加监督检查频次,检查及整改情况应当纳入项目自评材料。

(2) 建筑施工项目负责人应当组织成立由施工总承包及专业承包单位组成的项目安全生产标准化自评机构,在项目施工过程中每月应依据《建筑施工安全检查标准》(JGJ 59—2011)、江苏省工程建设标准《建筑工地扬尘防治标准》(DGJ 32/J 203—2016)、江苏省工程建设标准《房屋建筑工程施工现场安全检查用语及数据交换标准》(DB32/T 4509—2023)等开展安全生产标准化自评工作,填写《工程项目安全生产标准化自评表》(表 13-1)。

表 13-1 工程项目安全生产标准化自评表

受监编码:

工程名称		工程规模	
工程地址		所属区县	
建设单位		项目负责人及联系电话	
施工单位		项目负责人及联系电话	
监理单位		项目负责人及联系电话	
工程项目安全生产标准化管理目标	优良□ 合格□	自评时间	

（续表）

项目自评结果：	
优良□　合格□　不合格□ 项目负责人签字： 项目部章： 年　月　日	
建设单位意见： 项目负责人签字： 项目部章： 年　月　日	监理单位意见： 项目负责人签字： 项目部章： 年　月　日

备注：根据《建筑施工安全检查标准》(JGJ59)等进行自评，自评相关资料附后。

（3）对安全生产标准化管理目标为优良且自愿申报"省标化星级工地"的项目，应当在办理施工安全监督手续时提出申请。

（4）工程项目所在地住房城乡建设行政主管部门应当对已办理施工安全监督手续并取得施工许可手续的建筑施工项目，组织实施安全生产标准化考评，将项目安全生产标准化考评工作纳入对建筑施工项目日常安全监督的内容，依据施工安全监督工作计划进行抽查，指导监督项目自评工作。应当不定期对项目安全生产标准化工作进行监督检查，检查及整改情况应当纳入项目自评材料。

（5）建筑施工企业自愿申报"省标化星级工地"的项目，在形象进度达到60%及以上时，施工企业组织项目部应及时将载明施工总承包单位意见的《工程项目安全生产标准化星级工地申请表》（表13-2）报送至县级主管部门，县级主管部门在10个工作日内完成审核，市级主管部门在15个工作日内完成审核。经县、市级主管部门审核，规定项检查无不符合项，检查项符合率在80%及以上的项目，且达到一定规模要求，可以在建议名额范围内推荐为"省标化星级工地"目标项目。

表13-2　工程项目安全生产标准化星级工地申请表

受监编码：

工程名称		工程规模	
工程地址		所属区县	
建设单位		项目负责人及联系电话	
施工单位		项目负责人及联系电话	
监理单位		项目负责人及联系电话	
项目安全生产标准化管理目标		优良□　江苏省标准化星级工地□	

(续表)

施工单位意见：	施工单位负责人： 年 月 日
施工单位上级意见(建筑集团公司或检查组)意见：	负责人： 年 月 日
主管部门初评意见：	办理人： 年 月 日

备注：各单位负责人签字后加盖公章。

(6) 建筑施工项目具有下列情形之一的，安全生产标准化不得评定为优良：

① 发生群体性食物中毒、煤气中毒、传染病疫情以及治安事件的；

② 发生施工扬尘污染、渣土运输遗撒、噪声超标等环境问题造成较大的不良社会影响的；

③ 在防火、防汛以及周边道路管线防护等方面存在过失造成较大的不良社会影响的；

④ 因项目存在安全管理类违法违规行为受到各设区市住房城乡建设主管部门通报批评的；

⑤ 因施工现场管理问题，受到其他行政主管部门的行政处罚，并造成较大不良社会影响的；

⑥ "省标化星级工地"目标创建项目，在省住房城乡建设厅组织现场复核中，检查项符合率达不到80%，或者规定项检查有不符合项的；

⑦ 省住房城乡建设厅规定的其他情形。

(7) 项目完工后办理竣工验收前，建筑施工企业应当向项目所在地住房城乡建设主管部门提交项目安全生产标准化自评材料，自评材料包括《工程项目安全生产标准化考评申报表》(表13-3)。

表13-3 建筑施工企业安全生产标准化考评申请表

企 业 名 称			
企业考评负责人		联系电话	
企业资质等级		资质有效时间	
企业注册地址			
安全生产许可证书编号		安全生产许可证有效时间	
施工企安全生产标准化基本情况	一、标准化执行情况 二、隐患排查治理情况 三、企业承建项目发生生产安全责任事故情况及企业处理情况		

（续表）

施工企业自评结果	近三年每年周期根据施工企业安全生产评价标准(JGJ/T 77)等进行自评，年周期自评结果分别为：＿＿＿＿＿、＿＿＿＿＿、＿＿＿＿＿；企业安全生产标准化自评结果为＿＿＿＿＿。 企业法定代表人（签字）：　　　　　　　企业公章： 企业总经理（签字）： 　　　　　　　　　　　　　　　　　　　年　月　日

任务 13.2　企业安全生产标准化的创建

根据 PDCA 模式（图 13-1）做好创建工作。

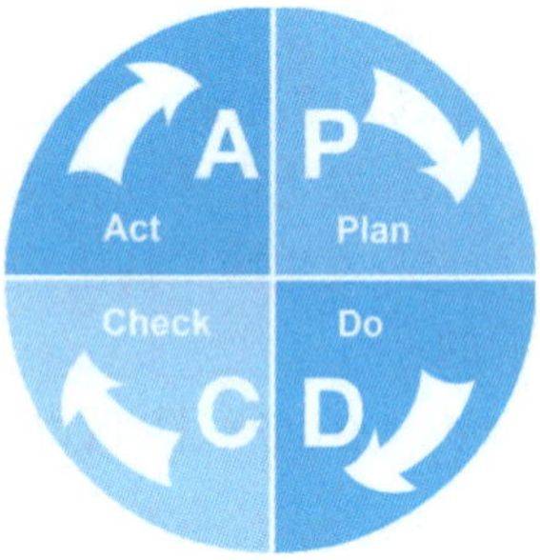

13.2.1　策划

（1）依据法律法规、标准规范以及规范要求。
（2）分析企业基本信息，提出安全生产目标。
（3）确定创建安全生产标准化的目标和方案，包括工作过程、进度、资源配置、分工等。
（4）配备相应的组织机构，并对职责提出要求。

图 13-1　PDCA 模式

（5）识别和获取适用安全生产法律法规、标准及其他要求，将相关要求融入安全生产规章制度、安全操作规程。
（6）建立安全投入保障制度，确保安全投入到位。

13.2.2　实施

将策划制定的目标、组织机构、职责、制度等付诸实施。
（1）根据制度规定，做好全员安全教育培训工作，保证从业人员具备必要的安全生产知识，保障各项安全生产规章制度和操作规程顺利实施。
（2）通过生产设施设备管理、作业现场安全管理等，将制度落实到位。
（3）实现安全生产标准化工作有效实施，实现安全生产目标。
（4）通过应急救援、事故报告、调查和处理，对实施过程中可能发生的事故，及时采取有效措施，将损失降到最低。

13.2.3　检查

对照策划要求，检查实施情况和效果，判断是否达到预期效果，及时总结实施过程中的经验和教训，适当采取必要的隐患治理和重大危险源监控。
（1）将实施效果与预定目标进行对比。
（2）发现问题，采取相应措施及时进行整改。

(3) 做好职业健康管理工作,这是从人员健康角度检查各项安全法律法规、制度规程等是否落实到位的方法和手段。

13.2.4 改进

每年至少一次对实施情况进行检查和评价。
(1) 发现问题,找出差距。
(2) 根据评定结果、预测预警技术所反映问题,提出完善措施。
(3) 对安全生产目标、指标、规章制度、操作规程等进行修改完善,循环改进。
(4) 通过自我检查、自我纠正和自我完善方式,实现持续改进目标,不断提高安全生产水平和安全绩效。

企业安全生产标准化基本规范

任务 13.3　建筑施工安全检查定量评价

13.3.1 建筑施工安全检查项目划分

《建筑施工安全检查标准》(JGJ 59—2011)明确的检查项目包括:安全管理、文明施工、脚手架、基坑工程、模板支架、高处作业、施工用电、物料提升机与施工升降机、塔式起重机与起重吊装、施工机具 10 项,每一项内容在开展检查评分时又细分为 10 项,详述如下:

(1)"安全管理"检查评定保证项目应包括:安全生产责任制、施工组织设计及专项施工方案、安全技术交底、安全检查、安全教育、应急救援。一般项目应包括:分包单位安全管理、持证上岗、生产安全事故处理、安全标志。

(2)"文明施工"检查评定保证项目应包括:现场围挡、封闭管理、施工场地、材料管理、现场办公与住宿、现场防火。一般项目应包括:综合治理、公示标牌、生活设施、社区服务。

(3)脚手架检查评分表分为"扣件式钢管脚手架检查评分表""门式钢管脚手架检查评分表""碗扣式钢管脚手架检查评分表""承插型盘扣式钢管脚手架检查评分表""满堂脚手架检查评分表""悬挑式脚手架检查评分表""附着式升降脚手架检查评分表""高处作业吊篮检查评分表"等 8 种安全检查评分表。

"扣件式钢管脚手架"检查评定保证项目应包括:施工方案、立杆基础、架体与建筑结构拉结、杆件间距与剪刀撑、脚手板与防护栏杆、交底与验收。一般项目应包括:横向水平杆设置、杆件连接、层间防护、构配件材质、通道。

"门式钢管脚手架"检查评定保证项目应包括:施工方案、架体基础、架体稳定、杆件锁臂、脚手板、交底与验收。一般项目应包括:架体防护、构配件材质、荷载、通道。

"碗扣式钢管脚手架"检查评定保证项目应包括:施工方案、架体基础、架体稳定、杆件锁件、脚手板、交底与验收。一般项目应包括:架体防护、构配件材质、荷载、通道。

"承插型盘扣式钢管脚手架"检查评定保证项目包括:施工方案、架体基础、架体稳定、杆件设置、脚手板、交底与验收。一般项目包括:架体防护、杆件连接、构配件材质、通道。

"满堂脚手架"检查评定保证项目应包括:施工方案、架体基础、架体稳定、杆件锁件、脚手板、交底与验收。一般项目应包括:架体防护、构配件材质、荷载、通道。

"悬挑式脚手架"检查评定保证项目应包括:施工方案、悬挑钢梁、架体稳定、脚手板、荷载、交底与验收。一般项目应包括:杆件间距、架体防护、层间防护、构配件材质。

"附着式升降脚手架"检查评定保证项目应包括:施工方案、安全装置、架体构造、附着支座、架体安装、架体升降。一般项目应包括:检查验收、脚手板、架体防护、安全作业。

"高处作业吊篮"检查评定保证项目应包括:施工方案、安全装置、悬挂机构、钢丝绳、安装作业、升降作业。一般项目应包括:交底与验收、安全防护、吊篮稳定、荷载。

(4)"基坑工程"检查评定保证项目包括:施工方案、基坑支护、降排水、基坑开挖、坑边荷载、安全防护。一般项目包括:基坑监测、支撑拆除、作业环境、应急预案。

(5)"模板支架"检查评定保证项目包括:施工方案、支架基础、支架构造、支架稳定、施工荷载、交底与验收。一般项目包括:杆件连接、底座与托撑、构配件材质、支架拆除。

(6)"高处作业"检查评定项目包括:安全帽、安全网、安全带、临边防护、洞口防护、通道口防护、攀登作业、悬空作业、移动式操作平台、悬挑式物料钢平台。

(7)"施工用电"检查评定的保证项目应包括:外电防护、接地与接零保护系统、配电线路、配电箱与开关箱。一般项目应包括:配电室与配电装置、现场照明、用电档案。

(8)"物料提升机"检查评定保证项目应包括:安全装置、防护设施、附墙架与缆风绳、钢丝绳、安拆、验收与使用。一般项目应包括:基础与导轨架、动力与传动、通信装置、卷扬机操作棚、避雷装置。

(9)"施工升降机"检查评定保证项目应包括:安全装置、限位装置、防护设施、附墙架、钢丝绳、滑轮与对重、安拆、验收与使用。一般项目应包括:导轨架、基础、电气口安全、通信装置。

(10)"塔式起重机"检查评定保证项目应包括:载荷限制装置、行程限位装置、保护装置、吊钩、滑轮、卷筒与钢丝绳、多塔作业、安拆、验收与使用。一般项目应包括:附着、基础与轨道、结构设施、电气安全。

(11)"起重吊装"检查评定保证项目应包括:施工方案、起重机械、钢丝绳与地锚、索具、作业环境、作业人员。一般项目应包括:起重吊装、高处作业、构件码放、警戒监护。

(12)"施工机具"检查评定项目应包括:平刨、圆盘锯、手持电动工具、钢筋机械、电焊机、搅拌机、气瓶、翻斗车、潜水泵、振捣器、桩工机械。

项目涉及的上述各建筑施工安全检查评定中,所有保证项目均应全数检查。

13.3.2 检查评分方法

(1)分项检查评分表和检查评分汇总表的满分分值均应为 100 分,评分表的实得分值应为各检查项目所得分值之和。

(2)评分应采用扣减分值的方法,扣减分值总和不得超过该检查项目的应得分值。

(3)当按分项检查评分表评分时,保证项目中有一项未得分或保证项目小计得分不足 40 分,此分项检查评分表不应得分。

(4) 检查评分汇总表中各分项项目实得分值应按下式计算:

$$A_1 = \frac{B \times C}{100} \tag{13-1}$$

式中:A_1——汇总表各分项项目实得分值;
　　　B——汇总表中该项应得满分值;
　　　C——该项检查评分表实得分值。

(5) 当评分遇有缺项时,分项检查评分表或检查评分汇总表的总得分值应按下式计算:

$$A_2 = \frac{D}{E} \tag{13-2}$$

式中:A_2——遇有缺项时总得分值;
　　　D——实查项目在该表的实得分值之和;
　　　E——实查项目在该表的应得满分值之和。

(6) 脚手架、物料提升机与施工升降机、塔式起重机与起重吊装项目的实得分值,应为所对应专业的分项检查评分表实得分值的算术平均值。

(7) 等级的划分原则

施工安全检查的评定结论分为优良、合格、不合格三个等级,依据是汇总表的总得分和保证项目的达标情况。

建筑施工安全检查评定的等级划分应符合表 13-4 的规定。

表 13-4　建筑施工安全检查评定的等级划分

评定等级	分项检查评分	汇总表得分
优良	无零分	大于等于 80 分
合格	无零分	大于等于 70 分,小于 80 分
不合格	有一项为零分	小于 70 分

当建筑施工安全检查评定的等级为不合格时,必须限期整改达到合格。

任务 13.4　文明施工管理

文明施工是指在施工安全的基础上,保持施工场地整洁、卫生,施工组织科学,施工程序合理的一种施工活动。文明施工侧重于改善施工现场环境,确保施工人员身体健康与安全,其追求的目标是在项目施工中,为了保证工程安全顺利地开展,必须加强施工现场的安全管理,创造一个良好的、安全文明的施工环境。

文明施工示范
引领工地技术标准

施工现场规划和设计应根据场地情况、入驻队伍和人员数量、功能需求、工程所在地气候特点和地方管理要求等各项条件,采取满足施工生产、安全防护、消防、卫生防疫、环境保护、防范自然灾害和规范化管理等要求的措施。

13.4.1 现场围挡

(1) 施工现场必须采用封闭围挡。在市区主要路段和市容景观道路及机场、码头、车站广场设置的围挡,其高度不得低于 2.5 m;在其他路段设置的围挡,其高度不得低于 1.8 m。距离交通路口 20 m 范围内占据道路施工设置的围挡,其 0.8 m 以上部分应采用通透性围挡,并应采取交通疏导和警示措施。

(2) 围挡应使用可循环、可拆卸、标准化使用的定型材料,且应保证围栏稳固、整洁、美观。市政工程工地,可按工程进度进行分段设置围栏,或按规定使用统一的连续性护栏。施工单位不得在工地围栏外堆放建筑材料、垃圾和工程渣土。在临时批准占用的区域,应严格按批准的占地范围和使用性质存放、装卸建筑材料或机具设备,临时区域四周应设置围栏。

(3) 在有条件的工地,四周围墙、宿舍外墙等地方,应张挂、书写安全文化、环保节能等反映企业精神、时代风貌的宣传标语。

13.4.2 封闭管理

(1) 施工现场应实行封闭管理,进出口应设置大门,门头应按规定设置企业标志(施工企业应根据各自的特点,统一标准在施工现场的门头、大门标明企业的规范简称)。

(2) 出入大门处应设专职门卫并制定门卫制度。来访人员应进行登记,禁止外来人员随意出入。进出料要有收发手续。

(3) 进入施工现场的工作人员必须戴安全帽,按规定佩戴工作标识卡。

13.4.3 施工场地

(1) 施工作业区域必须有醒目的警示标志。施工现场的主要道路必须进行硬化处理,土方应集中堆放。裸露的场地和集中堆放的土方应采取绿化、覆盖、固化等控制扬尘、改善景观的措施。

(2) 道路应保持畅通。

(3) 建筑工地应设置排水沟或下水道,排水应保持通畅。

(4) 制定防止泥浆、污水、废水外流或堵塞下水道和排水河道的措施。实行二级沉淀、三级排放。

(5) 工地地面应平整,不得有积水。

(6) 工地应按要求设置吸烟处,有烟缸或水盆,禁止流动吸烟。

(7) 工地内长期闲置裸露的土质区域,南方地区四季应设绿化布置,北方地区温暖季节应设绿化布置,绿化实行地栽。

13.4.4 材料堆放

(1) 建筑材料、构件、料具应按平面布局堆放。

(2) 材料应堆放整齐,并按规定挂置名称、品种、规格、数量、进货日期等标牌以及状态标识:① 已检合格;② 待检;③ 不合格。

(3) 工作面每日应做到工完、料尽、场地清。

(4) 建筑垃圾应分类放到指定场所整齐堆放,并标出名称、品种,做到及时清运。

(5) 易燃易爆物品应设置危险品仓库,并做到分类存放。危险品仓库应与生活区、办公区保持足够的安全距离。

13.4.5 现场住宿

(1) 工地宿舍要符合文明施工的要求,在建建筑物不得兼作宿舍。

(2) 生活区、办公区必须与施工作业区域严格分隔。生活区应保持整齐、整洁、有序、文明,并符合安全消防、防台风、防汛、卫生防疫、环境保护等方面的规定。

(3) 宿舍内应保留必要的生活空间,室内净高不得小于 2.5 m,通道宽度不得小于 0.9 m,住宿人员人均面积不得小于 2.5 m^2,每间宿舍居住人员不得超过 16 人。宿舍应有专人负责管理,床头宜设置姓名卡。

(4) 施工现场宿舍必须设置可开启式外窗,宿舍内的床铺不得超过 2 层,不得使用通铺。

(5) 宿舍内应设置生活用品专柜,有条件的宿舍宜设置生活用品储藏室。

(6) 宿舍内应设置垃圾桶,宿舍外宜设置鞋柜或鞋架,生活区内应提供作业人员晾衣物的场地。

(7) 冬季,北方严寒地区的宿舍应有保暖和防止煤气中毒措施;夏季,宿舍应有消暑和防蚊虫叮咬措施。

(8) 宿舍不得留宿外来人员,特殊情况必须经有关领导批准方可留宿,并报保卫人员备查。

13.4.6 现场防火

(1) 制定防火安全措施及管理措施,施工区域和生活、办公区域应配备足够数量的灭火器材。

(2) 根据消防要求,在不同场所合理配置种类合适的灭火器材。严格管理易燃、易爆物品,设置专门仓库存放。

(3) 高层建筑应按规定设置能满足消防要求的消防水源。高度 24 m 以上的工程须有水泵、水管等与工程总体相适应的专用消防设施,有专人管理,落实防火制度和措施。

(4) 施工现场需动用明火作业的,如电焊、气焊、气割、熬炼沥青或其他明火作业等,必须严格执行三级动火审批手续并落实动火监护和防火措施。应按施工区域、层次划分动火等级。动火作业必须实行"二证一器一监护一清理"的管理制度,即有焊工证、动火证、灭火器、监护人和动火结束现场检查清理,保证现场不遗留火星火种。

(5) 在防火安全工作中,要建立防火安全组织、义务消防队和防火档案,明确项目负责人、管理人员及各操作岗位的防火安全职责。

13.4.7 治安综合治理

(1) 生活区应按精神文明建设的要求设置学习和娱乐场所,配备电视机、报刊和文体活动用品。

(2) 建立健全治安保卫制度,责任分解到人。

(3) 落实治安防范措施,杜绝失窃偷盗、斗殴赌博等违法乱纪事件。

(4) 要加强治安综合治理,做到目标管理、制度落实、责任到人。施工现场治安防范措施有力、重点要害部位防范设施到位。总包单位应与施工现场的分包队伍签订治安综合治理协议书,加强法制宣传教育。

13.4.8 施工现场标牌

(1) 施工现场出入口应标有企业名称或者企业标识。主要出入口明显处应设置工程概况牌,施工现场大门内应有施工现场总平面图和安全管理、环境保护与绿色施工、消防保卫等制度牌。

(2) 各单位还可结合本地区、本企业、本工程的特点增加卫生须知牌、卫生包干图、夜间施工的安民告示牌等。

(3) 在施工现场的明显处,应设施工安全内容标语。

(4) 施工现场应设置"两栏一报",即宣传栏、读报栏和黑板报,及时刊登当地政府相关要求,反映工地实时动态。按文明施工的要求,宣传教育用字必须规范,不使用繁体字和不规范的词句。

13.4.9 生活设施

施工现场应配备满足人员管理和生活需要的场所和设施,设置门卫室、宿舍、厕所等临建房屋。

1. 卫生设施

(1) 施工现场应设置水冲式或移动式厕所,厕所地面应硬化,门窗应齐全。蹲位之间应设置隔板,隔板高度不宜低于 0.9 m。

(2) 厕所大小应根据作业人员的数量设置。高层建筑施工高度超过 8 层以后,每隔 4 层宜设置临时厕所。厕所应设专人负责清扫、消毒,化粪池应及时清掏。

(3) 生活区应设置淋浴间,配置满足需要的淋浴喷头,可设置储衣柜或挂衣架。

(4) 盥洗设施应设置满足作业人员使用的盥洗池,并使用节水龙头。

2. 食堂

(1) 食堂必须有卫生许可证,炊事人员必须持身体健康证上岗。

(2) 食堂应按规范设置,远离厕所、垃圾站、有毒有害场所等存在污染源的地方。

(3) 食堂应设置独立的制作间、储藏间,门扇下方应设不低于 0.2 m 的防鼠挡板。

(4) 制作间灶台及周边应贴瓷砖,所贴瓷砖高度不宜小于 1.5 m,地面应做硬化和防滑处理。

(5) 粮食存放台距墙和地面应大于 0.2 m。

(6) 食堂应配备必要的排风设施和冷藏设施。

(7) 食堂的燃气罐应单独设置存放间,存放间应通风良好并严禁存放其他物品。

(8) 食堂制作间的炊具宜存放在封闭的橱柜内,食品应生熟分开。食品应有遮盖,遮盖物品应有正反面标识。各种佐料和副食应存放在密闭器皿内,并应有标识。

(9) 食堂外应设置密闭式泔水桶,并及时清运。

3. 其他

(1) 落实卫生责任制及各项卫生管理制度。

(2) 生活区应设置开水炉、电热水器或饮用水保温桶;施工区应配置流动保温水桶。

(3) 生活垃圾应有专人管理,及时清理、清运;应分类盛放在有盖的容器内,严禁与建筑垃圾混放。

(4) 文体活动室应配备电视机、书报、杂志等文体活动设施、用品。

13.4.10 保健急救

应制定法定传染病、食物中毒、急性职业中毒等突发疾病应急预案。

(1) 工地应按规定设置医务室或配备符合要求的急救箱。医务人员对生活卫生要起到监督作用,定期检查食堂饮食等卫生情况。

(2) 落实急救措施和急救器材(如担架、绷带、止血带、夹板等)。

(3) 培训急救人员,掌握急救知识,进行现场急救演练。

(4) 适时开展卫生防病宣传教育,保障施工人员健康。

13.4.11 社区服务

(1) 制定防止粉尘飞扬和降低噪声的方案和措施。

(2) 夜间施工除张挂安民告示牌外,还应按当地有关部门的规定,执行许可证制度。

(3) 现场严禁焚烧有毒有害物质。

(4) 切实落实各类施工不扰民措施,消除泥浆、噪声、粉尘等影响周边环境的因素。

任务 13.5 施工现场环境保护

施工单位应当遵守有关环境保护法律、法规的规定,在施工现场采取措施,防止或者减少粉尘、废气、废水、固体废物、噪声、振动和施工照明对人和环境的危害和污染。

13.5.1 大气污染的防治

1. 大气污染物的分类

大气污染物的种类有数千种,已发现有危害作用的有 100 多种,其中大部分是有机物。大气污染物通常以气体状态和粒子状态存在于空气中。

2. 施工现场空气污染的防治措施

(1) 施工现场垃圾渣土要及时清理出现场。

(2) 高大建筑物清理施工垃圾时,要使用封闭式的容器或者采取其他措施处理高空废弃物,严禁凌空随意抛撒。

(3) 施工现场道路应指定专人定期洒水清扫,形成制度,防止道路扬尘。

(4) 对于细颗粒散体材料(如水泥、粉煤灰、白灰等)的运输、储存要注意遮盖、密封,防止和减少飞扬。

(5) 车辆开出工地要做到不带泥沙,基本做到不洒土、不扬尘,减少对周围环境污染。

(6) 除设有符合规定的装置外,禁止在施工现场焚烧油毡、橡胶、塑料、皮革、树叶、枯草、各种包装物等废弃物品以及其他会产生有毒、有害烟尘和恶臭气体的物质。

(7) 机动车都要安装减少尾气排放的装置,确保符合国家标准。

(8) 工地茶炉应尽量采用电热水器。若只能使用烧煤茶炉和锅炉时,应选用消烟除尘型茶炉和锅炉,大灶应选用消烟节能回风炉灶,使烟尘降至允许排放范围为止。

(9) 大城市市区的建设工程已不容许搅拌混凝土。在容许设置搅拌站的工地,应将搅拌站封闭严密,并在进料仓上方安装除尘装置,采用可靠措施控制工地粉尘污染。

(10) 拆除旧建筑物时,应适当洒水,防止扬尘。

13.5.2 水污染的防治

1. 水污染物主要来源

(1) 工业污染源:指各种工业废水向自然水体的排放。

(2) 生活污染源:主要有食物废渣、食油、粪便、合成洗涤剂、杀虫剂、病原微生物等。

(3) 农业污染源:主要有化肥、农药等。

施工现场废水和固体废物随水流流入水体部分,包括泥浆、水泥、油漆、各种油类、混凝土添加剂、重金属、酸碱盐、非金属无机毒物等。

2. 施工过程水污染的防治措施

(1) 禁止将有毒有害废弃物作土方回填。

(2) 施工现场搅拌站废水,现制水磨石的污水,电石(碳化钙)的污水必须经沉淀池沉淀合格后再排放,最好将沉淀水用于工地洒水降尘或采取措施回收利用。

(3) 现场存放油料必须对库房地面进行防渗处理,如采用防渗混凝土地面、铺油毡等措施。使用时,要采取防止油料跑、冒、滴、漏的措施,以免污染水体。

(4) 施工现场100人以上的临时食堂,污水排放时可设置简易有效的隔油池,定期清理,防止污染。

(5) 工地临时厕所、化粪池应采取防渗漏措施。中心城市施工现场的临时厕所可采用水冲式厕所,并有防蝇灭蛆措施,防止污染水体和环境。

(6) 化学用品、外加剂等要妥善保管,库内存放,防止污染环境。

13.5.3 噪声污染的防治

1. 噪声的分类与危害

按噪声来源可分为交通噪声(如汽车、火车、飞机等)、工业噪声(如鼓风机、汽轮机、冲压设备等)、建筑施工的噪声(如打桩机、推土机、混凝土搅拌机等发出的声音)、社会生活噪声(如高音喇叭、收音机等)。为防止噪声扰民,应控制人为强噪声。

根据《建筑施工场界环境噪声排放标准》(GB 12523—2011)的要求,昼间噪声限值 70 dB(A),夜间噪声限值 55 dB(A)。夜间施工瞬间最高噪声超过表中限值要求不得高于 15 dB(A);当场界距噪声敏感建筑物附近时,室内测定噪声值应比表中数值相应减少 10 dB 作为评价依据。在工程施工中,要特别注意不得超过国家标准的限值,尤其是夜间禁止打桩作业。

2. 施工现场噪声的控制措施

噪声控制技术可从声源、传播途径、接收者防护等方面来考虑。

(1) 声源控制

① 声源上降低噪声,这是防止噪声污染的最根本的措施。

② 尽量采用低噪声设备和加工工艺代替高噪声设备与加工工艺,如低噪声振捣器、风机、电动空压机、电锯等。

③ 在声源处安装消声器消声,即在通风机、鼓风机、压缩机、燃气机、内燃机及各类排气放空装置等进出风管的适当位置设置消声器。

(2) 传播途径的控制

① 吸声:利用吸声材料(大多由多孔材料制成)或由吸声结构形成的共振结构(金属或木质薄板钻孔制成的空腔体)吸收声能,降低噪声。

② 隔声:应用隔声结构,阻碍噪声向空间传播,将接收者与噪声声源分隔。隔声结构包括隔声室、隔声罩、隔声屏障、隔声墙等。

③ 消声:利用消声器阻止传播。允许气流通过的消声降噪是防治空气动力性噪声的主要装置,如对空气压缩机、内燃机产生的噪声等。

④ 减振降噪:对来自振动引起的噪声,通过降低机械振动减小噪声,如将阻尼材料涂在振动源上,或改变振动源与其他刚性结构的连接方式等。

(3) 接收者的防护

让处于噪声环境下的人员使用耳塞、耳罩等防护用品,减少相关人员在噪声环境中的暴露时间,以减轻噪声对人体的危害。

(4) 严格控制人为噪声

① 进入施工现场不得高声喊叫、无故甩打模板、乱吹哨,限制高音喇叭的使用,最大限度地减少噪声扰民。

② 凡在人口稠密区进行强噪声作业时,须严格控制作业时间,一般晚 10 点到次日早 6 点之间停止强噪声作业。确系特殊情况必须昼夜施工时,尽量采取降低噪声措施,并会同建设单位找当地居委会、村委会或当地居民协调,出安民告示,求得群众谅解。

13.5.4 固体废物的处理

1. 建设工程施工工地上常见的固体废物

（1）建筑渣土：包括砖瓦、碎石、渣土、混凝土碎块、废钢铁、碎玻璃、废屑、废弃装饰材料等。

（2）废弃的散装大宗建筑材料：包括水泥、石灰等。

（3）生活垃圾：包括炊厨废物、丢弃食品、废纸、生活用具、玻璃、陶瓷碎片、废电池、废日用品、废塑料制品、煤灰渣、废交通工具等。

（4）设备、材料等的包装材料。

（5）粪便。

2. 固体废物的处理和处置

固体废物处理的基本思想是：采取资源化、减量化和无害化的处理，对固体废物产生的全过程进行控制。固体废物的主要处理方法如下：

（1）回收利用

回收利用是对固体废物进行资源化、减量化的重要手段之一。粉煤灰在建设工程领域的广泛应用就是对固体废弃物进行资源化利用的典型范例。又如发达国家炼钢原料中有70%是利用回收的废钢铁，所以，钢材可以看成是可再生利用的建筑材料。

（2）减量化处理

减量化是对已经产生的固体废物进行分选、破碎、压实浓缩、脱水等减少其最终处置量，减低处理成本，减少对环境的污染。在减量化处理的过程中，也包括和其他处理技术相关的工艺方法，如焚烧、热解、堆肥等。

（3）焚烧

焚烧用于不适合再利用且不宜直接予以填埋处置的废物，除有符合规定的装置外，不得在施工现场熔化沥青和焚烧油毡、油漆，亦不得焚烧其他可产生有毒有害和恶臭气体的废弃物。垃圾焚烧处理应使用符合环境要求的处理装置，避免对大气的二次污染。

（4）稳定和固化

利用水泥、沥青等胶结材料，将松散的废物胶结包裹起来，减少有害物质从废物中向外迁移、扩散，使得废物对环境的污染减少。

（5）填埋

填埋是固体废物经过无害化、减量化处理的废物残渣集中到填埋场进行处置。禁止将有毒有害废弃物现场填埋，填埋场应利用天然或人工屏障。尽量使需处置的废物与环境隔离，并注意废物的稳定性和长期安全性。

13.5.5 施工现场卫生与防疫

（1）施工企业应根据法律、法规的规定，制定施工现场的公共卫生突发事件应急预案。

（2）施工现场应配备常用药品及绷带、止血带、颈托、担架等急救器材。

(3)施工现场应结合季节特点,做好作业人员的饮食卫生和防暑降温、防寒取暖、防煤气中毒、防疫等各项工作。

(4)施工现场应设专职或兼职保洁员,负责现场日常的卫生清扫和保洁工作。现场办公区和生活区应采取灭鼠、灭蚊、灭蝇、灭蟑螂等措施,并应定期投放和喷洒灭虫、消毒药物。

(5)施工现场办公室内布局应合理,文件资料应归类存放,并应保持室内清洁卫生。

(6)施工现场生活区内应设置开水炉、电热水器或饮用水保温桶,施工区应配备流动保温水桶,水质应符合饮用水安全卫生要求。

任务 13.6　安全标志

施工现场应合理设置安全宣传标语和标牌,标牌设置应牢固可靠。应在主要施工部位、作业层面、危险区域以及主要通道口设置安全警示标志等。

13.6.1　安全色

安全色是表达安全信息含义的颜色,表示禁止、警告、指令、提示等。

使用安全色的目的是使人们能够迅速发现或分辨安全标志并提醒人们注意,以防发生事故。安全色的使用应注意以下几个问题:

(1)安全色规定为红、蓝、黄、绿四种颜色。
① 红色传递禁止、停止、危险或提示消防设备、设施的信息;
② 黄色传递注意、警告的信息;
③ 蓝色传递必须遵守规定的指令性信息;
④ 绿色传递安全的提示性信息。

(2)对比色是使安全色更加醒目的反衬色,为黑、白两种颜色。如安全色需要使用对比色时,红色的对比色为白色,黄色的对比色为黑色,蓝色的对比色为白色,绿色的对比色为白色。

(3)黑色用于安全标志的文字、图形符号和警告标志的几何图形。

(4)白色作为安全标志红、蓝、绿色的背景色,也可用于安全标志的文字和图形符号。

(5)红色和白色、黄色和黑色间隔条纹,是两种较醒目的标示:
① 红色与白色交替表示禁止越过,如道路及禁止跨越的临边防护栏杆等;
② 黄色与黑色交替表示警告危险,如防护栏杆、吊车吊钩的滑轮架等。

13.6.2　安全标志

安全标志是指在操作人员容易产生错误而造成事故的场所,为了确保安全,提醒操作人员注意所采用的一种特殊标志。目的是引起人们对不安全因素的注意,预防事故的发生。但安全标志不能代替安全操作规程和保护措施。建筑施工企业安全标志的设置与使用必须遵照《安全标志及其使用导则》(GB 2894—2008)的规定。

1. 安全标志的分类及含义

安全标志是用以表达特定安全信息的标志,由图形符号、安全色、几何形状(边框)或文字构成。安全标志分禁止标志、警告标志、指令标志、提示标志四大类型;另还有向人们提供特定提示信息的标志,如文字辅助标志、激光辐射窗口标志和说明标志。

(1) 禁止标志:禁止人们不安全行为的图形标志。禁止标志的基本形式是带斜杠的红色圆边框。禁止标志圆环内的图像用黑色描画,背景用白色。

(2) 警告标志:提醒人们对周围环境引起注意,以避免可能发生危险的图形标志。警告标志的基本形式是正三角形边框,三角形的颜色用黄色,三角形边框和三角形内的图像均用黑色。

(3) 指令标志:强制人们必须做出某种动作或采取防范措施的图形标志。指令标志的基本形式是圆形边框,圆形内配上指令含义的蓝色。指令标志要求所有进入此地的人员必须遵守。

(4) 提示标志:向人们提供某种信息的图形标志。提示标志的基本形式是正方形边框,以绿色为背景,配以白色的文字和图形符号。

(5) 文字辅助标志:用文字对标志加以说明。基本形式是矩形边框,有横写和竖写两种。横写时,禁止标志、指令标志为白色字,衬底色为标志的颜色;警告标志为黑色字,衬底色为白色。竖写时,禁止标志、警告标志、指令标志、提示标志均为白色衬底,黑色字。标志杆下部色带的颜色和标志颜色相一致。

(6) 激光辐射窗口标志和说明标志:说明标志包括激光产品辐射分类说明标志和激光辐射场所安全说明标志。应配合"当心激光"警告标志使用。

2. 安全标志牌的使用要求

(1) 标志牌应设在与安全有关的醒目地方,并使大家看见后,有足够的时间来注意它所表示的内容。环境信息标志宜设在有关场所的入口处和醒目处;局部信息标志应设在所涉及的危险地点或设备(部件)附近的醒目处。

(2) 标志牌不应设在门、窗、架等可移动的物体上,以免标志牌随母体物体相应移动,影响认读。标志牌前不得放置妨碍认读的障碍物。

(3) 标志牌的平面与视线夹角应接近90°,观察者位于最大观察距离时,最小夹角不低于75°。

(4) 标志牌应设置在明亮的环境中。

(5) 多个标志牌在一起设置时,应按警告、禁止、指令、提示类型的顺序,先左后右、先上后下地排列。

安全标志设置与选用

(6) 标志牌的固定方式分附着式、悬挂式和柱式三种。悬挂式和附着式标志牌应稳固不倾斜,柱式的标志牌和支架应牢固地连接在一起。

(7) 安全标志牌至少每半年检查一次,如发现存在破损、变形、褪色等不符合要求的情况,应及时修整或更换。

(8) 在修整或更换激光安全标志时,应有临时的标志替换,以避免发生意外伤害。

(9) 安全标志应针对作业危险部位标挂,不可以全部并排悬挂,流于形式。

(10) 标志牌设置的高度,应尽量与人眼的视线高度相一致。悬挂式和柱式的环境信息标志牌的下沿距地面的高度不宜小于 2 m;局部信息标志的设置高度应视具体情况确定。

13.6.3　施工现场安全警示标志的设置

施工单位应当在施工现场入口处、施工起重机械、临时用电设施、脚手架、出入通道口、楼梯口、电梯井口、孔洞口、桥梁口、隧道口、基坑边沿、爆破物及有害危险气体和液体存放处等危险部位,设置明显的安全警示标志。安全警示标志必须符合国家标准的规定。

任务 13.7　建筑施工现场安全资料管理

施工现场安全资料是指建设工程各参建单位在工程建设中形成的有关施工安全的各种形式的信息记录,包括施工现场安全生产和文明施工等各种资料。

施工现场安全资料的管理是工程项目施工管理的重要组成部分,是预防生产安全事故、加强文明施工管理的有效措施。

13.7.1　施工现场安全资料的主要内容

施工现场安全资料分为 10 大类,具体见表 13-5。

表 13-5　施工现场安全资料汇总表

项次	归档类别	包括的具体内容
1	安全管理基本资料	(1) 工程概况、项目部管理人员名册、特种作业人员名册、分包单位登记表和资质审查表、总分包安全协议。 (2) 项目部安全生产组织机构及目标管理。 (3) 应急救援预案与事故调查处理。
2	岗位责任制、管理制度、操作规程	(1) 施工管理人员安全生产岗位责任制。 (2) 施工安全生产管理制度(资金保障、现场带班、专项施工方案编审、技术交底等)。 (3) 施工现场各工种安全技术操作规程。
3	安全防护用品(具)管理	(1) 安全防护用品(具)使用计划。 (2) 进场验收登记表,验收单,生产许可证,合格证,送检报告,发放记录,领用记录等。
4	安全教育和安全活动记录	(1) 安全教育培训计划表,作业人员花名册,培训记录汇总表,培训情况登记表,日常教育记录等。 (2) 建筑工人业余学校管理台账。 (3) 项目部安全活动记录,安全会议记录,班组安全活动,安全讲评记录。

(续表)

项次	归档类别	包括的具体内容
5	专项施工方案及安全技术交底	(1) 专项施工方案(方案编审要求,危险性较大分部分项工程清单,方案报审表,总分包单位审批表,专家论证签到表,专家论证报告,专家论证审批表,专项施工方案)。 (2) 安全技术交底(编写要求,开工前交底表,分部分项工程交底表,交底记录汇总表,班组交底表,交底记录汇总表)。
6	安全检查及隐患整改	(1) 相关部门安全检查记录及汇总表,项目部隐患整改记录,隐患排查记录表和汇总表,项目部安全检查记录表和汇总表,安全动态管理(日)检查表及隐患整改通知单。 (2) 违章处理登记表和安全奖罚记录汇总表。
7	安全验收	(1) 安全验收记录汇总表。 (2) 临建设施(围挡、装配式活动板房)安全检查表、验收表。 (3) 分部分项工程(基坑、模板、脚手架等)验收表。 (4) 防护设施(临边、洞口、防护棚、攀登设施)验收表。
8	建筑施工机械与临时用电	(1) 建筑施工起重机械管理(设备登记汇总表;安装拆卸告知单,安装拆卸专项方案报审及审批表;安装、使用验收检查资料,包括塔式起重机、施工升降机、物料提升机的基础验收、安装前检查、安装自检、检测报告、验收记录等;建筑施工起重机械运转及交接班记录、故障修理及验收记录、日常维护保养记录)。 (2) 建筑施工工具式脚手架管理。 (3) 建筑施工厂(场)内机动车辆及桩工机械管理。 (4) 建筑施工中、小型施工机具管理。 (5) 建筑施工现场临时用电管理。
9	文明(绿色)施工	(1) 环境保护方案(扬尘、噪声、光污染、水污染、建筑垃圾控制,土壤、地下设施、文物和资源保护,节材、节水、节能、节地措施)。 (2) 环境卫生管理(环境卫生管理方案编制、报审,场容场貌验收,现场卫生责任表、检查、评分表等)。 (3) 消防安全管理(消防管理制度,重点部位登记表,消防人员登记表,消防设施检查验收表等)。 (4) 平安创建(治安管理,外来人员登记,民工工资管理等)。
10	工程竣工安全评估报告	对于房屋建筑、市政设施、装修装修、设备安装等工程在工程竣工后,建设单位、监理单位和施工单位均应填写工程竣工安全评估报告。办理工程竣工验收前,建设单位需向安监机构提交该表,安监机构收到该表后应及时签收。

13.7.2 安全资料收集、整理、建档

《建筑施工安全技术统一规范》(GB 50870—2013)明确了施工单位应建立的安全技术文件的范围和内容,含施工临时用电、建筑起重机械、安全防护、消防安全、危险等级为Ⅰ级与Ⅱ级的分部分项工程和其他施工作业、一般施工作业项目等共6大类44子项。

安全技术文件建档起止时限应从工程施工准备阶段到工程竣工验收合格止。在此期间,凡与工程建设有关的重要安全技术活动、工程建设中安全生产管理的主要过程和现状,具有保存价值的各种载体的文件,均应收集齐全,整理、归档。

1. 安全资料的收集、整理的质量要求

安全技术建档文件的内容应真实、准确、完整，并应与建设工程安全技术活动实际相符合，手续齐全。为了保证安全资料的真实、准确、完整，必须符合以下要求：

（1）施工现场的安全资料应是工程建设中安全生产及管理活动的真实记录，并能够充分反映安全生产及管理活动的全过程。

（2）安全资料的内容及其深度必须符合国家有关技术规范、标准和规程的要求。

（3）施工现场安全管理资料应为原件，因故不能为原件时，可为复印件。复印件上应注明原件存放处，加盖原件存放单位公章，有经办人签字并注明时间。

使用不同媒介做载体的安全资料还必须符合以下要求：

（1）以纸张为载体的安全资料，应采用能够长期保存的韧力大、耐久性强的纸张，文字材料幅面尺寸规格宜为 A4 幅面，同时还应采用耐久性强的书写材料，如碳素墨水、蓝黑墨水，不得使用易褪色的书写材料，如：红色墨水、纯蓝墨水、圆珠笔复写纸、铅笔等，且应字迹清楚，图样清晰，图表整洁，签字盖章手续完备。

（2）以胶片和照片等缩微品为载体的安全资料，要注意防止胶片片基和纸基的脆化、变形、老化，注意防止影像层的变色、褪色和霉变等。

（3）用磁带、磁盘、光盘等为载体的电子文件资料：

① 应对电子文件的形成、收集、积累、鉴定、归档等实行全过程管理与监控，确保其真实性、完整性和有效性。

② 具有永久保存价值的文本或图形形式的电子文件，如没有纸质等拷贝件，必须制成纸质文件或缩微品等。归档时，应同时保存文件的电子版本、纸质版本或缩微品。

③ 应保证电子文件的凭证作用，对只有电子签章的电子文件，归档时应附加有法律效力的非电子签章。

④ 应选用耐久性强的光盘和底基柔软、耐磨、表面光滑、耐热性好、耐老化的磁带、磁盘，并且存放场所的温度、湿度等符合保存要求。

2. 安全资料的建档、归档和传递的要求

工程建设各参建单位应对安全技术文件进行建档、归档，并应向有关单位传递。

施工现场安全资料建档、归档应符合下列要求：

（1）归档文件应按江苏省建筑工程安全监督总站印发的《建设工程施工现场安全标准化管理资料》(2011 版)和《建筑施工安全技术统一规范》(GB 50870—2013)规定的安全管理资料及安全技术文件的范围和内容收集齐全，分类整理，规范装订后归档。

（2）归档文件的立卷、卷内文件排列、案卷的编目、案卷装订宜符合《建设工程文件归档规范》(GB/T 50328—2014)(2020 年版)的相关规定。采用电子文件载体的，还宜符合《电子文件归档与电子档案管理规范》(GB/T 18894—2016)的相关规定。

（3）在工程竣工验收或有关安全技术活动结束后 30 天内，施工现场应将安全技术文件及安全管理资料交本单位有关责任部门归档，安全技术文件档案存期不应少于 1 年。

思考与拓展

1. 国家倡导开展的企业及项目安全生产标准化建设的作用是什么？
2. 为何施工企业很少做广告，却很在意每一个项目现场临时办公场所的建设形象？
3. 结合自己的实习与实践见闻，你认为施工现场安全标志设置与使用中存在哪些不足？有何改进建议？
4. 安全生产资料需要采取哪些措施才能切实实现信息的可追溯性？
5. 结合环保和文明城市创建要求，如何切实加强施工场地的扬尘、排污、噪声等问题？

参考文献

[1] 住房和城乡建设部工程质量安全监管司、北京交通大学.地铁工程施工安全管理与技术[M].北京:中国建筑工业出版社,2012.

[2] 全国二级建造师执业资格考试用书编写委员会.建设工程法规及相关知识[M].北京:中国建筑工业出版社,2016.

[3] 全国一级建造师执业资格考试用书编写委员会.建筑工程管理与实务[M].北京:中国建筑工业出版社,2017.

[4] 全国一级建造师执业资格考试用书编写委员会.建设工程项目管理[M].北京:中国建筑工业出版社,2017.

[5] 江苏省建筑安全与设备管理协会.施工企业专职安全生产管理人员建筑施工安全管理基础[M].南京:江苏凤凰科学技术出版社,2017.

[6] 江苏省建筑安全与设备管理协会.施工企业专职安全生产管理人员建筑施工土建安全管理[M].南京:江苏凤凰科学技术出版社,2017.

[7] 江苏省建筑安全与设备管理协会.施工企业专职安全生产管理人员建筑施工机械安全管理[M].南京:江苏凤凰科学技术出版社,2017.

[8] 中华人民共和国国家标准.建筑施工脚手架安全技术统一标准:GB 51210—2016[S].北京:中国建筑工业出版社,2016.

[9] 中华人民共和国国家标准.施工现场机械设备检查技术规范:JGJ 160—2016[S].北京:中国建筑工业出版社,2016.

[10] 中华人民共和国国家标准.建设工程施工现场消防安全技术规范:GB 50720—2011[S].北京:中国建筑工业出版社,2011.

[11] 中华人民共和国国家标准.建筑施工高处作业安全技术规范:JGJ 80—2016[S].北京:中国建筑工业出版社,2016.

[12] 中华人民共和国国家标准.施工企业工程建设技术标准化管理规范:JGJ/T 198—2010[S].北京:中国建筑工业出版社,2010.

[13] 中华人民共和国国家标准.建设工程施工现场供用电安全规范:GB 50194—2014[S].北京:中国建筑工业出版社,2014.

[14] 中华人民共和国国家标准.施工现场临时用电安全技术规范:JGJ 46—2005[S].北京:中国建筑工业出版社,2005.

[15] 中华人民共和国国家标准.建筑机械使用安全技术规程:JGJ 33—2012[S].北京:中国建筑工业出版社,2012.

［16］中华人民共和国国家标准.建筑施工安全检查标准：JGJ 59—2011［S］.北京：中国建筑工业出版社，2011.

［17］中华人民共和国国家标准.建设工程施工现场环境与卫生标准：JGJ 146—2013［S］.北京：中国建筑工业出版社，2013.

［18］中华人民共和国国家标准.建筑拆除工程安全技术规范：JGJ 147—2016［S］.北京：中国建筑工业出版社，2016.

［19］中华人民共和国国家标准.建筑施工模板安全技术规范：JGJ 162—2008［S］.北京：中国建筑工业出版社，2008.

［20］中华人民共和国国家标准.建筑施工起重吊装安全技术规范：JGJ 276—2012［S］.北京：中国建筑工业出版社，2012.

［21］中华人民共和国国家标准.建筑与市政施工现场安全卫生与职业健康通用规范：GB 55034—2022［S］.北京：中国建筑工业出版社，2022.

［22］中华人民共和国国家标准.施工脚手架通用规范：GB 55023—2022［S］.北京：中国建筑工业出版社，2022.

［23］中华人民共和国国家标准.钢管脚手架扣件：GB/T 15831—2023［S］.北京：中国建筑工业出版社，2023.